中2理科を
ひとつひとつわかりやす
[改訂版]

JN021152

Gakken

みなさんへ

「食べたものはどうなるの？」「電流の正体って何？」

理科はこのような身近なナゾを解き明かしていく，とても面白い教科です。中学２年の理科では，物質の化学変化，植物や人体のしくみ，電流のはたらき，天気の変化などをテーマに，理科的な見方や考え方を実験や観察を通して学習します。

理科の学習は用語を覚えることも大切ですが，単なる暗記教科ではありません。

この本では，文章をなるべく読みやすい量でおさめ，特に大切なところをみやすいイラストでまとめています。ぜひ用語とイラストをセットにして，現象をイメージしながら読んでください。

みなさんがこの本で理科の知識や考え方を身につけ，「理科っておもしろいな」「もっと知りたいな」と思ってもらえれば，とてもうれしいです。

この本の使い方

1回15分、読む→解く→わかる！

１回分の学習は２ページです。毎日少しずつ学習を進めましょう。

答え合わせも簡単・わかりやすい！

解答は本体に軽くのりづけしてあるので，引っぱって取り外してください。

問題とセットで答えが印刷してあるので，簡単に答え合わせできます。

復習テストで、テストの点数アップ！

各分野のあとに，これまで学習した内容を確認するための「復習テスト」があります。

学習のスケジュールも，ひとつひとつチャレンジ！

まずは次回の学習予定日を決めて記入しよう！

最初から計画を細かく立てようとしすぎると，計画を立てることがつらくなってしまいます。まずは，次回の学習予定日を決めて記入してみましょう。

1日の学習が終わったら，もくじページにシールを貼(は)りましょう。
どこまで進んだかがわかりやすくなるだけでなく，「ここまでやった」という頑張りが見えることで自信がつきます。

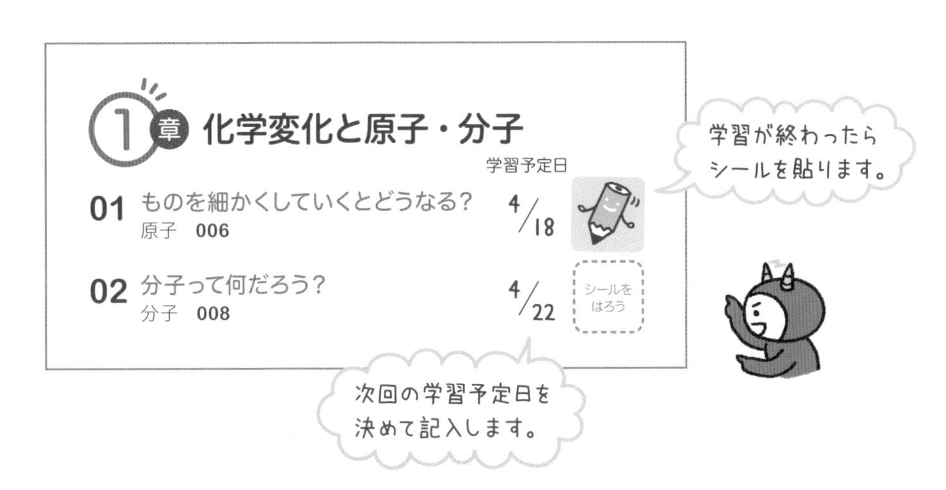

カレンダーや手帳で，さらに先の学習計画を立ててみよう！

スケジュールシールは多めに入っています。カレンダーや自分の手帳にシールを貼りながら，まずは1週間ずつ学習計画を立ててみましょう。
あらかじめ定期テストの日程を確認しておくと，直前に慌てることなく学習でき，苦手分野の対策に集中できますよ。

計画通りにいかないときは……？

計画通りにいかないことがあるのは当たり前。
学習計画を立てるときに，細かすぎず「大まかに立てる」のと「予定の無い予備日をつくっておく」のがおすすめです。
できるところからひとつひとつ，頑張りましょう。

もくじ 中2理科

次回の学習日を決めて，書き込もう。
1回の学習が終わったら，巻頭のシールを貼ろう。

1章 化学変化と原子・分子

学習予定日

2章 生物のからだのつくりとはたらき

学習予定日

3章 天気の変化

学習予定日

4章 電流とそのはたらき

学習予定日

わかる君を探してみよう！

この本にはちょっと変わったわかる君が全部で5つかくれています。学習を進めながら探してみてくださいね。

色や大きさは，上の絵とちがうことがあるよ！

01 原子 ものを細かくしていくとどうなる？

アルミニウム片をどんどん細かくしていくとどうなるでしょう。やがて破片になり，「これ以上細かくすることができない小さな粒」になります。このように，物質をつくっている最も小さい粒子を**原子**といいます。身のまわりにあるすべてのものは，細かく分けていくと最後は原子になります。原子は非常に小さいため，肉眼では見ることができません。

【アルミニウム片を細かくしていくと】

現在では，約120種類の原子があることがわかっていて，それらの原子の大きさや質量が知られています。このような物質を構成する原子の種類のことを**元素**といいます。

原子には，次の3つの性質があります。

【原子の性質】

●**性質1** 原子はそれ以上分けることはできない。

●**性質2** 原子は新しくできたり，なくなったり，他の種類に変わったりしない。

●**性質3** 原子の種類によって，大きさや質量が決まっている。

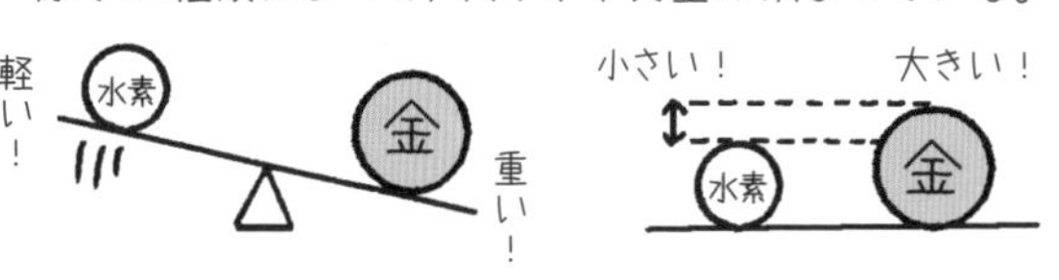

水素は，最も小さい原子です。

基本練習

答えは別冊3ページ

1 原子の性質について，次の問いに答えましょう。

(1) 物質をつくる最も小さい粒子を何といいますか。〔　　　　〕

(2) 物質を構成する原子の種類を何といいますか。〔　　　　〕

(3) 原子の性質として正しいものを，次の**ア**～**カ**から，すべて選びましょう。

〔　　　　〕

ア 原子は，ばらばらに分けることができる。

イ 原子は，肉眼で観察することができる。

ウ 鉄の原子を金の原子に変えることはできない。

エ 原子は，新しくできたり，なくなったりしない。

オ 約120種類ある原子の中には，同じ大きさのものや同じ質量のものがある。

カ 約120種類ある原子は種類によって，大きさや質量が決まっている。

アルミニウムはアルミニウム原子から，銅は銅原子からできているよ。ほかにも，さまざまな物質のもとになる原子があるんだ。

もっとくわしく

「物体」と「物質」のちがいがわかる？

みなさんは，「物体」と「物質」のちがいがわかりますか？　例えば，1円玉とアルミ箔(はく)は，別の物体ですが，同じ「アルミニウム」という物質（アルミニウム原子）からできています。形や使い方などに注目するときには「物体」といい，そのものをつくる成分に注目するときには，「物質」と言い分けます。

1円玉という物体は，アルミニウムという物質でできている。

02 分子って何だろう？

分子

酸素や水素，水などは複数の原子が結びついた粒子の状態で存在しています。これを**分子**といいます。分子は，物質の性質を示す最小の単位です。一方，物質の中には，分子をつくらないものもあります。金属や塩化ナトリウムは，多くの原子が決まった割合で集まってできています。

【分子をつくる物質】

●水素分子

水素原子2個が結びついている。

●二酸化炭素分子

酸素原子2個と炭素原子1個が結びついている。

●水分子

水素原子2個と酸素原子1個が結びついている。

●酸素分子

酸素原子2個が結びついている。

【分子をつくらない物質】

●銅

銅原子

銅原子が集まってできている。

●塩化ナトリウム

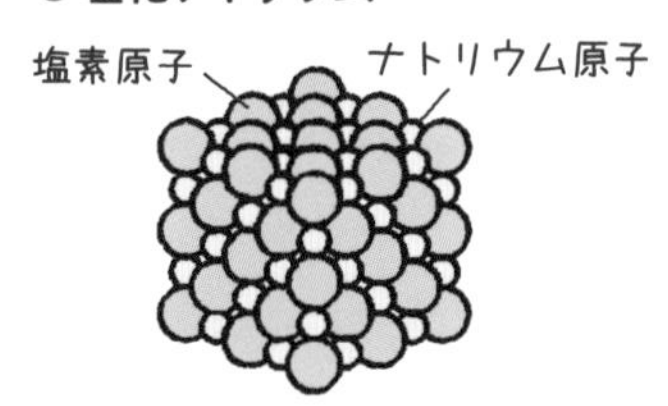

ナトリウム原子と塩素原子が集まってできている。

わたしたちの身のまわりにある物質には，純粋な物質（**純物質**）と，２種類以上の物質が混ざっている**混合物**があります。さらに，純物質は１種類の元素だけでできている**単体**と，２種類以上の元素からできている**化合物**に分けられます。

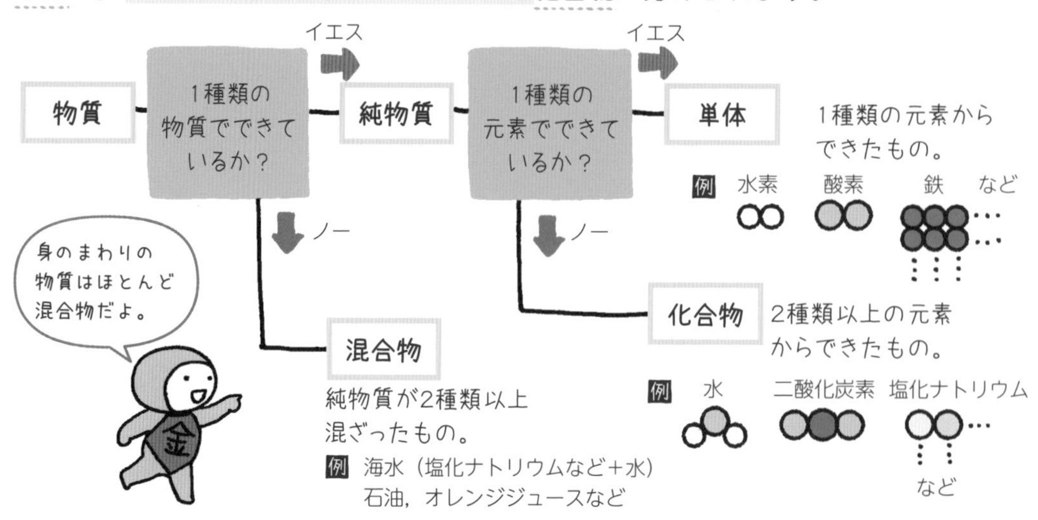

基本練習

答えは別冊3ページ

1 次の文中の〔　　〕にあてはまる語句を書きましょう。

酸素や水素などの物質は，いくつかの原子が結びつき，物質特有の性質を示す最小の粒子である〔　　　　〕になって存在している。

物質には，純物質と〔　　　　〕があり，純物質は，１種類の元素からできた〔　　　　〕と２種類以上の元素からできた化合物に分けられる。

2 次の物質ア～キを，分子をつくる物質と分子をつくらない物質に分け，記号で答えましょう。

ア　酸素　　イ　銅　　ウ　二酸化炭素
エ　鉄　　オ　水　　カ　水素
キ　塩化ナトリウム

分子をつくる物質〔　　　　〕

分子をつくらない物質〔　　　　〕

3 次の物質ア～カを，純物質と混合物に分けて記号で答えましょう。

ア　水　　イ　水素　　ウ　海水
エ　鉄　　オ　石油　　カ　酸素

純物質〔　　　　〕　混合物〔　　　　〕

ミス注意　純物質と単体，混合物と化合物を混同しないように，ちがいをしっかり理解しよう。

03 原子の記号
物質を記号で表す方法

元素は世界共通の記号で表すことができます。元素はその種類ごとに名前があり，簡単に表すための**元素記号**が決められています。

現在，約120種類知られている元素を，原子番号の順に並べた表を元素の**周期表**といいます。周期表の縦の並びには，化学的に性質がよく似た元素が並んでいます。

【元素記号の書き方】

どんなに長い名前の元素も，アルファベットの大文字１文字か，大文字と小文字の２文字で表します。

ここにあるものはよく出るのでしっかり覚えておこう！

元素	記号	元素	記号	元素	記号	元素	記号
水素	H	硫黄	S	酸素	O	鉄	Fe
カリウム	K	炭素	C	塩素	Cl	銅	Cu
窒素	N	カルシウム	Ca	亜鉛	Zn	銀	Ag
マグネシウム	Mg	ナトリウム	Na	アルミニウム	Al	金	Au

元素記号を使って物質のつくりを表したものを**化学式**といいます。すべての物質は化学式で表すことができます。

【分子をつくる物質】

●水素

まず，粒を表す。　元素記号にする。　化学式にする。

●二酸化炭素

まず，粒を表す。　元素記号にする。　化学式にする。

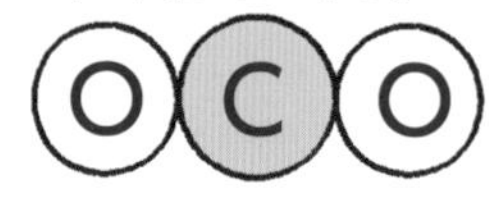

●ポイント１
同じ原子はまとめて書く。

●ポイント２
同じ原子が複数あるときは，個数を右下に小さく書く。
（1個のときは省略）

【分子をつくらない物質】

●銅

●塩化ナトリウム

基本練習

答えは別冊3ページ

1 物質を表す記号について，次の問いに答えましょう。

(1) 元素記号を使って物質のつくりを表したものを何といいますか。

〔　　　　〕

(2) 元素を原子番号の順に並べた表を何といいますか。〔　　　　〕

(3) 次の元素の元素記号を書きましょう。

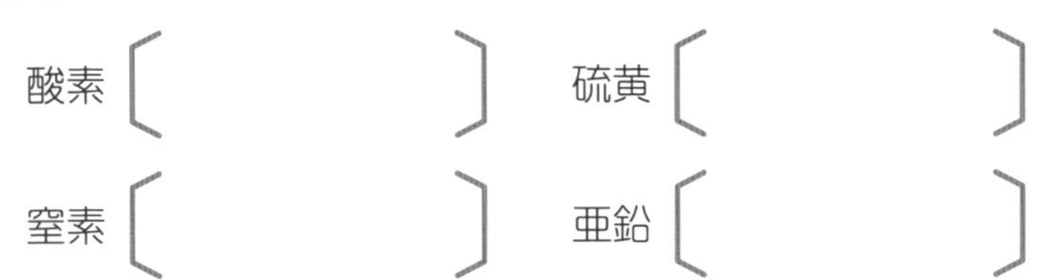

(4) 次の元素記号が表している元素は何ですか。

C〔　　　　〕　Cl〔　　　　〕

Na〔　　　　〕　Fe〔　　　　〕

(5) 次の物質の化学式を書きましょう。

二酸化炭素〔　　　　〕　水素〔　　　　〕

塩化ナトリウム〔　　　　〕　銅〔　　　　〕

ミス注意　**元素記号が1文字のときはアルファベットの大文字で，2文字のときは大文字と小文字を使って物質を表すことに注意しよう。**

もっとくわしく

日本人が発見した元素「ニホニウム」

日本の森田浩介（もりたこうすけ）博士（はくし）らが合成，発見した元素は，2015年に国際機関に新しい元素と認められ，2016年に「ニホニウム」（元素記号Nh）が周期表の113番に加えられました。アジアの国で発見した元素が周期表に加えられたのは，はじめてのことです。

ニホニウム原子は非常に不安定で，生成後約0.002秒で別の元素に変わってしまいます。

04 化学変化ってどういうこと？

化学変化

化学変化とは何か，水素と酸素から水ができる変化を例にして考えてみましょう。

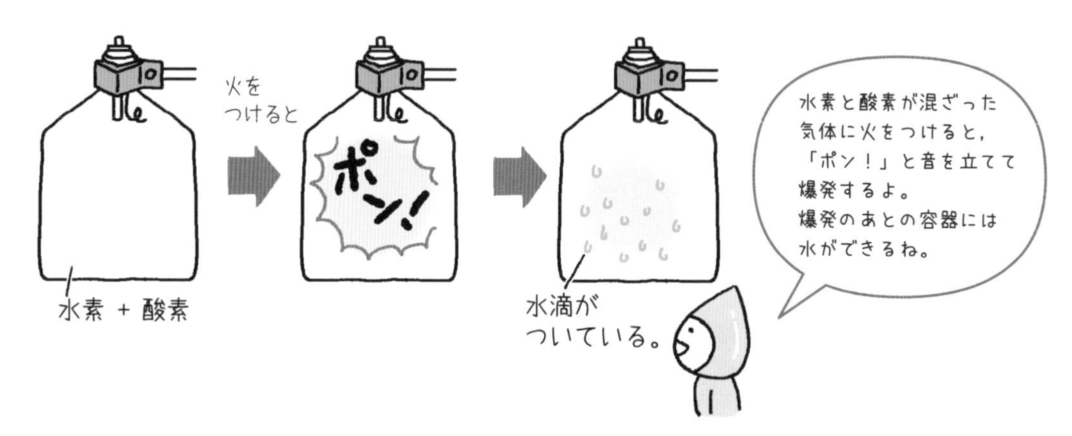

爆発が起こったとき，水素分子と酸素分子の間では「**原子の組み合わせ**」が変化しています。そのため，水ができたのです。このように，反応の前後で原子の組みかえが起こり，もとの物質とはちがう物質ができる変化を**化学変化（化学反応）**といいます。化学変化には，物質どうしが結びつく場合と分かれる場合があります。

【水素と酸素から水ができる化学変化】

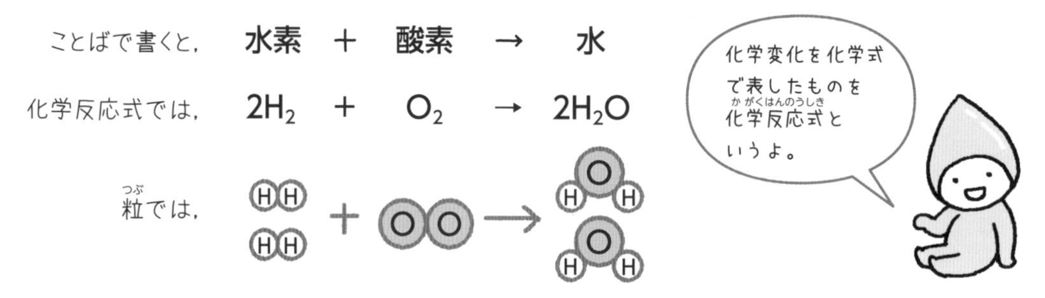

【化学反応式の書き方】

①「反応前→反応後」の物質名を書く。	**水素 ＋ 酸素 → 水**
②それぞれの物質を化学式で書く。	$H_2 + O_2 \rightarrow H_2O$ ⒽⒽ ＋ ⓄⓄ → ⒽⓄⒽ
③それぞれの原子の数が「→」の左右で同じになるように，原子の数を調整する。	ⒽⒽ ⒽⒽ ＋ ⓄⓄ → ⒽⓄⒽ ⒽⓄⒽ
④化学式の前に係数を書く。	$2H_2 + O_2 \rightarrow 2H_2O$

【注意】係数が「1」のときは，化学式の前に数字はつけない。

基本練習

答えは別冊3ページ

1 化学変化について，次の問いに答えましょう。

(1) もとの物質とはちがう物質ができる変化を何といいますか。

〔　　　　　〕

(2) 水素と酸素が混じって爆発したあとに水ができたときの化学反応式について，〔　　〕にあてはまる化学式を書きましょう。

反応前後の物質名	水素	＋	酸素	→	水
それぞれの化学式	H_2		〔　　　〕		H_2O
化学反応式	$2H_2$	＋	〔　　　〕	→	〔　　　〕

(3) 化学変化の前と後で，原子の種類は変化しますか，変化しませんか。

〔　　　　　〕

(4) 化学変化の前と後で，原子の数は変化しますか，変化しませんか。

〔　　　　　〕

ポイント　化学反応式を書くときは，まず物質の粒子のモデル図を使って表すとわかりやすくなるよ。化学反応式を見ると，原子の結びつきがどのように変わったのかがよくわかるね。

もっとくわしく

水の状態変化と化学変化のちがいは？

状態変化では，水の分子は変わらず，分子の集まり方だけが変化します。

化学式で表すと，H_2O（氷），H_2O（液体の水），H_2O（水蒸気）となります。

水の状態変化と分子の集まり方

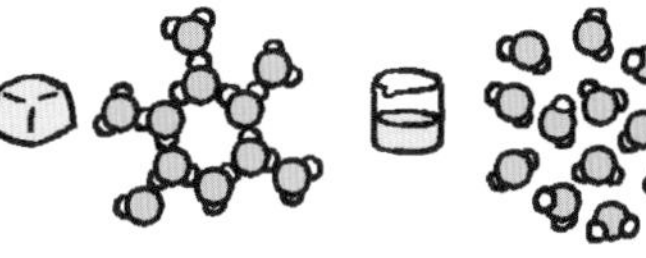

氷（固体）　水（液体）　水蒸気（気体）

05 物質を熱で分解！

熱分解

ある物質が２種類以上の別の物質に分かれる化学変化を**分解**といいます。特に加熱によって起こる分解を**熱分解**といいます。**炭酸水素ナトリウム**を加熱すると，原子の組みかえが起こり，炭酸ナトリウムと二酸化炭素と水に分解されます。

【炭酸水素ナトリウムの熱分解】

$$2NaHCO_3 \rightarrow Na_2CO_3 + CO_2 + H_2O$$

炭酸水素ナトリウム　炭酸ナトリウム　二酸化炭素　水

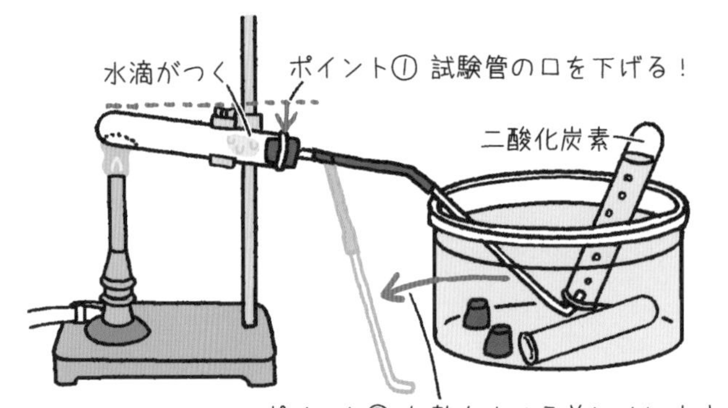

●炭酸水素ナトリウムの性質

水に入れ，フェノールフタレイン溶液を入れるとうすい赤色になる。
→弱いアルカリ性

●炭酸ナトリウム（加熱後の固体）の性質

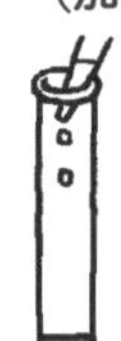

水に入れ，フェノールフタレイン溶液を入れると濃い赤色になる。
→強いアルカリ性

●二酸化炭素の性質

石灰水を入れて振ると，石灰水が白くにごる。

●水の性質

塩化コバルト紙につけると，紙の色が青色→赤色（桃色）に変わる。

黒い**酸化銀**を加熱すると，白っぽい銀と酸素に分解されます。

【酸化銀の熱分解】

$$2Ag_2O \rightarrow 4Ag + O_2$$

酸化銀　銀　酸素

●金属の性質

・たたくとのびる。

・電流が流れる。

●酸素の性質

線香が炎を出して燃える。

基本練習

答えは別冊４ページ

1 次の問いに答えましょう。

(1) ある物質が２種類以上の別の物質に分かれる化学変化を何といいますか。

〔　　　　〕

(2) 次の文中の〔　　〕にあてはまる語句を答えましょう。

試験管で炭酸水素ナトリウムを加熱すると，〔　　　　〕という白い固体と〔　　　　〕という気体と水に分かれる。このときの化学反応式は下のようになる。

$2NaHCO_3$ → 〔　　　　〕 ＋ 〔　　　　〕 ＋ H_2O

2 図のような装置で酸化銀を加熱しました。次の問いに答えましょう。

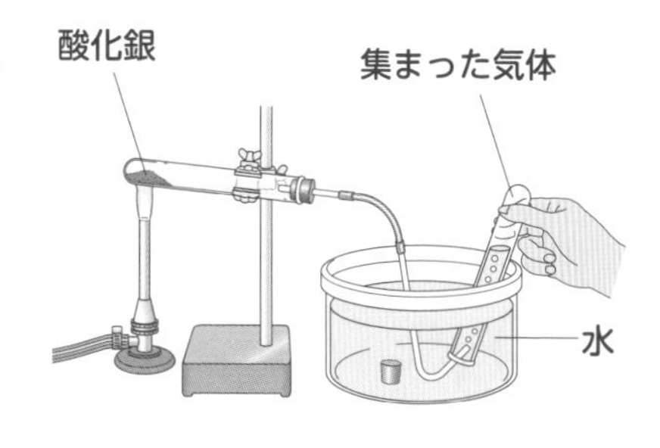

(1) 試験管の中に集まった気体は何ですか。

〔　　　　〕

(2) 酸化銀を加熱したあと，試験管に残った物質の化学式を書きましょう。

〔　　　　〕

ミス注意　炭酸水素ナトリウムが炭酸ナトリウムに分解するときは，物質名から「水素」がとれるけど，気体の水素ができるわけではないよ。

理由がわかる

炭酸水素ナトリウムの熱分解の実験のポイント

- 加熱時，分解で生じた水滴が加熱部分に流れて試験管が急に冷やされると試験管が割れることがあるため，試験管の口は下げておくようにします。
- 水が逆流しないように，ガラス管の先は加熱を止める前に試験管から出しておきます。

電気分解

06 水を電気で分解！

ぬれた手でコンセントにふれるのは危険と注意されますが，実は純粋(じゅんすい)な水は電流を通しません。でも，汗などがとけていると電流を通してしまいます。

右図のような装置で電流を流すと，電源の「＋(プラス)極」につないだ陽極(ようきょく)から「酸素」，「－(マイナス)極」につないだ陰極(いんきょく)から「水素」が出てきます。電気の力で，「水」が「酸素」と「水素」に**電気分解**(でんきぶんかい)されたのです。

【水に電流を流すと…】

うすい水酸化ナトリウム水溶液(すいようえき)に，電源につないだ金属板を入れると，両方の金属板から，泡(あわ)が出てくる。

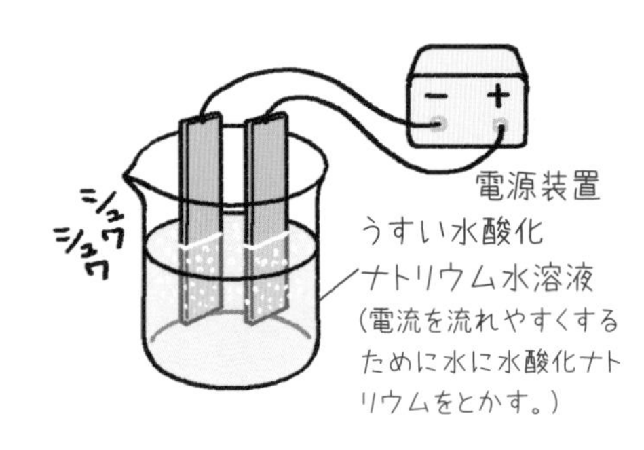

【水の電気分解】

$$2H_2O \rightarrow 2H_2 + O_2$$

水　水素　酸素

水の電気分解で発生した水素と酸素の量には決まりがあります。水素と酸素の体積の比は「**2：1**」になります。

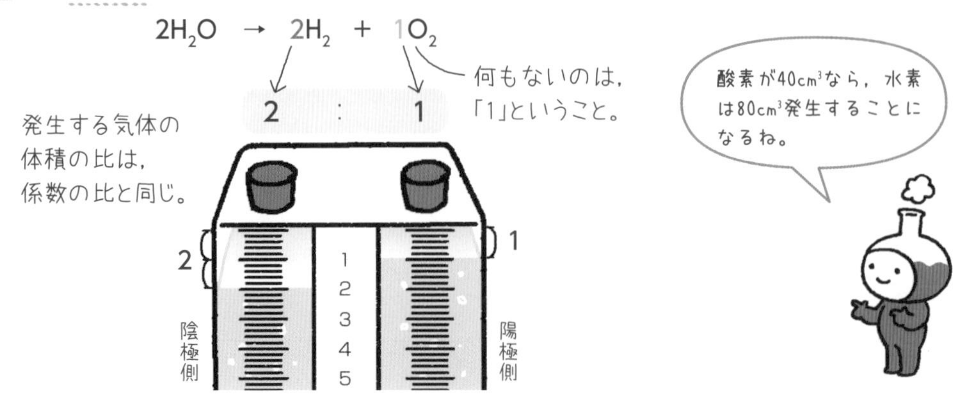

基本練習

➡ 答えは別冊４ページ

1 水の電気分解について，次の問いに答えましょう。

(1) 次の文中の〔　　　〕にあてはまる語句を答えましょう。

水にうすい水酸化ナトリウムをとかして電気分解すると，陽極には〔　　　　　〕が発生し，陰極には〔　　　　　〕が発生する。

陽極と陰極で発生する気体の体積の比は〔　　　〕:〔　　　〕になる。

(2) 右の装置を使って，水に水酸化ナトリウムを少量とかし，電気分解をしました。これについて，次の問題に答えましょう。

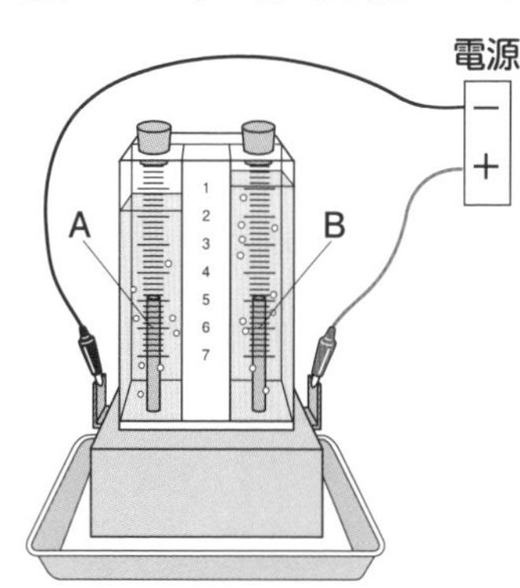

① 陽極はA，Bのどちらですか。

〔　　　　　〕

② 陽極に3 cm^3の気体が発生しました。陰極には何cm^3の気体が発生しますか。

〔　　　　　〕

③ 水の電気分解の化学反応式を書きましょう。

〔　　　　　　　　　　〕

ポイント 水素は，陰極（−極）から発生して，マッチの火を近づけると爆発（ばくはつ）して燃えるよ。
酸素は，陽極（+極）から発生して，火のついた線香を入れると炎を出して燃えるよ。

もっとくわしく

塩化銅水溶液の電気分解

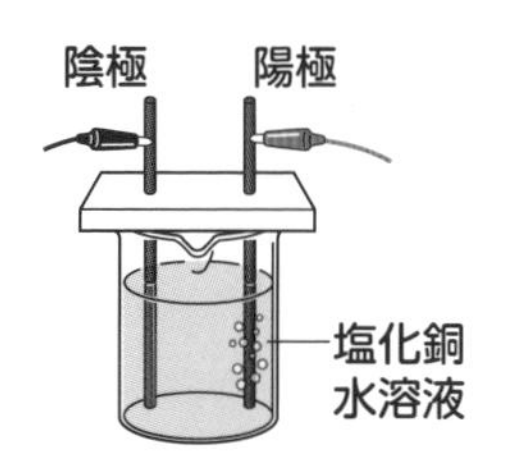

塩化銅 $\xrightarrow{\text{電気}}$ 銅 ＋ 塩素

陰極…赤褐色の銅が付着する。こすると金属光沢がある。

陽極…塩素が発生し刺激臭がする。

復習テスト 1

→ 答えは別冊17ページ

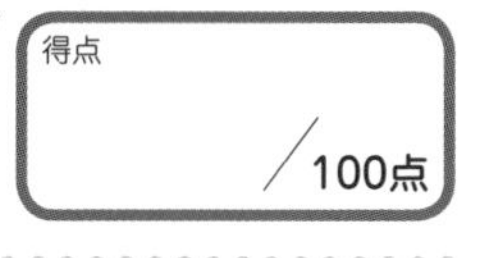

1章 化学変化と原子・分子

1

次のア～クは原子や分子のモデルです。次の問いに答えましょう。【各5点 計20点】

ア Na Cl　イ Ag　ウ O C O　エ H H　オ O H H　カ Cu　キ Cu O　ク O O

(1) 二酸化炭素を表しているモデルはどれですか。［　　　］

(2) ア～クの中で，化合物はどれですか。すべて選びましょう。［　　　］

(3) ア～クの中で，単体で分子ではないものはどれですか。すべて選びましょう。［　　　］

(4) 次の原子や分子についての説明で，誤っているものはどれですか。［　　　］

ア　原子は物質をつくる最小の粒子である。

イ　原子は化学変化によってなくなることがある。

ウ　分子は物質の性質を表す最小の粒子である。

エ　水と二酸化炭素には両方とも酸素原子がふくまれる。

2

次のA～Dで示される物質があります。次の問いに答えましょう。【各5点 計30点】

A　炭素原子１個と酸素原子２個が結びついて分子をつくっている物質。

B　窒素原子が２個結びついて分子をつくっている物質。

C　ナトリウム原子と塩素原子の数が１：１で結びついている物質。

D　銀原子だけが集まってできている物質。

(1) A～Dの物質の名称と化学式をそれぞれ書きましょう。

A［名称　　　化学式　　　］B［名称　　　化学式　　　］

C［名称　　　化学式　　　］D［名称　　　化学式　　　］

(2) Ag_2Oの化学式で表される物質は，原子がどのようにしてできている物質ですか。上のA～Dにならって書きましょう。また，物質の名称を答えましょう。

でき方［　　　］

名称［　　　］

3

右下の図のように，炭酸水素ナトリウムを試験管に入れて加熱すると，気体が発生しました。次の問いに答えましょう。【各5点　計25点】

炭酸水素ナトリウム
試験管の口
気体
水
ゴム栓

⑴　発生した気体が集まった試験管に石灰水を入れて振るとどうなりますか。
［　　　　　　］

⑵　試験管の口についた液体に，青色の塩化コバルト紙をつけるとどうなりますか。
［　　　　　　］

⑶　加熱後に試験管に残った白色の物質を水にとかして，フェノールフタレイン溶液を加えると何色になりますか。［　　　　　　］

⑷　炭酸水素ナトリウムを加熱したときに起こった化学変化を化学反応式で表しましょう。［　　　　　　］

⑸　炭酸水素ナトリウムを加熱したときのように，１種類の物質が２種類以上の物質に分かれる化学変化を何といいますか。［　　　　　　］

4

右下の図のような装置を使って，水の電気分解の実験を行いました。次の問いに答えましょう。【各5点　計25点】

電源
−
+
A
B

⑴　少量の水酸化ナトリウムをとかした水を用いたのはなぜですか。簡単に書きましょう。
［　　　　　　］

⑵　陽極と陰極に集まった気体を調べる操作とその結果として正しいものを，それぞれ下から選びましょう。
陽極［操作　　　結果　　　］
陰極［操作　　　結果　　　］

〔操作〕　A　気体に火のついた線香を入れる。　B　気体にマッチの火を近づける。
〔結果〕　C　気体が音を立てて燃えた。　D　火が激しく燃えた。

⑶　陽極と陰極から発生した気体の体積の比として正しいものを次から選びましょう。
ア　陽極：陰極＝１：１　イ　陽極：陰極＝１：２
ウ　陽極：陰極＝２：１　エ　陽極：陰極＝２：２
［　　　　　　］

⑷　水の電気分解で起きた化学変化を化学反応式で表しましょう。
［　　　　　　］

07 酸化・還元 「燃える」ってどういうこと？

物質が酸素と結びつく化学変化を**酸化**といい，熱や光を出しながら酸化が激しく進む現象を**燃焼**といいます。つまり，「燃える」とは激しい酸化のことなのです。酸化によってできる物質を**酸化物**といいます。酸化物は，もとの物質の性質とはちがう性質をもちます。

例えば，木炭の燃焼では，炭素（C）＋酸素（O_2）→二酸化炭素（CO_2）となり，炭素が酸化して二酸化炭素になります。では，ほかの物質の燃焼についても見てみましょう。

【スチールウールの燃焼】

鉄が酸化するとき，条件によってFeO，Fe_2O_3，Fe_3O_4など，いろいろな酸化物ができる。

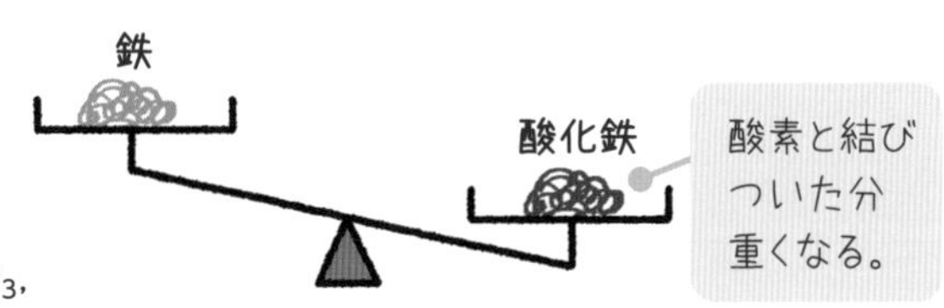

【マグネシウムの燃焼】

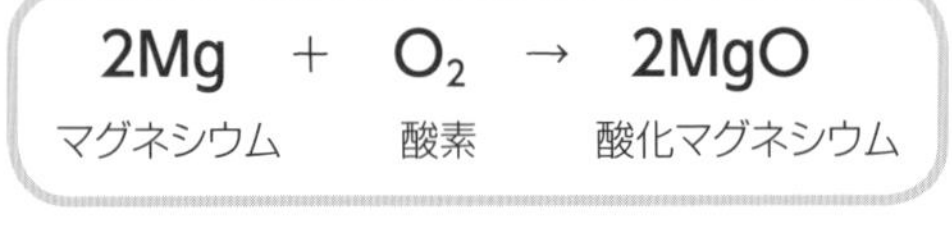

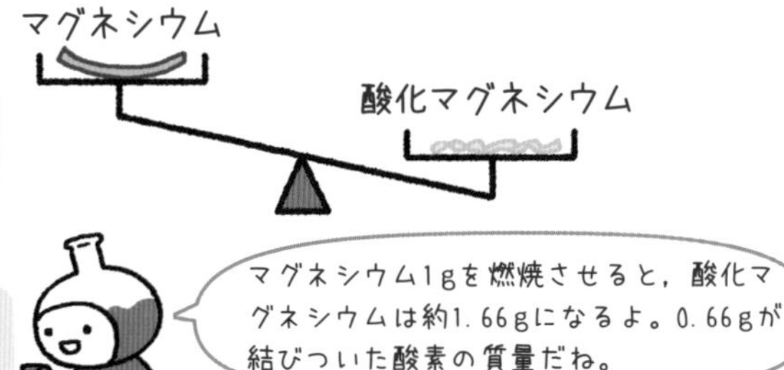

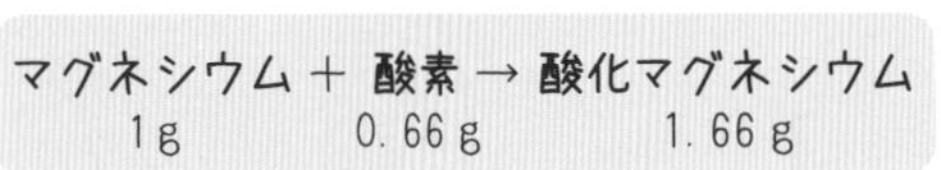

酸化とは逆に，酸化物が酸素を失う化学変化を**還元**といいます。酸化銅に炭の粉（炭素）を混ぜて加熱すると，酸化銅は酸素を失い，銅になります。

【酸化銅の還元】

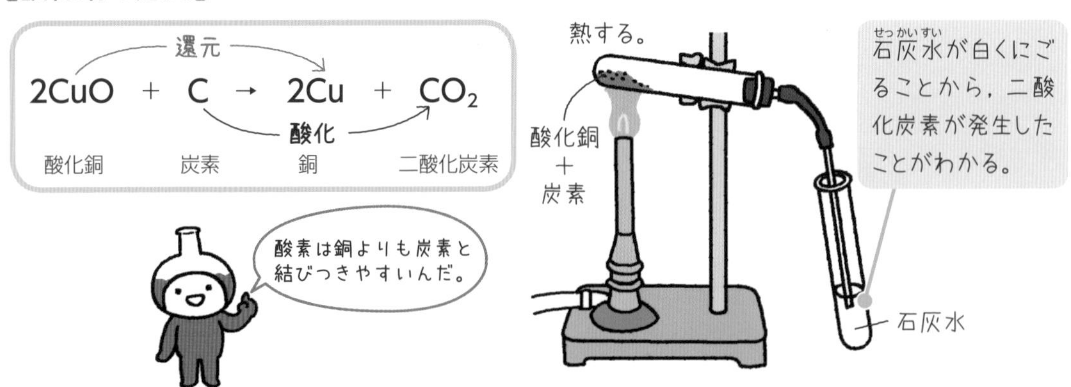

酸化銅が還元されるとき，炭素は酸化銅からうばった酸素と結びついて酸化され，二酸化炭素になります。このように，酸化と還元は同時に起こっているのです。

基本練習

答えは別冊4ページ

1 次の文中の〔　　〕にあてはまる語句を答えましょう。

物質が酸素と結びつく化学変化を〔　　　　〕という。このうち，熱や光を出しながら酸素と結びつく化学変化を〔　　　　〕という。

逆に，酸化物が酸素を失う化学変化を〔　　　　〕という。

2 金属の酸化と還元について，次の問いに答えましょう。

(1) 下のア～ウで，酸化ではない化学変化を1つ選びましょう。

〔　　　　〕

ア　銅 ＋ 酸素 → 酸化銅　　　イ　炭素 ＋ 酸素 → 二酸化炭素

ウ　水 → 水素 ＋ 酸素

(2) マグネシウムリボンを2 g加熱したら，3.32 gの酸化マグネシウムができました。マグネシウムと結びついた酸素の質量は何gですか。

〔　　　　〕

(3) 酸化銅に炭の粉を混ぜて加熱したときの化学反応式はどうなりますか。〔　　〕にあてはまる化学式を，係数もふくめて答えましょう。

$2CuO + C \rightarrow$ 〔　　　　〕 ＋ 〔　　　　〕

(4) 酸素は，銅と炭素のどちらと結びつきやすいですか。〔　　　　〕

(5) 次の化学変化で，還元された物質の名称は何ですか。〔　　　　〕

$CuO + H_2 \rightarrow Cu + H_2O$

ポイント　酸素と結びつく化学変化が酸化，酸素を失う化学変化が還元だよ。酸化銅の還元では，炭素のかわりに水素を使っても還元が行われるよ。酸化銅＋水素→銅＋水

08 化学変化の例 硫黄と結びつく反応

硫黄(いおう)は，いろいろな物質と反応しやすい性質をもっています。鉄と硫黄が結びつくと，硫化鉄(りゅうかてつ)という物質になります。銅と硫黄が結びつくと，硫化銅(りゅうかどう)という物質になります。

【鉄と硫黄の反応】

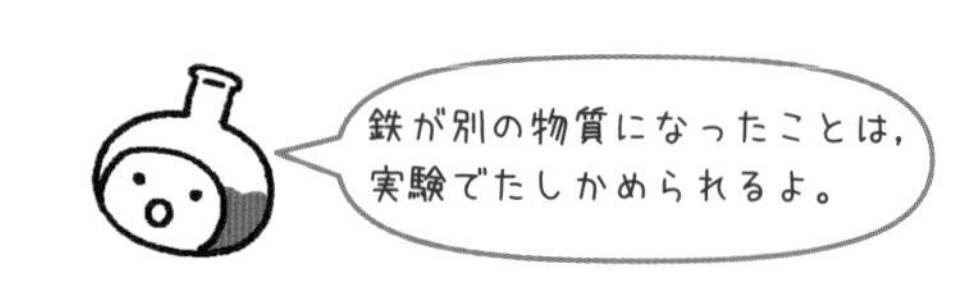

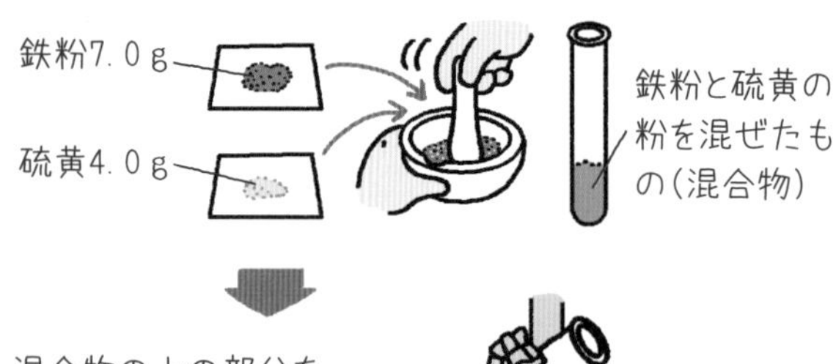

混合物の上の部分を熱すると反応が始まり，激しく熱や光を出す。

いったん反応が始まると，化学変化で出た熱によりどんどん反応が進む。

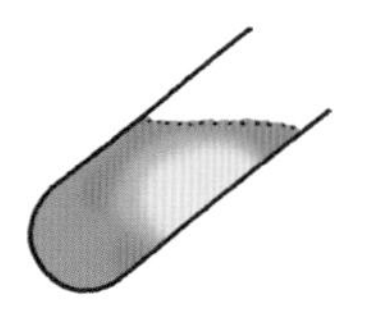

●磁石に近づけたときの反応

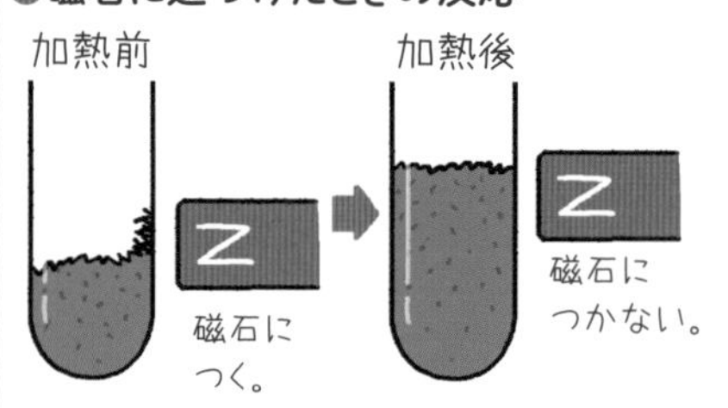

●塩酸を入れたときの反応

【銅と硫黄の反応】

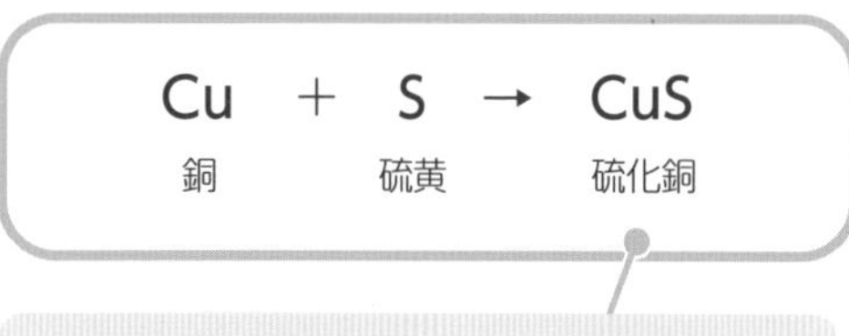

銅原子と硫黄原子が1:1の割合で結びつくと，硫化銅という物質になる。

硫黄の粉を「化」の文字の形におく。

しばらくして，硫黄の粉をとると，文字の部分が銅と結びついている。

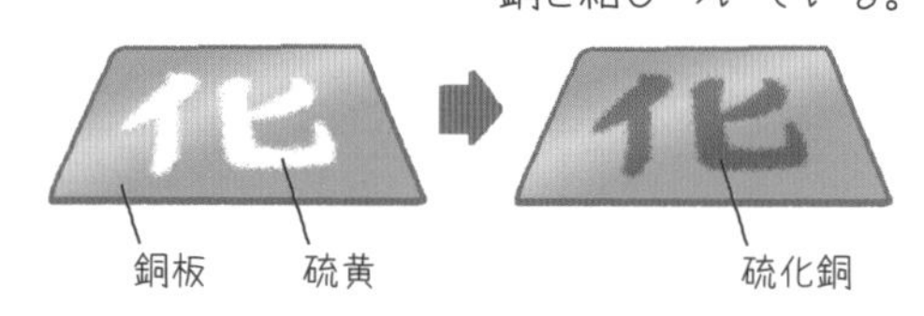

【金属と硫黄の反応】

硫黄の化合物は「**硫化あ**」という名前になる。

金属が「銀」なら「硫化銀」，金属が「ナトリウム」なら「硫化ナトリウム」になるよ。

基本練習

答えは別冊4ページ

1 硫黄と鉄が結びつく化学変化について，次の問いに答えましょう。

(1) 鉄粉と硫黄の粉をよく混ぜたものを試験管に入れて加熱すると，鉄粉と硫黄の粉が結びつきます。この化学変化では，鉄原子に対して硫黄原子は何対何の割合で結びつきますか。

〔　　　　〕

(2) (1)のときの，鉄と硫黄の化学反応式を書きましょう。

〔　　　　　　　　〕

(3) 鉄粉と硫黄の粉の混合物を加熱する前と加熱したあとの物質の性質を調べました。下の表中の〔　　〕の正しい方を○で囲みましょう。

	磁石に近づけたとき	うすい塩酸をかけたとき
鉄粉と硫黄の混合物	磁石に〔 つく・つかない 〕。	においの〔 ある・ない 〕気体が発生した。
加熱後の物質	磁石に〔 つく・つかない 〕。	においの〔 ある・ない 〕気体が発生した。

(4) 鉄粉と硫黄の粉は，加熱後に何という物質になりましたか。

〔　　　　〕

ミス注意 **鉄と硫黄を混ぜ合わせて加熱してできた物質は，色は黒色になり，磁石に引きつけられません。塩酸をかけたとき，においがある気体が発生するようになります。**

もっとくわしく

混合物と化合物のちがい

混合物は，2種類以上の物質をただ混ぜただけで，入っている物質自体は変化していません。化合物は，化学変化によってもとの物質とは別の物質になっています。

●混合物の例（入っているもの）
- 海水（水，塩化ナトリウムなど）
- 牛乳（水，タンパク質，脂肪など）
- 空気（窒素，酸素，二酸化炭素など）

09 「かいろ」があたたまるのはなぜ？

発熱反応・吸熱反応

熱が発生する化学変化は，燃焼だけではありません。例えば，酸化カルシウムに水を反応させると，温度が上がります。この化学変化は，火を使わずに加熱ができることから，弁当の加熱などに活用されています。

このように，熱を発生する化学変化を**発熱反応**といいます。

【化学かいろ】

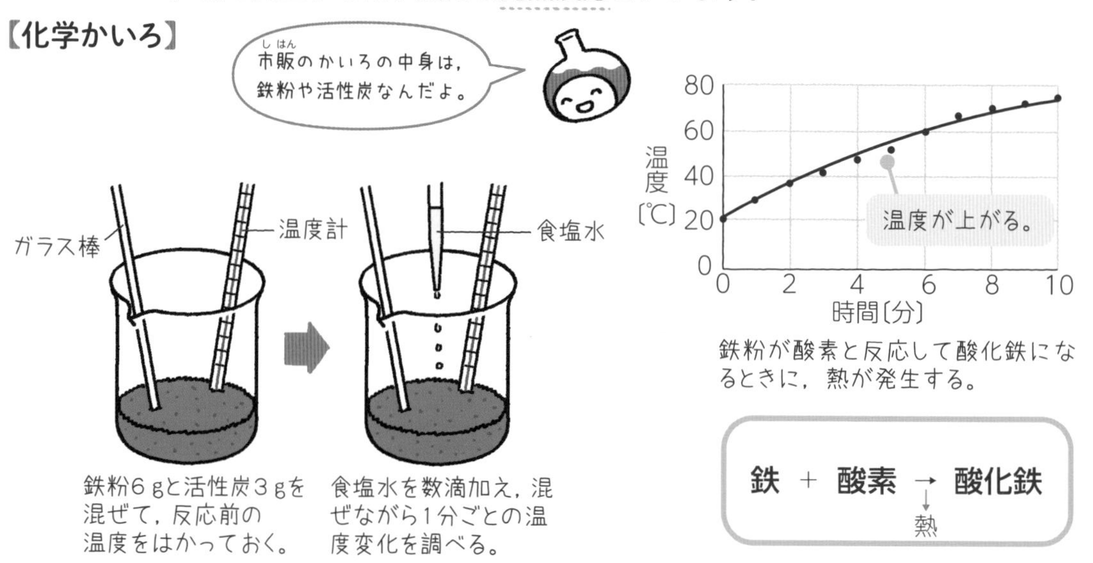

一方，熱を吸収する変化を**吸熱反応**といいます。水酸化バリウムと塩化アンモニウムが反応すると，気体のアンモニア（NH_3）が発生して温度が下がります。

化学変化にともなって出入りする熱を**反応熱**といいます。

【水酸化バリウムと塩化アンモニウムの反応】

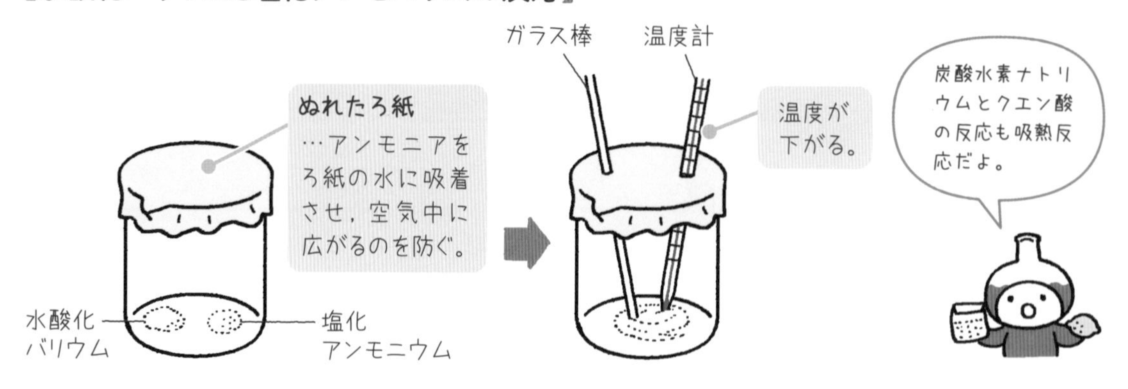

基本練習

➔ 答えは別冊5ページ

1 次の文中の〔　　〕にあてはまる語句を答えましょう。

化学かいろでは，鉄が酸素と反応して〔　　　　〕になるとまわりの温度が〔　　　　〕る。このように熱を発生する化学変化を〔　　　　〕という。

一方，熱を吸収する化学変化を〔　　　　〕といい，このとき，まわりの温度は〔　　　　〕る。

2 右の図のように，水酸化バリウムと塩化アンモニウムを反応させると，気体が発生しました。次の問いに答えましょう。

水
温度計
水酸化バリウム
塩化アンモニウム

(1)　この化学変化で発生する気体を何といいますか。物質名と化学式をそれぞれ答えましょう。

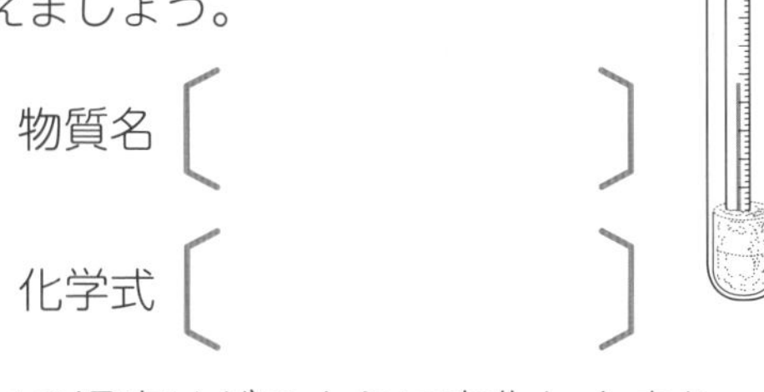

物質名〔　　　　〕

化学式〔　　　　〕

(2)　この化学変化で，まわりの温度はどのように変化しますか。

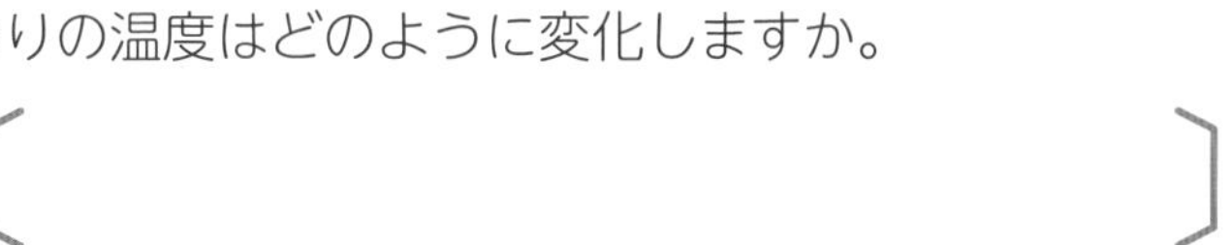

〔　　　　〕

ポイント 前のページで学習した，鉄と硫黄の反応も発熱反応だよ。

10 質量保存の法則 化学変化のきまり

これまで，いろいろな化学変化を勉強してきましたが，どの反応にもあてはまる「きまり」があります。それは**質量保存の法則**です。化学変化において，反応前の物質全体の質量と，反応後の物質全体の質量は同じになります。

【質量保存の法則】

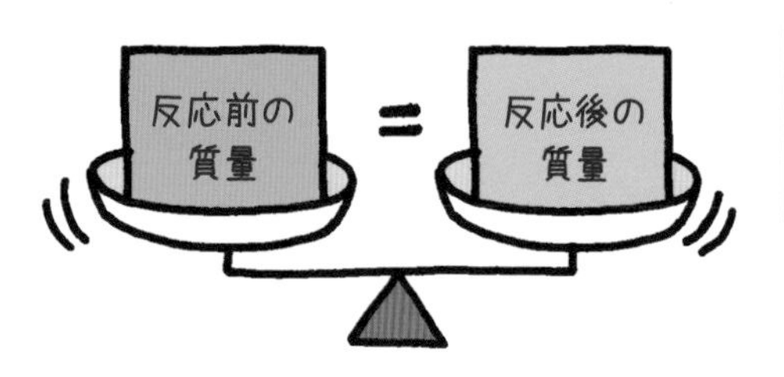

①原子はなくなったり，新しくできたりしない。
②反応の前後で原子の種類と数は同じ。
→全体の質量は変わらない！

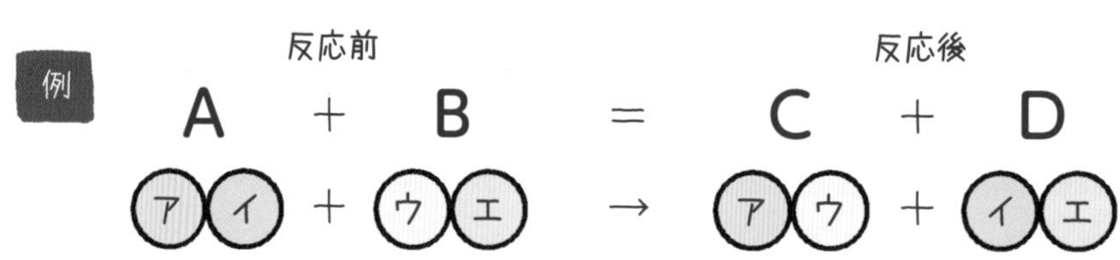

質量保存の法則を使えば，化学変化によってできた物質の質量を知ることができます。また，反応する物質どうしの質量の比は物質の組み合わせによって一定です。

【反応する物質どうしの質量の割合】

銅1.6gを過不足なく酸化させると

$$2Cu + O_2 \longrightarrow 2CuO$$

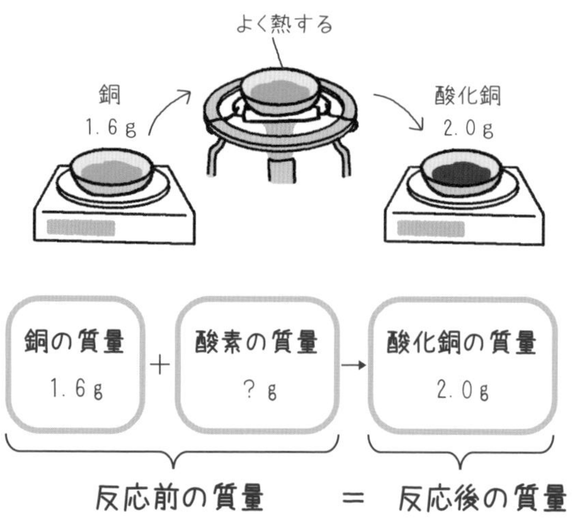

1.6g＋？g=2.0gだから，酸素の質量は0.4gとわかる。

銅の質量を変えて，実験をくり返す。
銅の質量と，十分加熱した後の酸化銅の質量をグラフに表すと，反応する銅と酸化銅の質量の比は4:5とわかる。

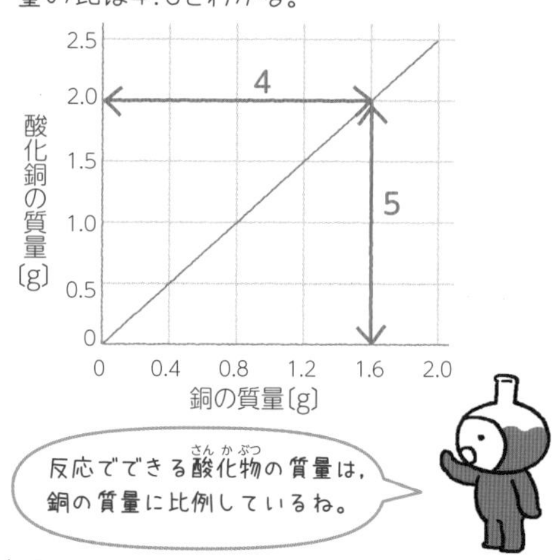

基本練習

答えは別冊5ページ

1 次の文中の〔　　〕にあてはまる語句を答えましょう。

化学変化の反応前の物質全体と反応後の物質全体の〔　　　　〕は変わらない。この法則のことを〔　　　　　　〕という。

2 いろいろな化学変化について，次の問いに答えましょう。

(1)　鉄粉7 g と硫黄(いおう)4 g は過不足なく反応して硫化鉄(りゅうかてつ)ができました。このときにできた硫化鉄の質量は何 g ですか。

〔　　　　〕

(2)　鉄14 g を燃焼(ねんしょう)させると，酸化鉄(さんかてつ)が20 g できました。このときに鉄と反応した酸素の質量は何 g ですか。

〔　　　　〕

(3)　右のグラフは，金属A，Bと反応する酸素の質量の関係を表したものです。

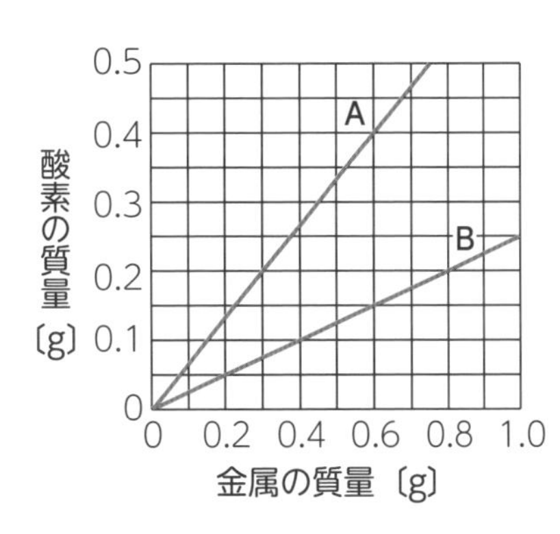

①1.2 g の金属Aと反応する酸素の質量は何gですか。

〔　　　　〕

②3.0 g の金属Bと反応する酸素の質量は何gですか。

〔　　　　〕

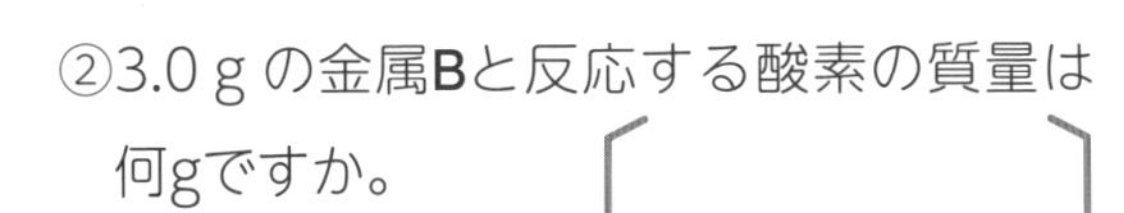

③金属A，Bのうち，1 g の酸素と多く反応するものはどちらですか。

〔　　　　〕

ポイント　**反応前の物質の質量と反応後の物質の質量は，比例の関係だね。だから，反応前の物質の質量が2倍になれば，反応後の物質の質量も2倍になるよ。**

11 化学反応式の練習

化学反応式，書けるかな？

1章を通して，さまざまな化学変化を学習してきました。ここで，重要な化学反応式を確認しておきましょう。

【分解の化学反応式】

炭酸水素ナトリウムの熱分解	$2NaHCO_3 \rightarrow Na_2CO_3 + CO_2 + H_2O$ 炭酸水素ナトリウム　炭酸ナトリウム　二酸化炭素　水
酸化銀の熱分解	$2Ag_2O \rightarrow 4Ag + O_2$ 酸化銀　銀　酸素
水の電気分解	$2H_2O \rightarrow 2H_2 + O_2$ 水　水素　酸素

元素記号の１文字目を大文字にするのを忘れずに。

【酸化（燃焼）・還元の化学反応式】

銅の酸化	$2Cu + O_2 \rightarrow 2CuO$ 銅　酸素　酸化銅
酸化銅の還元	$2CuO + C \rightarrow 2Cu + CO_2$ 酸化銅　炭素　銅　二酸化炭素
炭素の燃焼	$C + O_2 \rightarrow CO_2$ 炭素　酸素　二酸化炭素
水素の燃焼	$2H_2 + O_2 \rightarrow 2H_2O$ 水素　酸素　水
マグネシウムの燃焼	$2Mg + O_2 \rightarrow 2MgO$ マグネシウム　酸素　酸化マグネシウム
メタンの燃焼	$CH_4 + 2O_2 \rightarrow CO_2 + 2H_2O$ メタン　酸素　二酸化炭素　水

炭素をふくむ物質（有機物）が酸化すると，二酸化炭素が発生するよ。

天然ガスの主成分である，気体の有機物。

【硫黄と結びつく反応の化学反応式】

鉄と硫黄が結びつく反応	$Fe + S \rightarrow FeS$ 鉄　硫黄　硫化鉄

基本練習

答えは別冊5ページ

1 〔　　〕にあてはまる化学式と係数を書き，次の化学反応式を完成させましょう。

(1) 炭酸水素ナトリウムの熱分解

〔　　　　〕→〔　　　　〕＋ CO_2 ＋ H_2O

(2) 水の電気分解

〔　　　　〕→〔　　　　〕＋ O_2

(3) 酸化銀の熱分解

〔　　　　〕→〔　　　　〕＋ O_2

(4) 酸化銅の還元

〔　　　　〕＋ C → 2Cu ＋〔　　　　〕

(5) 炭素の燃焼

C ＋〔　　　　〕→〔　　　　〕

(6) 水素の燃焼

〔　　　　〕＋ O_2 →〔　　　　〕

(7) マグネシウムの燃焼

〔　　　　〕＋ O_2 →〔　　　　〕

(8) メタンの燃焼

CH_4 ＋〔　　　　〕→ CO_2 ＋〔　　　　〕

(9) 鉄と硫黄が結びつく反応

Fe ＋〔　　　　〕→〔　　　　〕

ミス注意 「→」の前後で原子の数が同じになっているかどうか，最後にもう1度確認しよう。

復習テスト 2

➔答えは別冊17ページ

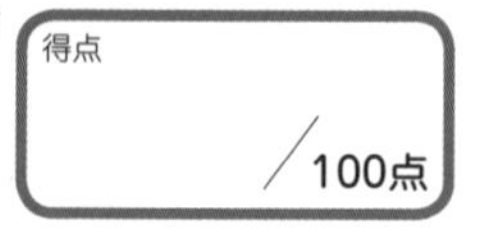

1章 化学変化と原子・分子

1 鉄粉7 gと硫黄の粉末4 gをよく混ぜてから，試験管A，Bに分けて入れ，試験管Bだけを図のように加熱しました。次の問いに答えましょう。 【各6点　計30点】

(1)　試験管Bは，途中で加熱をやめても反応は続きました。その理由を簡単に書きましょう。
[　　　　　　　　　　　　　　　　　　　　]

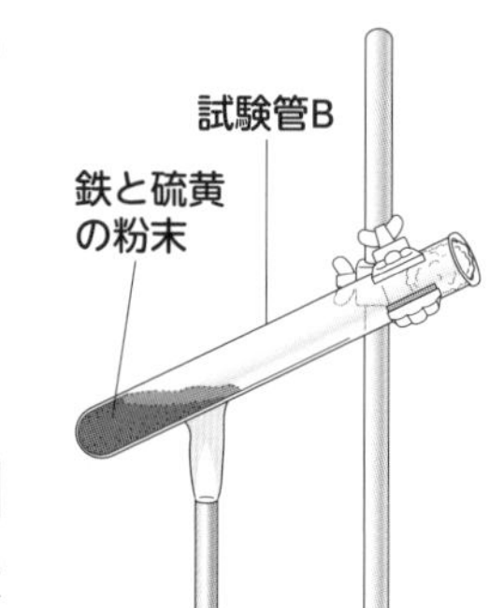

(2)　試験管Aと反応後の試験管Bの物質に磁石を近づけたとき，磁石に引き寄せられるのはどちらですか。
[　　　　　　]

(3)　試験管Aと反応後の試験管Bの物質に，それぞれうすい塩酸を加えたとき発生する気体の性質として適当なものを次のア～エから選びましょう。
試験管A [　　　　] 試験管B [　　　　]

ア　卵が腐ったようなにおいがする。
イ　プールの消毒剤のようなにおいがする。
ウ　気体の中で線香の火が激しく燃える。　　エ　気体が音を立てて燃える。

(4)　鉄と硫黄の混合物を加熱したときの化学変化を化学反応式で表しましょう。
[　　　　　　　　　　　　]

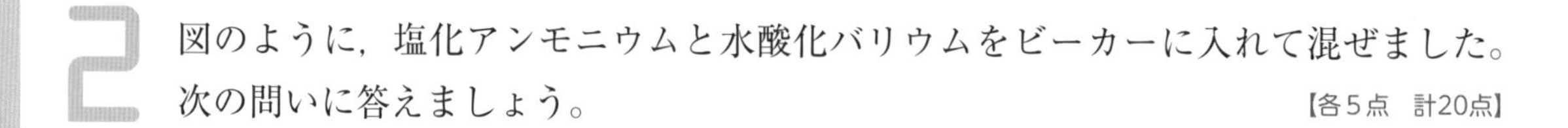

2 図のように，塩化アンモニウムと水酸化バリウムをビーカーに入れて混ぜました。次の問いに答えましょう。 【各5点　計20点】

(1)　この実験で発生する気体は何ですか。[　　　　　　　]

(2)　この実験で，温度計の温度は上がりますか，下がりますか。
[　　　　　　　]

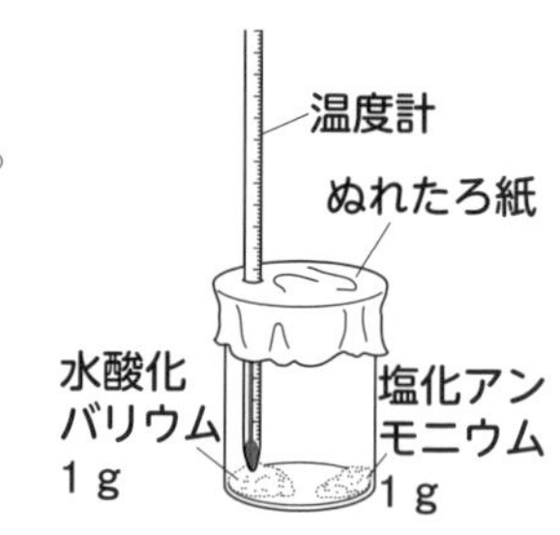

(3)　(2)のように温度が変化する反応を何といいますか。
[　　　　　　　]

(4)　次のア～ウのうち，この実験と同じ温度の変化をする反応はどれですか。
[　　　　]

ア　炭酸水素ナトリウムとクエン酸の混合物に水を加える。
イ　鉄粉と活性炭の混合物に食塩水を加える。　　ウ　酸化カルシウムに水を加える。

3

右下の図のように，炭酸水素ナトリウムを入れた容器の中に，うすい塩酸が入った小さい容器を入れてふたを閉めて密閉し，全体の質量をはかりました。その後，容器を傾(かたむ)けて炭酸水素ナトリウムと塩酸を反応させた後，再び全体の質量をはかりました。次の問いに答えましょう。

【各5点　計25点】

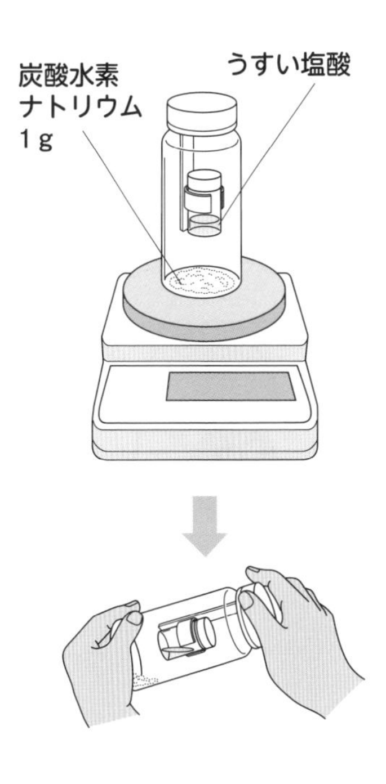

(1)　容器を傾けると，炭酸水素ナトリウムと塩酸が反応します。この化学変化を表す化学反応式を完成させましょう。

$NaHCO_3$ + HCl → NaCl + H_2O + [　　　　]

(2)　容器を傾ける前と後では，容器をふくめた全体の質量はどうなりましたか。　[　　　　]

(3)　容器を傾けた後，ふたをゆるめ，しばらくして容器全体の質量をはかると，傾ける前の質量と比べてどうなりましたか。　[　　　　]

(4)　(3)のようになったのはなぜですか。簡単に書きましょう。

[　　　　]

(5)　化学変化の前後で物質全体の質量が(2)のようになる法則を何といいますか。　[　　　　]

4

右の図のようにして，空気中で銅1.0 g を加熱したところ，酸化銅が1.25 g できました。また，銅の質量を変えて実験をくり返したところ，「化学変化によって物質と物質が結びつくときの質量の割合は変わらない」ということがわかりました。次の問いに答えましょう。

【各5点　計25点】

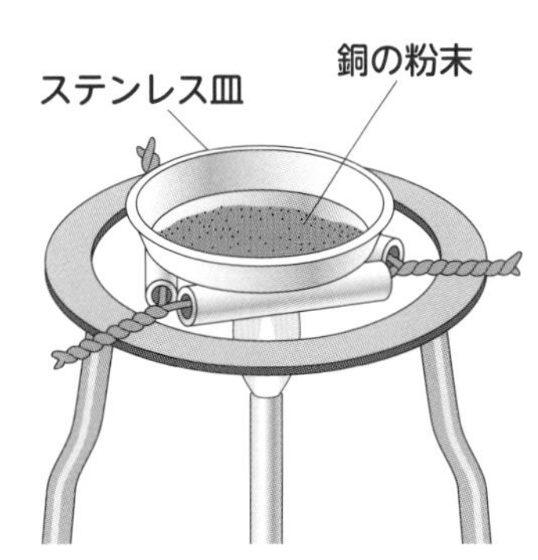

(1)　この実験で銅に起きた化学変化を化学反応式で表しましょう。

[　　　　]

(2)　銅1.0 g と結びついた酸素は何 g ですか。　[　　　　]

(3)　銅4.0 g を加熱すると，できる酸化銅は何 g ですか。　[　　　　]

(4)　銅7.2 g と酸素1.5 g があるとき，次の問いに答えましょう。

①　最大で何 g の酸化銅ができますか。　[　　　　]

②　銅と酸素のどちらが何 g 余りますか。　[　　　　]

12 細胞を見てみよう！

細胞

動物や植物のからだは，**細胞**でできています。動物の細胞と植物の細胞には，共通して中心に**核**があり，そのまわりを**細胞質**がとりまいています。細胞質のいちばん外側は，**細胞膜**になっています。

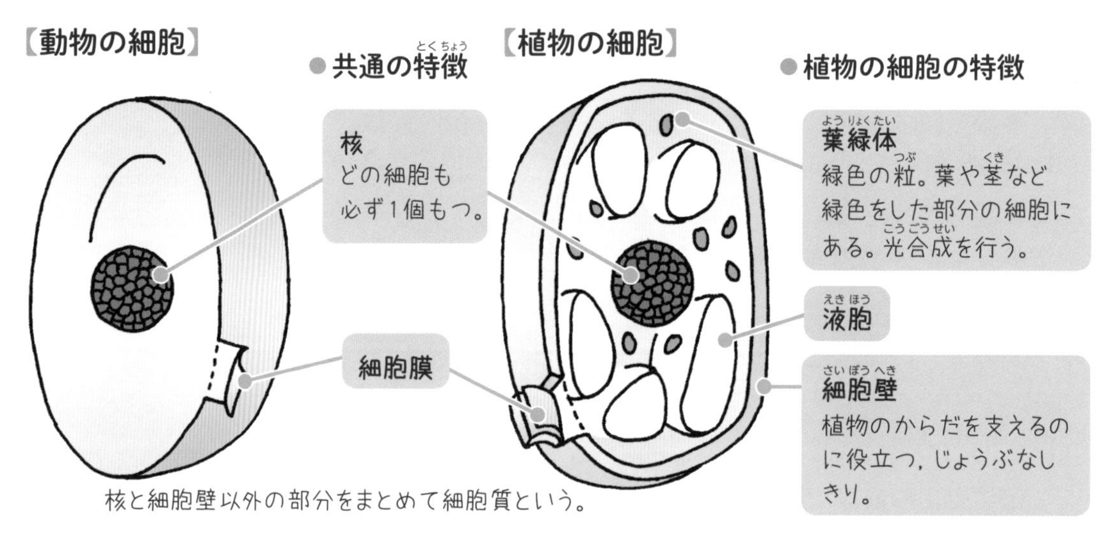

核と細胞壁以外の部分をまとめて細胞質という。

細胞は，生物の基本的な単位として，１つ１つが生きて活動しています。細胞は，酸素と養分を使い，呼吸によってエネルギーをとり出しています。このような１つ１つの細胞が行う呼吸を**細胞呼吸**といいます。

生物には，からだが１つの細胞でできている**単細胞生物**と，からだがたくさんの細胞でできている**多細胞生物**がいます。

多細胞生物の細胞は，形やはたらきが同じ細胞が集まって存在しています。いくつかの**細胞**が集まって上皮組織や筋組織といった**組織**をつくり，いくつかの組織が集まって，胃や心臓といった**器官**をつくります。さまざまな器官が集まり，ヒトやイヌといった**個体**がつくられています。

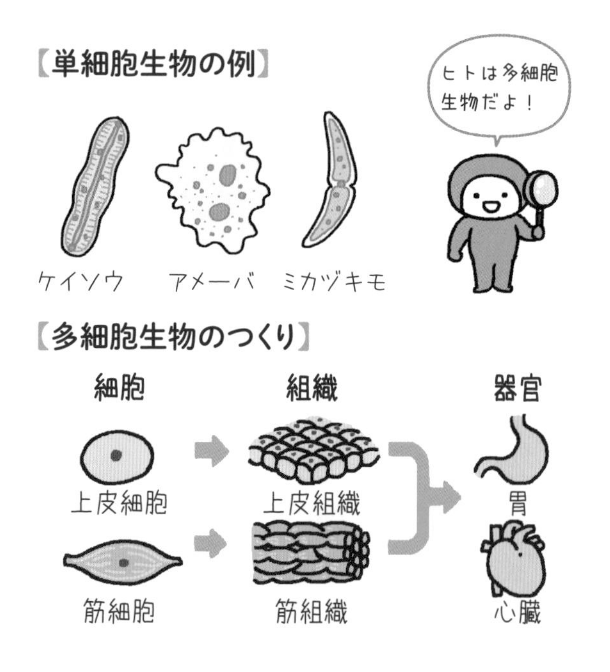

基本練習

答えは別冊5ページ

1 次の文中の〔　〕にあてはまる語句を書きましょう。

動物の細胞と植物の細胞に共通するつくりは，細胞の中心付近に1個ある〔　　　　〕と細胞質のいちばん外側にある〔　　　　〕である。

植物の細胞には，さらに〔　　　　〕や液胞，葉緑体などがある。

からだが１つの細胞でできている生物を〔　　　　〕，からだがたくさんの細胞でできている生物を〔　　　　〕という。

2 次の図は，植物の細胞と動物の細胞のつくりを模式的に示しています。次の問いに答えましょう。

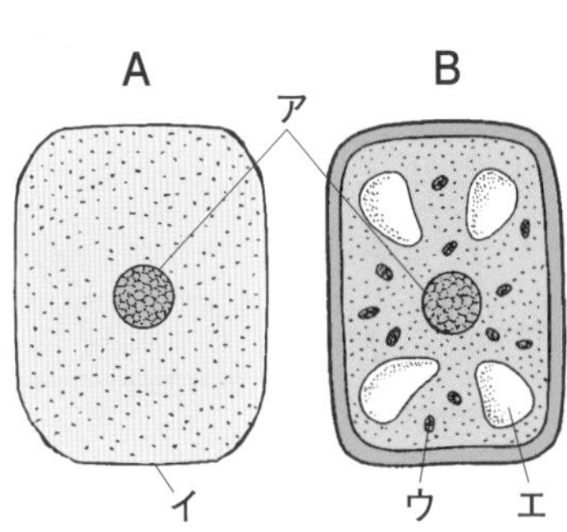

(1) ア～エの部分をそれぞれ何といいますか。

ア〔　　　　〕

イ〔　　　　〕

ウ〔　　　　〕　エ〔　　　　〕

(2) 動物の細胞を表しているのは，AとBのどちらですか。

〔　　　　〕

(3) １つの器官を構成する，同じはたらきの細胞の集まりを何といいますか。

〔　　　　〕

ミス注意 動物の細胞と植物の細胞の，共通点とちがいをしっかりおさえておこう。

13 顕微鏡の使い方

顕微鏡

顕微鏡で観察するときは，観察したいものを**スライドガラス**にのせて**プレパラート**をつくります。細胞の観察では，**酢酸オルセイン溶液**や**酢酸カーミン溶液**などの**染色液**を使うと，核がよく染まり，観察しやすくなります。

【顕微鏡による細胞の観察】

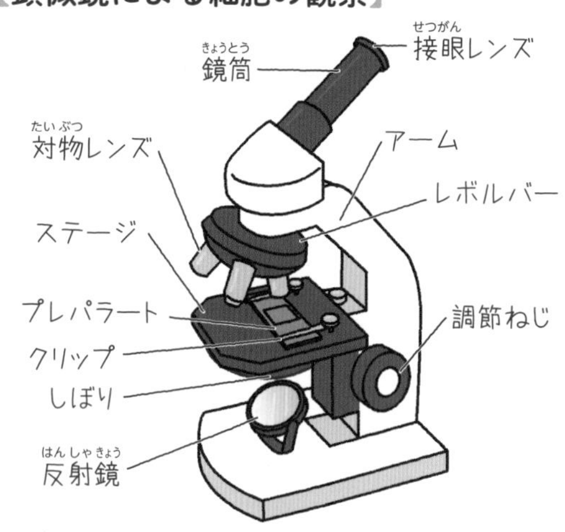

●プレパラートの作り方

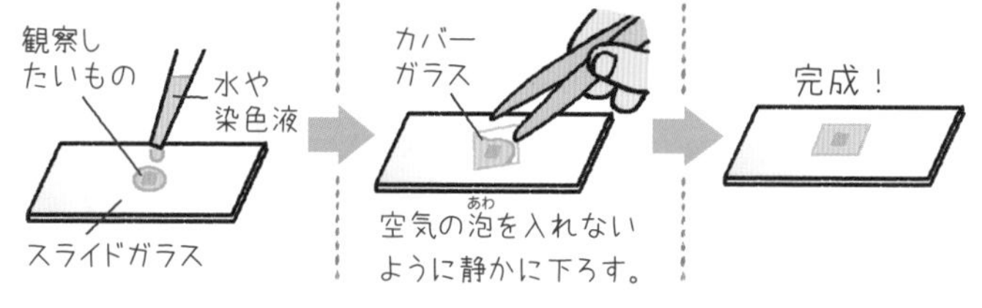

【顕微鏡の使い方】

直射日光が当たらないところに顕微鏡を置き，明るさを調整する。

プレパラートをステージの上にのせ，プレパラートと**対物レンズ**をできるだけ近づける。

接眼レンズをのぞいて**プレパラート**をゆっくり離していき，ピントが合ったら止める。

観察するものを見つけやすくするために，最初は低倍率のレンズを使おう！

高倍率のレンズにすると視野が暗くなるから，もう一度明るさを調整してね。

基本練習

➡ 答えは別冊6ページ

1 次の文中の〔　　〕にあてはまる語句を書きましょう。

顕微鏡で観察するときは，観察したいものをスライドガラスにのせて〔　　　　〕をつくる。細胞を観察するときは，酢酸カーミン溶液などの〔　　　　〕を数滴たらすと，細胞の〔　　　　〕が色づき，観察しやすくなる。

2 顕微鏡について，次の問いに答えましょう。

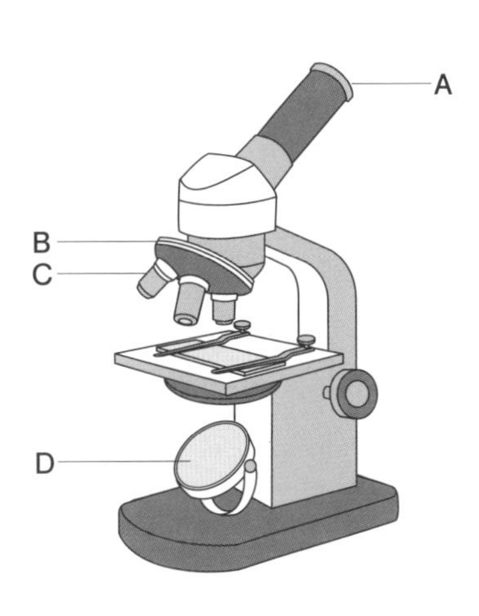

(1) 右の図で，A～Dをそれぞれ何といいますか。

A 〔　　　　〕

B 〔　　　　〕

C 〔　　　　〕

D〔　　　　〕

(2) 顕微鏡で細胞を観察する方法として，まちがっているものをすべて選びましょう。

ア　プレパラートをつくるときは，空気の泡ができないよう注意する。

イ　染色液は，葉緑体を観察しやすくするために使う。

ウ　細胞を見つけやすくするために，最初は高倍率で観察する。

エ　顕微鏡のピントを合わせるときは，横から直接見て対物レンズとプレパラートをなるべく近づけ，接眼レンズをのぞきながら少しずつ離していく。

〔　　　　〕

染色液は，色のない細胞のつくりを見えやすくするよ。

14 光合成 葉緑体は「デンプン工場」！

植物の細胞だけにみられるつくりに，**葉緑体**がありましたね。葉緑体では，**水**と**二酸化炭素**を原料にして，**光**をエネルギーとして使い，**デンプン**などをつくっています。このはたらきを**光合成**といいます。

【光合成】

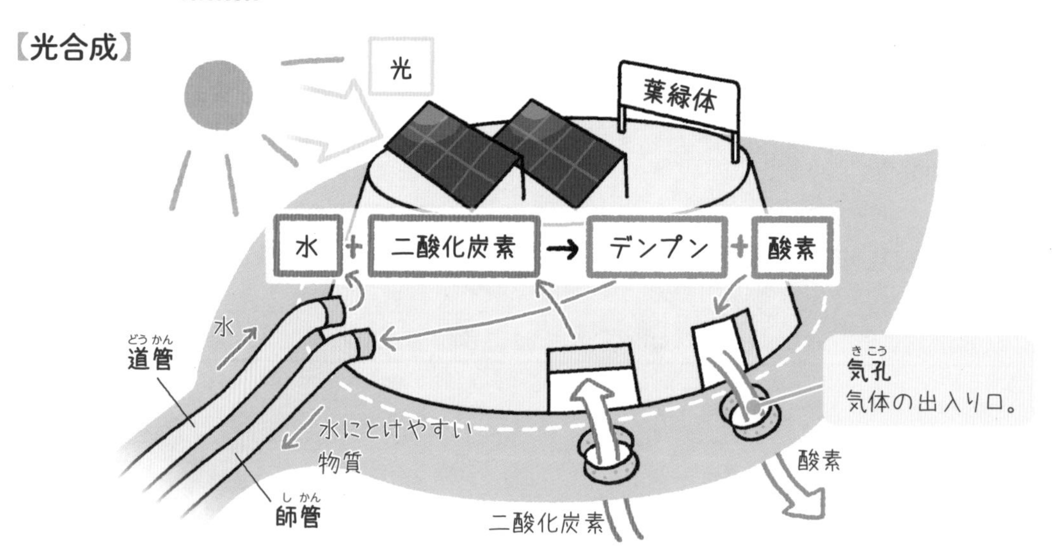

光合成で使われる物質は，下のような実験で確かめることができます。

【実験】

① 青色（アルカリ性）のBTB液を入れた４つの試験管に，それぞれ息をふきこむ。

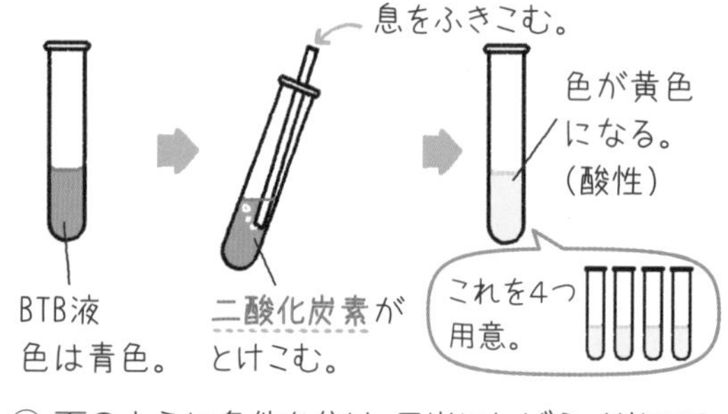

② 下のように条件を分け，日光にしばらく当てる。

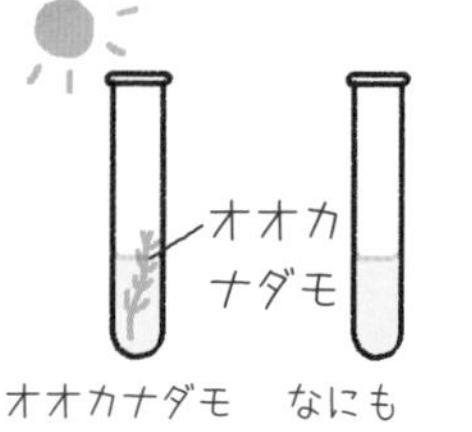

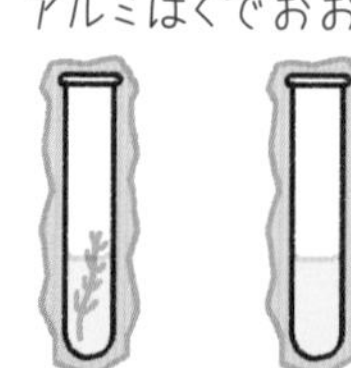

アルミはくでおおう。

オオカナダモを入れる。　なにも入れない。

【結果】

オオカナダモを入れて日光に当てたものは，BTB液が**青色**に変化した。その他の試験管のBTB液は**黄色**のままだった。

		オオカナダモ あり	オオカナダモ なし
日光	あり	光合成した！ 青色	黄色
日光	なし	黄色	黄色

→植物が光合成を行うと，**二酸化炭素**が使われる。

基本練習

答えは別冊６ページ

1 **次の文中の〔　　〕にあてはまる語句を書きましょう。**

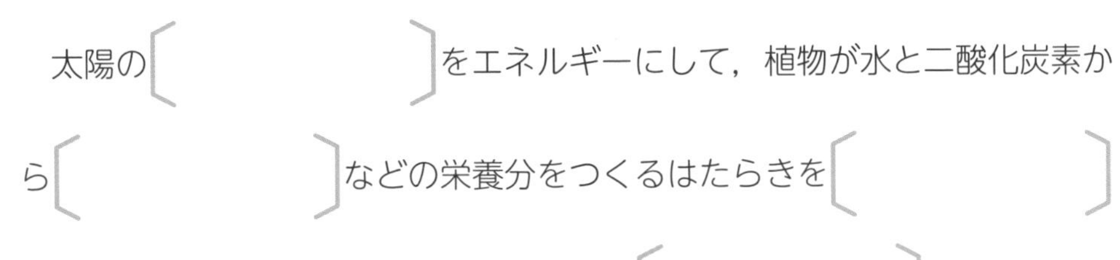

太陽の〔　　　　　〕をエネルギーにして，植物が水と二酸化炭素から〔　　　　　〕などの栄養分をつくるはたらきを〔　　　　　〕という。このはたらきは，葉の細胞にある〔　　　　　〕で行われる。

2 **右の図は，光合成のしくみを表しています。A～Dにあてはまる物質の名前を書きましょう。**

A〔　　　　　〕　B〔　　　　　〕

C〔　　　　　〕　D〔　　　　　〕

3 **右の図のようにツユクサの葉を入れた試験管Aと，何も入れない試験管Bを用意し，それぞれに息をふきこんでゴム栓(せん)をし，日光に当てました。次の問いに答えましょう。**

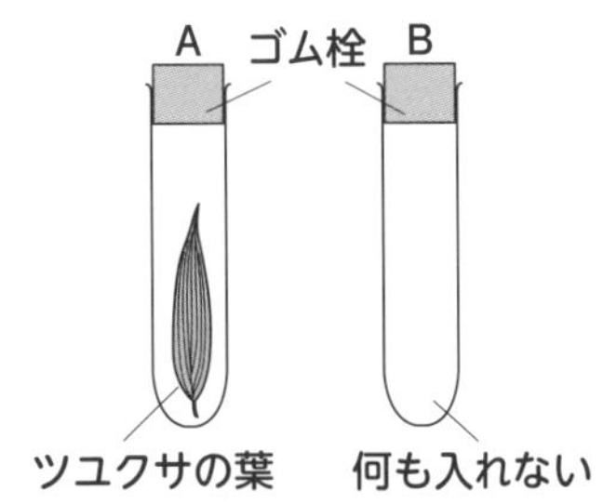

(1)　30分後石灰水を入れて振(ふ)ると，より白くにごるのはA，Bのどちらですか。

〔　　　　　〕

(2)　(1)のようにちがう結果になったのはなぜですか。次の文中の〔　　〕にあてはまる語句を書きましょう。

Aでは光合成で試験管内の〔　　　　　〕が使われて減ったため。

ポイント　実験に使われる石灰水やBTB液などの試薬の性質をおさえよう。石灰水は，二酸化炭素に反応して白くにごるよ。BTB液は，酸性では黄色，中性では緑色，アルカリ性では青色になるよ。

15 植物だって「息」をしている！

呼吸

植物も，わたしたちと同じく**呼吸**をしています。呼吸とは，酸素をとり入れて二酸化炭素を出すはたらきのことです。

光合成と呼吸では，気体の出入りが逆になっています。

【呼吸】

二酸化炭素

酸素

【光合成と呼吸の関係】

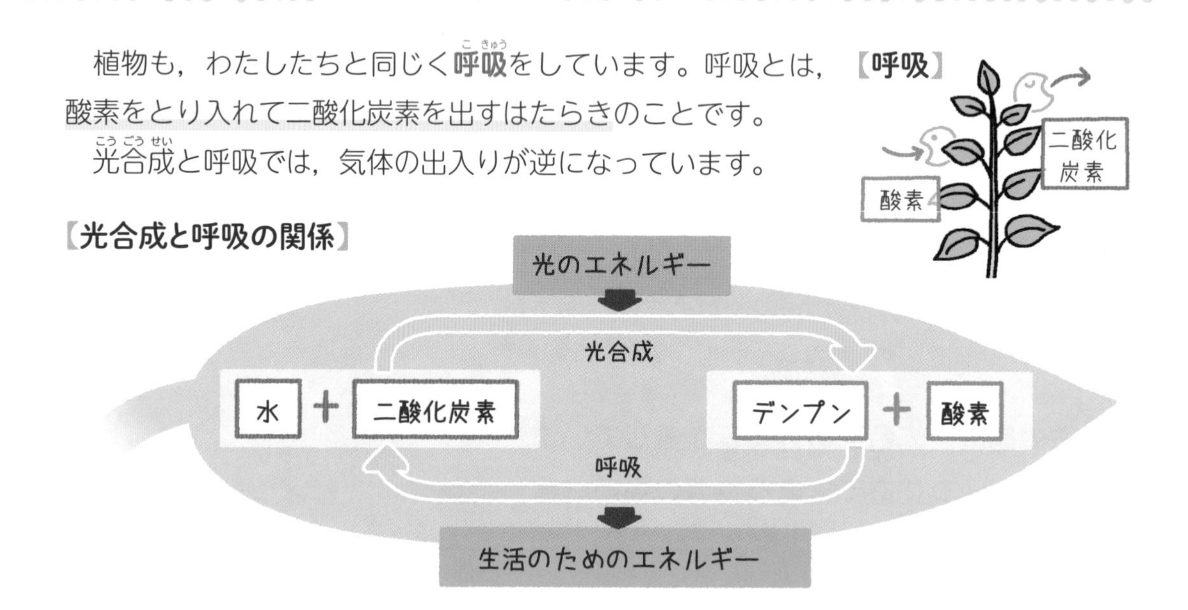

植物の昼と夜の気体の出入りに注目してみます。

植物は，わたしたちと同じように昼も夜も呼吸しています。そして，昼は日光があるので光合成もしています。このとき，出入りする気体は光合成の方が多いので，見かけ上，植物は二酸化炭素を吸収して酸素を出しているように見えます。

夜は日光がないので，植物は光合成をせず，呼吸だけをしています。よって，酸素を吸収して二酸化炭素を出しています。

【昼と夜の気体の出入り】

基本練習

答えは別冊6ページ

1 右の図は，植物が行うはたらきと気体の出入りを表しています。次の問いに答えましょう。

光が当たっているとき

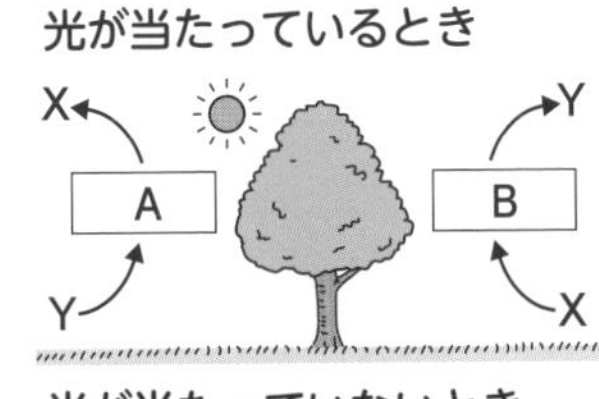

光が当たっていないとき

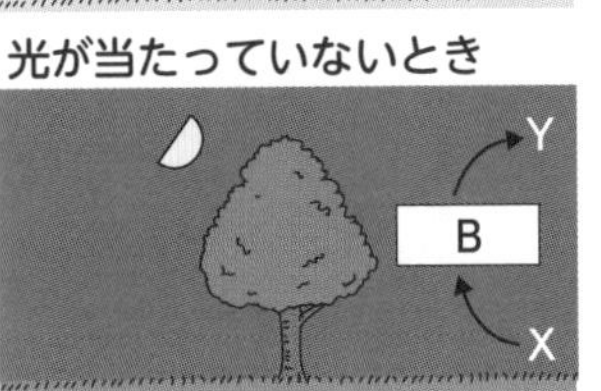

(1) A，Bにあてはまるはたらきを何といいますか。

A〔　　　　　〕

B〔　　　　　〕

(2) X，Yにあてはまる気体は何ですか。

X〔　　　　　〕 Y〔　　　　　〕

2 植物の呼吸や光合成の説明としてまちがっているものを，次のア～オから2つ選びましょう。

ア　植物は光合成をするとき，光が必要である。

イ　植物は夜間，暗いところでは光合成をしない。

ウ　植物は夜間のみ呼吸を行う。

エ　植物は昼間，呼吸と光合成を行う。

オ　植物は光合成をしている間は呼吸をしない。

〔　　　　　〕

ポイント　植物もわたしたちと同じように，つねに呼吸をしているよ。

もっと くわしく

朝や夕方の気体の出入り

日光が昼間ほど当たらない朝や夕方の，気体の出入りはどうなっているでしょう。この場合は，呼吸とわずかな光合成をしているので，見かけ上は気体の出入りがないように見えます。光が弱いくもりの日も同じです。

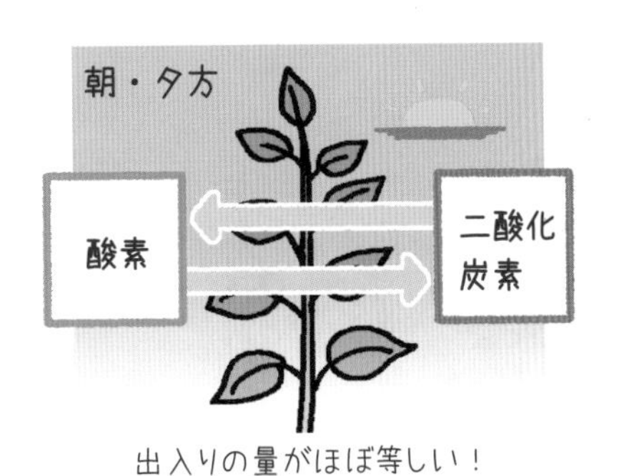

出入りの量がほぼ等しい！

16 蒸散 水蒸気が出ていくところ

植物は，おもに葉にある**気孔**という小さな穴を通して気体の出し入れをしています。気孔のまわりにある細胞を**孔辺細胞**といいます。

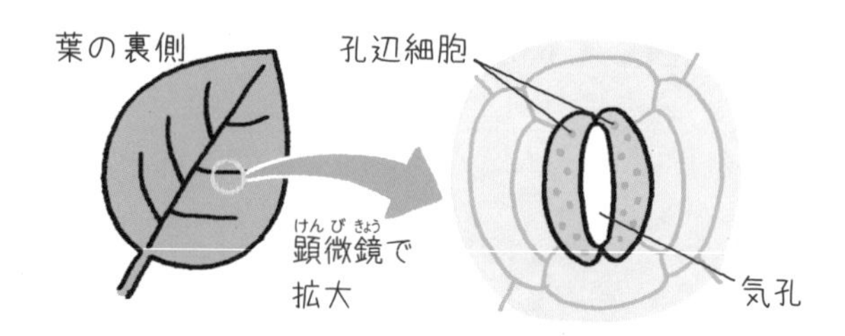

気孔は**水蒸気**の出口でもあります。気孔から水蒸気が出ていくことを**蒸散**といいます。植物は，気孔を開閉して蒸散量を調節することで，からだ全体の水分量を調節しています。

【蒸散】

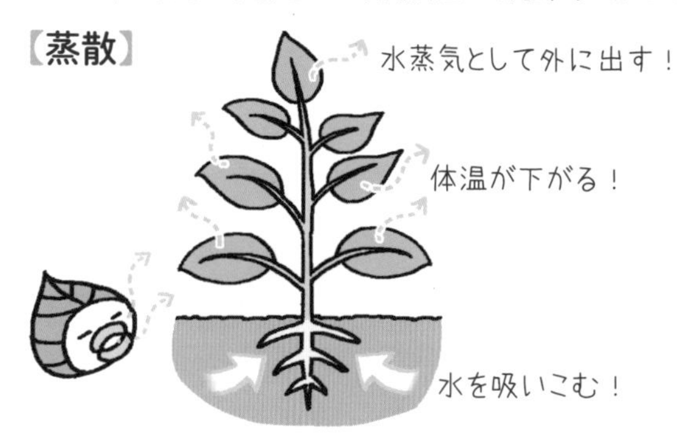

●蒸散の役割
- 水分量を調整する。
- 体温を調整する。
- 根からの水の吸収を促進する。

蒸散の量は，根からの水の吸収量をはかることで確認することができます。

【実験】

① 同じ枚数の葉がついた枝を４本用意する。
② 下の図のようにしてしばらく置いておく。

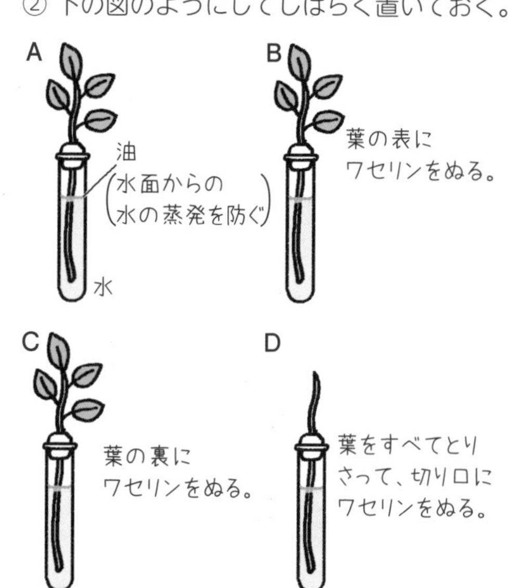

③ 水の減った量を調べる。

【結果】

試験管	A	B	C	D
減った水の量(cm^3)	41	30	12	1
蒸散が行われた部分	葉の表		葉の表	
	葉の裏	葉の裏		
	茎	茎	茎	茎

茎の蒸散量　　…**D**より，1 cm^3
葉の表の蒸散量…**A**と**B**より，41－30=11
　　　　　　　　よって11 cm^3。
葉の裏の蒸散量…**A**と**C**より，41－12=29
　　　　　　　　よって29 cm^3。
→気孔は，葉の裏側に多い。

基本練習

答えは別冊６ページ

1 **次の文中の〔　　〕にあてはまる語句を書きましょう。**

植物の体内の水が水蒸気になって外に出ていくことを〔　　　　　　〕という。これは，おもに気体の出入り口である〔　　　　　　〕で行われる。

2 **右の図のようにして一定時間おいたとき，試験管の水の量の変化は表のようになりました。次の問いに答えましょう。**

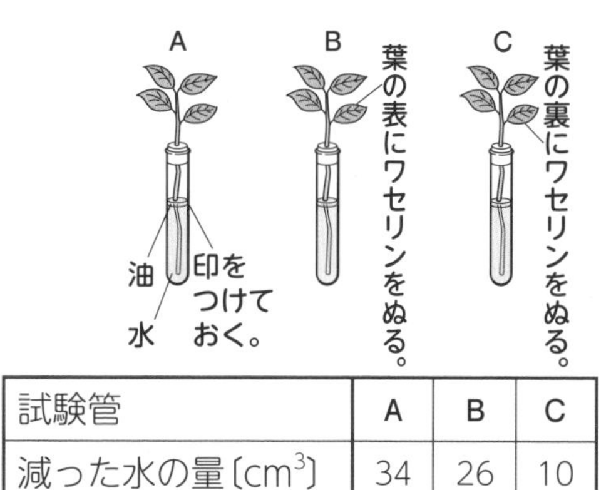

試験管	A	B	C
減った水の量〔cm^3〕	34	26	10

(1)　この実験における葉の表側の蒸散量を，計算で求めましょう。〔　　　　　　〕

(2)　この実験における葉の裏側の蒸散量を，計算で求めましょう。〔　　　　　　〕

(3)　この実験における茎の蒸散量を，計算で求めましょう。〔　　　　　　〕

(4)　この実験結果から，水を出すところは，葉の表側，葉の裏側，茎のうち，どこに多いことがわかりますか。〔　　　　　　〕

(5)　この実験において，試験管の水の上に油を入れたのはなぜですか。
〔　　　　　　　　　　　　　　　　　　　　〕

ポイント　ワセリンをぬったところは，水蒸気の出口である気孔がふさがれているよ。

17 根・茎・葉
水の通り道はどこ？

植物は水を根から吸収し，栄養分を葉でつくっています。水も栄養分も，管を通ってからだ全体に運ばれます。この管が集まったものを**維管束**といいます。

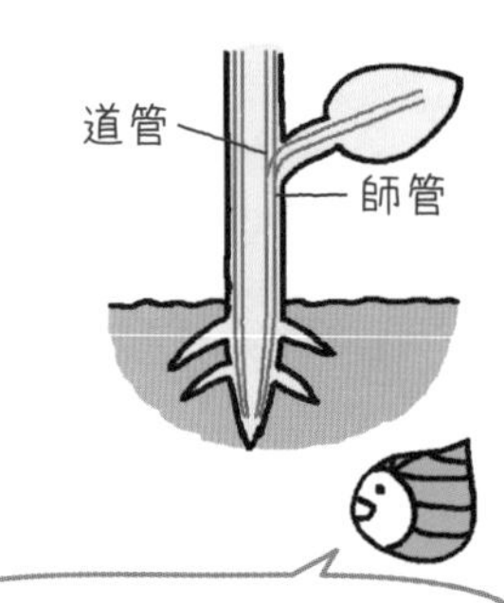

維管束は，根から吸収した水や肥料分を運ぶ**道管**と，葉でつくられた栄養分を運ぶ**師管**とが集まったものです。根，茎，葉は，この維管束によってつながっているのです。

道管は内側（中心の近く），師管は外側を通るよ。葉では，道管が表側にあるよ。

【根の断面】

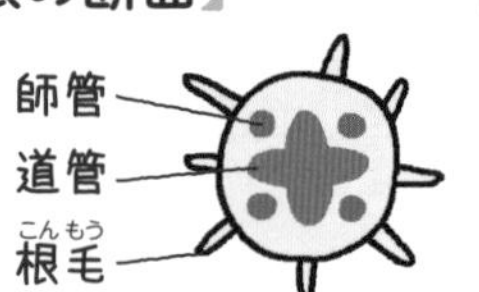

根には根毛がたくさんあり，表面積が大きくなっている。このつくりによって，効率よく水や肥料分を吸収することができる。

【茎の断面】

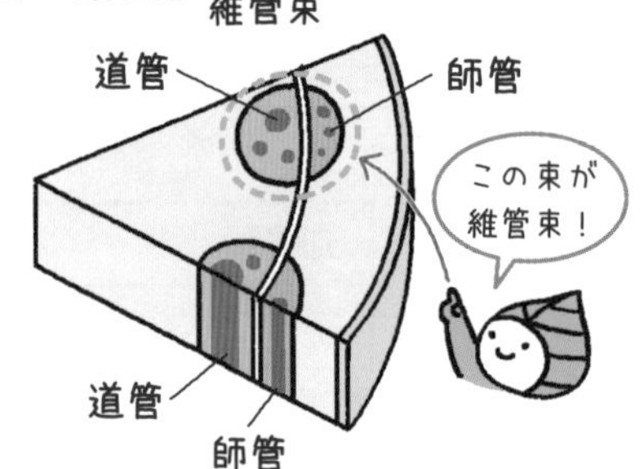

【葉の断面】

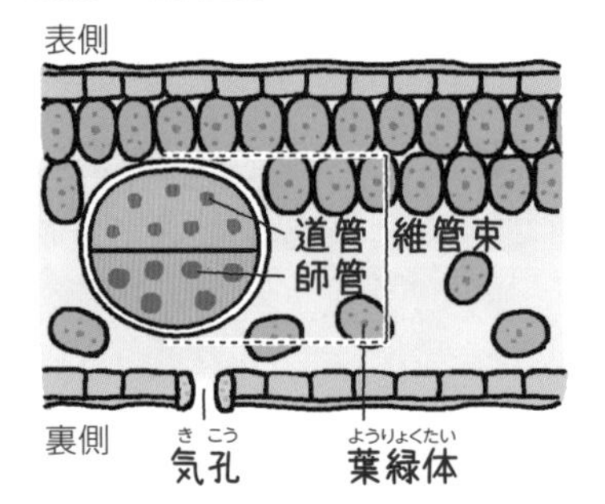

根・茎・葉のつくりには2種類あります。

	双子葉類(ホウセンカなど)	**単子葉類**(トウモロコシなど)
葉のつくり	**網状脈** 葉脈が網の目のように広がっている。	**平行脈** 葉脈が平行に並んでいる。
茎のつくり	維管束が輪のように並んでいる。	維管束が全体に散らばっている。
根のつくり	**主根** **側根** 主根と側根からなる。	**ひげ根** ひげ根という多数の細かい根からなる。

基本練習

答えは別冊７ページ

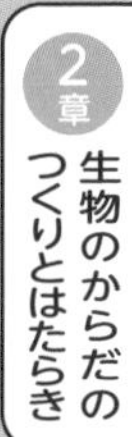

1 次の文中の〔　　〕にあてはまる語句を書きましょう。

　根から吸収した水や肥料分を運ぶ管を〔　　　　　〕といい，葉でつくられた栄養分を運ぶ管を〔　　　　　〕という。これらが集まり，束のようになった部分を〔　　　　　〕という。葉の中では，水や肥料分を運ぶ管は〔　　　　　〕側にある。

　植物の根の表面にある細かい毛のようなものを〔　　　　　〕という。

2 下の図のア～オの各部分の名称（めいしょう）を答えましょう。

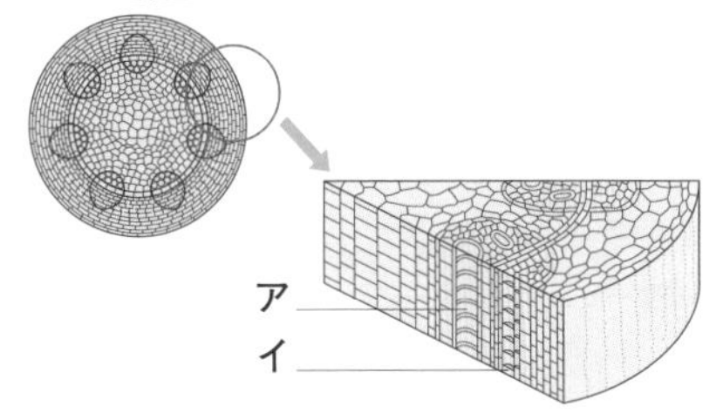

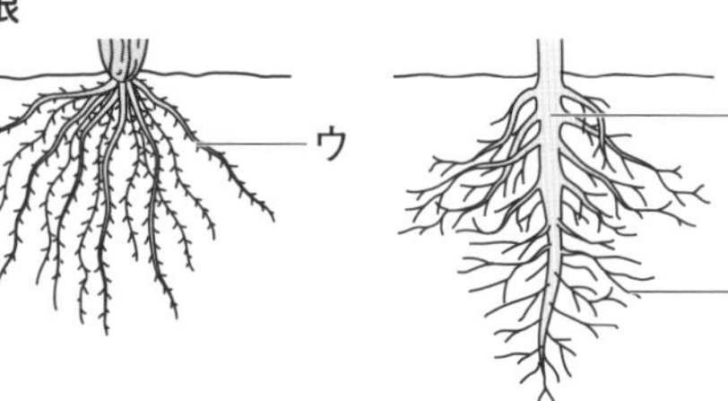

ア〔　　　　　〕　イ〔　　　　　〕　ウ〔　　　　　〕

エ〔　　　　　〕　オ〔　　　　　〕

ポイント　水を運ぶ道管が内側にあることは「うちの水道管」と覚えておこう。
うち（内側）の水（水を運ぶ）道管。

復習テスト3

➔答えは別冊18ページ

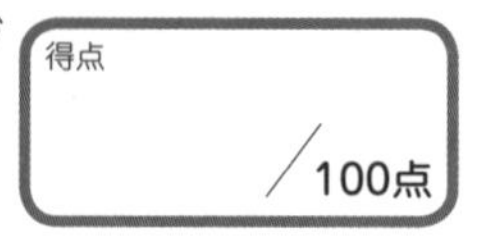

2章 生物のからだのつくりとはたらき

1

右の図は，植物の細胞のつくりを表した模式図です。次の問いに答えましょう。

【各5点　計15点】

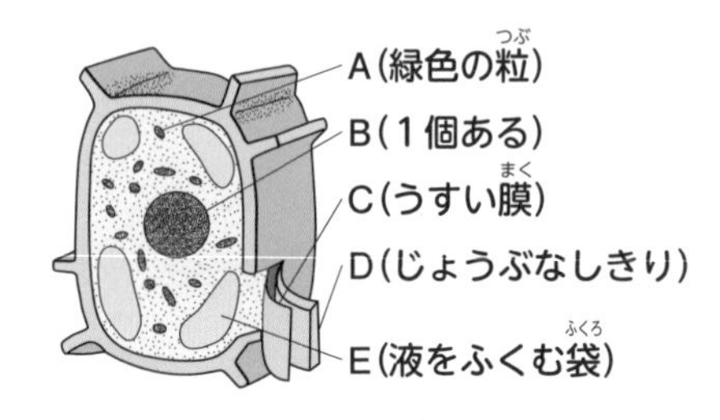

(1)　Dを何といいますか。

〔　　　　　〕

(2)　染色液の酢酸オルセイン溶液で赤色に染まる部分は，A ~ Eのどこですか。

〔　　　　　〕

(3)　動物の細胞と植物の細胞に共通のつくりを，A ~ Eからすべて選びましょう。

〔　　　　　〕

2

光合成と呼吸のはたらきについて，次の問いに答えましょう。

【各5点　計35点】

(1)　光合成は葉の細胞の何というところで行われますか。

〔　　　　　〕

(2)　デンプンが葉にできたことを確かめる試薬は何ですか。また，この試薬はデンプンがあると何色に変化しますか。

試薬〔　　　　　〕　色〔　　　　　〕

(3)　ビニル袋に入れたホウレンソウを，右図のA，Bのようにしました。

A 明るいところに置く。　B 暗いところに置く。

ホウレンソウと空気

①　3時間後，中の気体を石灰水に通すと，石灰水はそれぞれどうなりますか。

A〔　　　　　〕　B〔　　　　　〕

②　A，Bでは，呼吸と光合成はどのように行われましたか。

ア　光合成だけが行われた。　**イ**　光合成より呼吸がさかんに行われた。

ウ　呼吸だけが行われた。　**エ**　呼吸より光合成がさかんに行われた。

A〔　　　　　〕　B〔　　　　　〕

3

水蒸気が，植物のどこから多く出ていくのかを調べるために，図のような実験を行いました。次の問いに答えましょう。

【(1)～(3)各５点　(4)６点　計26点】

A　B　C　D

油　水　印をつけておく

B：葉の表にワセリンをぬる

C：葉の裏にワセリンをぬる

D：葉をすべてとり，茎の切り口にワセリンをぬる

	A	B	C	D
減った水の量〔cm^3〕	65	49	18	2

(1)　B，Cでは，水蒸気はどこから出ていきますか。

ア　葉の表と茎から出ていく。

イ　葉の裏と茎から出ていく。

ウ　茎だけから出ていく。

エ　葉の表と裏から出ていく。

B〔　　　〕 C〔　　　〕

(2)　この実験で，ワセリンをぬったところからは水蒸気が出ていきますか，出ていきませんか。〔　　　〕

(3)　この実験は，植物の何というはたらきを調べる実験ですか。〔　　　〕

(4)　この実験で，葉の裏から出ていった水の量は何cm^3ですか。〔　　　〕

4

植物を，色水にしばらくさしておきました。次の問いに答えましょう。

【各６点　計24点】

(1)　この茎を横に切って，断面を顕微鏡(けんびきょう)で観察したとき，色水で着色されている部分は何といいますか。〔　　　〕

(2)　この植物の葉は，葉脈(ようみゃく)が網(あみ)の目のように広がっていました。この植物の茎の断面図として正しいものを**ア**～**エ**から選びましょう。〔　　　〕

ア
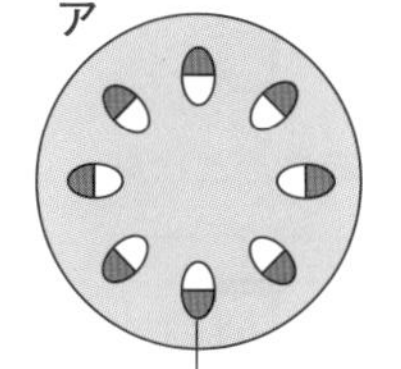

イ
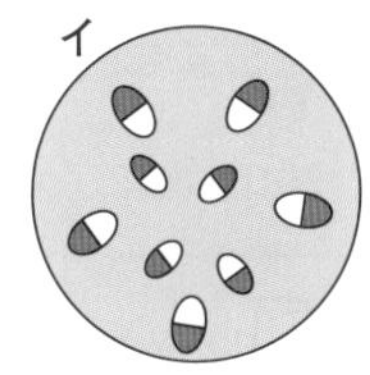

ウ
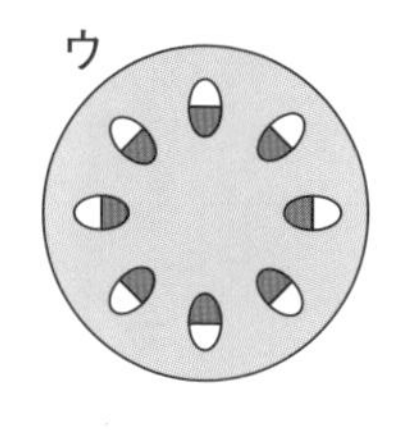

エ
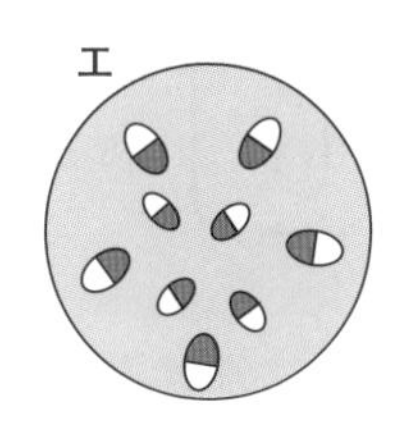

(3)　右の図は，この植物の葉の断面のようすです。

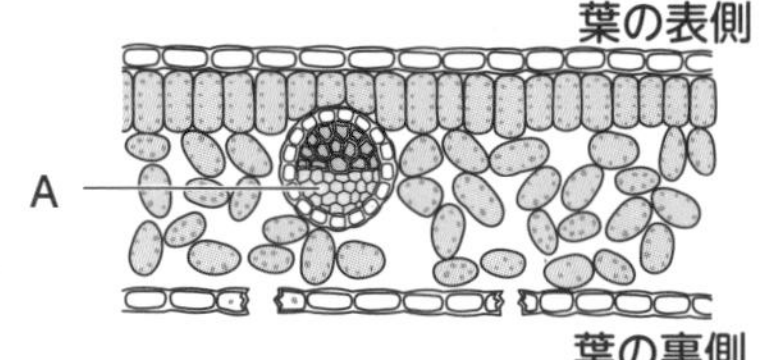

①　Aを何といいますか。〔　　　〕

②　Aの説明で正しいものを選びましょう。

ア　水にとけた肥料を，根から葉に運ぶ。

イ　葉でつくられた栄養分を，植物全体に運ぶ。

ウ　光合成を行い，栄養分をつくる。

エ　水を外に出し，水分調節をする。

〔　　　〕

18 消化 食べたものはどうなるの？

ごはんを食べるとき，しばらくかみ続けるとだんだん甘い味がしてきます。これは，ごはんにふくまれている**デンプン**が**消化**（分解）されて麦芽糖などに変化したからです。

消化とは，食物の養分を分解し，からだに吸収されやすい形に変えるはたらきです。

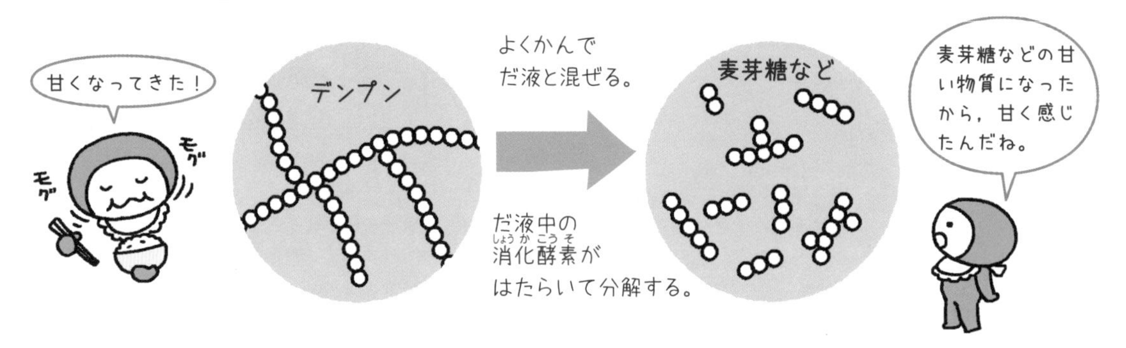

デンプンに反応するヨウ素液と，麦芽糖やブドウ糖などに反応するベネジクト液を使い，下のような実験でだ液のはたらきを確かめることができます。

【実験】

① デンプン溶液に，だ液と水を入れ，湯に10分つけておく。

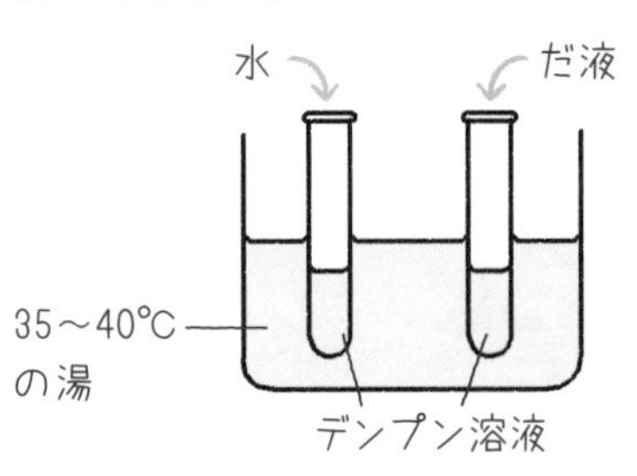

② それぞれをさらに2つに分ける。一方にはヨウ素液を加える。もう一方にはベネジクト液を加えて加熱する。

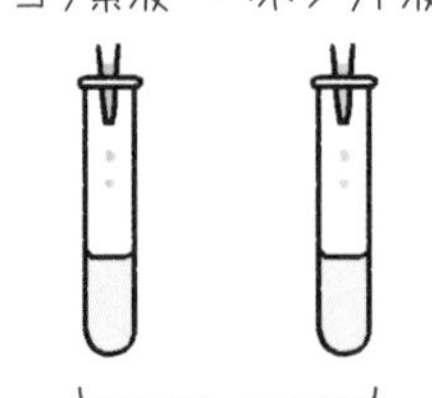

【結果】

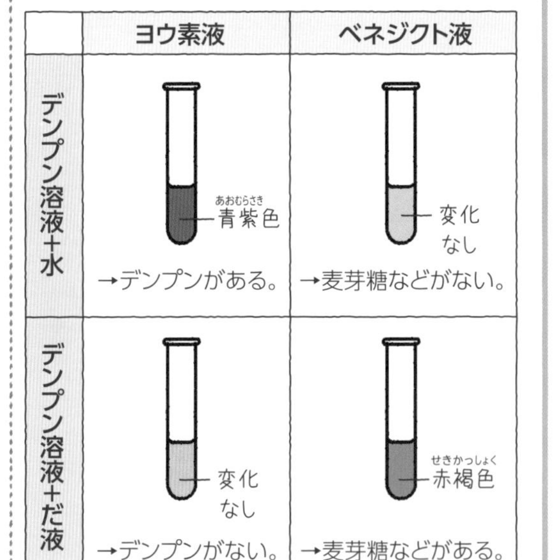

	ヨウ素液	ベネジクト液
デンプン溶液＋水	青紫色 →デンプンがある。	変化なし →麦芽糖などがない。
デンプン溶液＋だ液	変化なし →デンプンがない。	赤褐色 →麦芽糖などがある。

→だ液には，デンプンを麦芽糖などに変えるはたらきがあると考えられる。

基本練習

答えは別冊７ページ

1 **次の文中の〔　　〕にあてはまる語句を書きましょう。**

食べ物をからだに吸収されやすい物質に変えるはたらきを〔　　　　〕という。例えば，口の中では〔　　　　〕によってごはんのデンプンが分解され麦芽糖などに変化する。

2 **右のように，試験管Ａにはデンプン溶液とだ液を，試験管Ｂにはデンプン溶液と水を入れ，お湯に10分ほどひたしました。次の問いに答えましょう。**

(1)　試験管Ａ，Ｂから液体を少量とり出し，ベネジクト液を加えて加熱しました。液体が赤褐色に変化するのは試験管Ａ，Ｂのどちらからとり出した液体ですか。

試験管〔　　　　〕

(2)　試験管Ａ，Ｂから液体を少量とり出し，ヨウ素液を加えました。液体が青紫色に変化するのは試験管Ａ，Ｂのどちらからとり出した液体ですか。また，ヨウ素液が青紫色に変化するのは何という物質があるときですか。

試験管〔　　　　〕　物質〔　　　　〕

(3)　この実験から，だ液にはどのようなはたらきがあると考えられますか。簡潔に答えましょう。

〔　　　　　　　　　　　　　　　　〕

ポイント　ベネジクト液は麦芽糖などに反応して赤褐色になり，ヨウ素液はデンプンに反応して青紫色になるよ。

19 消化器官 養分を消化酵素で分解！

食べ物は口から消化管を通っていく間に，いろいろな消化液によって消化されます。食べ物を消化したり，養分をとり入れたりしている部分を消化器官といいます。

先ほどの，ごはんのデンプンが麦芽糖などに変化する例でいうと，口は消化器官，だ液は消化液です。消化液には，食べ物の養分を分解する消化酵素がふくまれています。

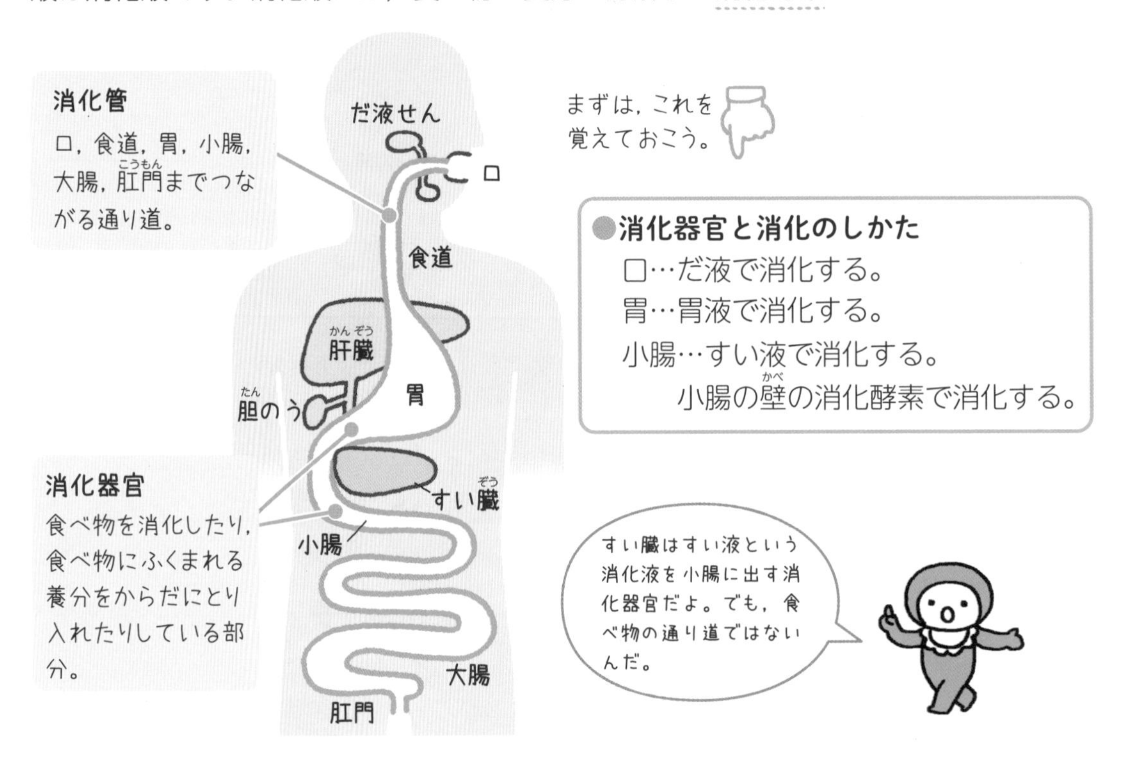

食べ物のおもな養分は，炭水化物（デンプンなど），タンパク質，脂肪などです。それぞれの養分に決まった消化酵素がはたらいて，右の図のように消化されていきます。

デンプンはブドウ糖に，タンパク質はアミノ酸に，脂肪は脂肪酸とモノグリセリドに分解されます。

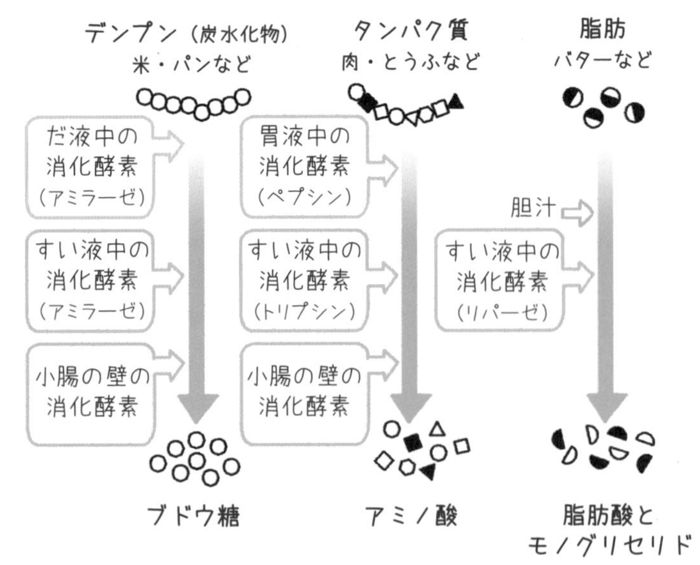

基本練習

答えは別冊7ページ

1 次の文中の〔　　〕にあてはまる語句を書きましょう。

　口から肛門までつながる食べ物の通り道を〔　　　　　〕といい，食物の養分をからだにとり入れるはたらきをする部分を〔　　　　　〕といいます。消化液にふくまれている〔　　　　　〕のはたらきによって，養分が分解される。

　栄養素には，米やパンなどに多くふくまれる〔　　　　　〕，肉やとうふなどに多くふくまれる〔　　　　　〕，バターなどに多くふくまれる脂肪などがある。

2 右の図は，養分の消化を模式的に表したものです。次の問いに答えましょう。

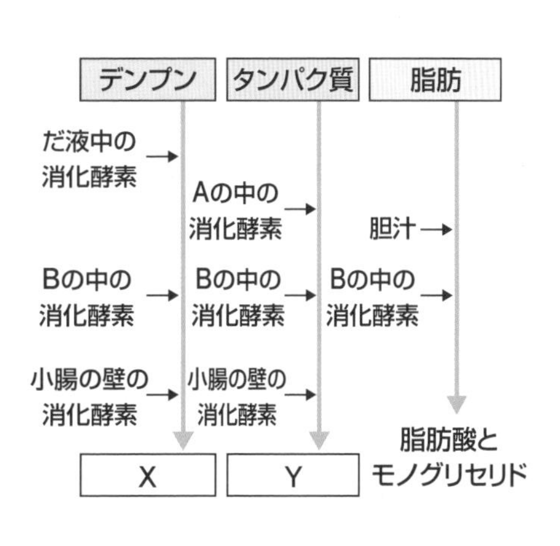

(1)　A，Bは，それぞれ何という消化液ですか。

A〔　　　　　〕

B〔　　　　　〕

(2)　X，Yの物質をそれぞれ何といいますか。

X〔　　　　　〕　Y〔　　　　　〕

ミス注意　養分，消化液（消化酵素），分解後の物質は，セットで覚えておこう。

20 養分はどこで吸収されるの？

消化によって，養分は体内にとりこみやすい形まで分解されることがわかりましたね。これらの多くは，**小腸**の壁から吸収されます。

【小腸のつくり】

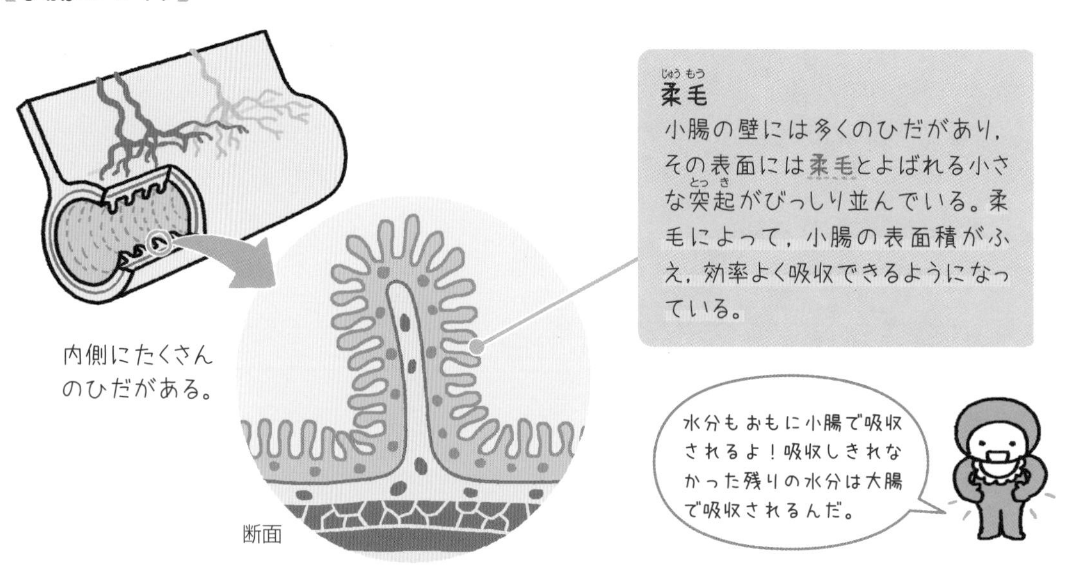

ブドウ糖やアミノ酸は，柔毛の**毛細血管**からとり入れられて**門脈**に入り，血液とともに肝臓に運ばれます。ブドウ糖の一部は肝臓にいったんたくわえられ，必要に応じて送り出されてエネルギー源としてはたらきます。アミノ酸の一部はタンパク質に合成され，全身の細胞に送られてからだをつくる材料となります。

脂肪酸とモノグリセリドは，柔毛の表面から吸収されたあと，再び脂肪となって柔毛の**リンパ管**に入ります。リンパ管は首の下で血管と合流し，脂肪が全身に運ばれます。

【柔毛のつくり】

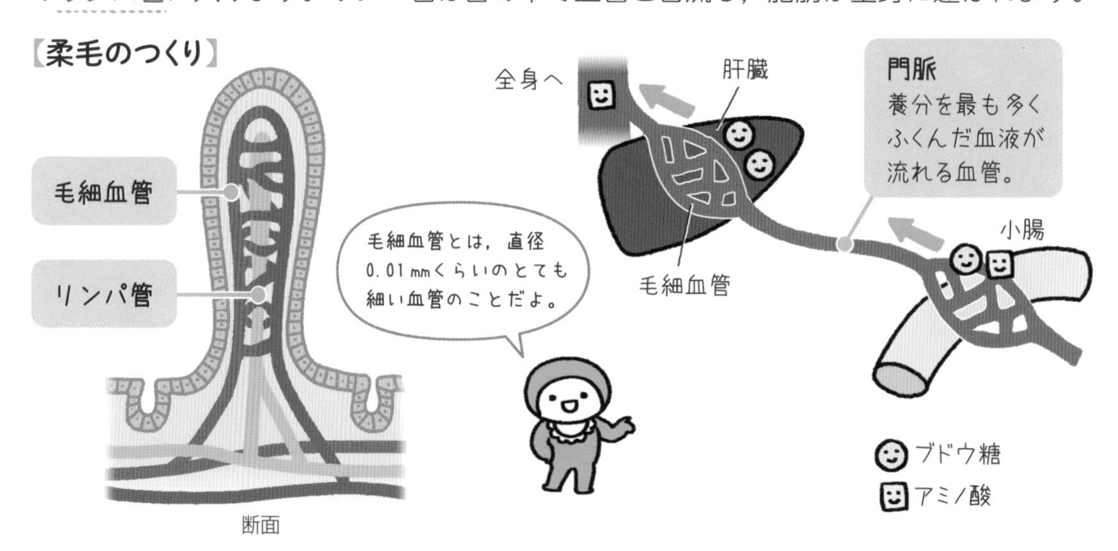

基本練習

答えは別冊7ページ

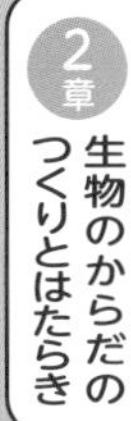

1 次の文中の〔　　〕にあてはまる語句を書きましょう。

消化された養分は(1)〔　　　　〕の壁から吸収される。(1)の壁には多くのひだがあり，その表面は(2)〔　　　　〕とよばれる小さな突起でおおわれている。ブドウ糖とアミノ酸は，(2)の中の〔　　　　〕に吸収される。

2 右の図は，ヒトの小腸にある小さな突起の断面のようすを模式的に表したものです。次の問いに答えましょう。

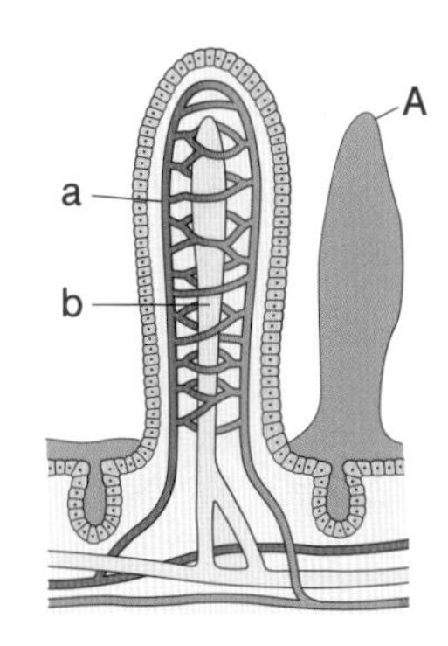

(1) Aのような小さな突起を何といいますか。

〔　　　　〕

(2) (1)がたくさんあることは，どのような点で都合がよいですか。「養分」ということばを使って簡潔に答えましょう。

〔　　　　〕

(3) Aの中にあるa，bの管はそれぞれ何ですか。

a〔　　　　〕 b〔　　　　〕

(4) aの管に吸収される養分を，次のア～オからすべて選びましょう。

ア 脂肪　イ アミノ酸　ウ 脂肪酸　エ モノグリセリド　オ ブドウ糖

〔　　　　〕

ミス注意 ブドウ糖，アミノ酸，脂肪酸とモノグリセリドは，すべてが毛細血管から吸収されるわけではないよ。

21 息をするしくみ

肺による呼吸

わたしたちはたえず息をして，空気を吸ったりはいたりして**呼吸**をしています。はき出した空気は，吸いこんだ空気と比べると，**酸素**が少なく**二酸化炭素**が多くなっています。

鼻や口から吸いこんだ空気は気管を通って**肺**の中に入ります。肺には**肺胞**という小さな袋が無数に集まっていて，そのまわりを**毛細血管**がとり囲んでいます。

【ヒトの肺のつくり】

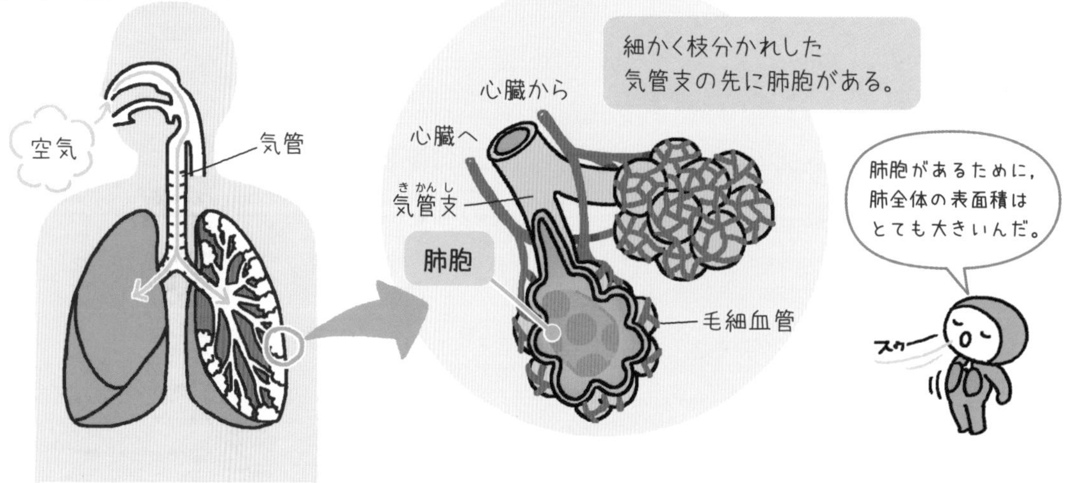

肺胞では，酸素と二酸化炭素が入れかわります。肺胞に入った空気中の酸素は，毛細血管の中に入って血液中の**赤血球**にとりこまれます。一方，血液中の二酸化炭素は肺胞に出て，はく息といっしょにからだの外に出されます。これが肺による呼吸です。

肺による呼吸で血液中に入った酸素は，全身の細胞に運ばれ，細胞呼吸に使われます。細胞呼吸で二酸化炭素ができると，血液によって肺に運ばれ，肺による呼吸でからだの外に出されます。

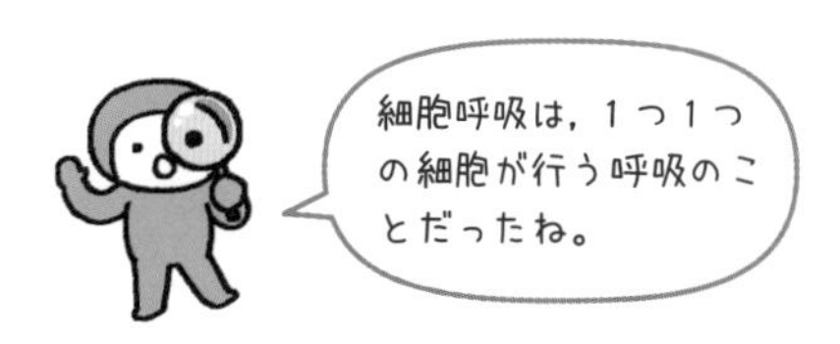

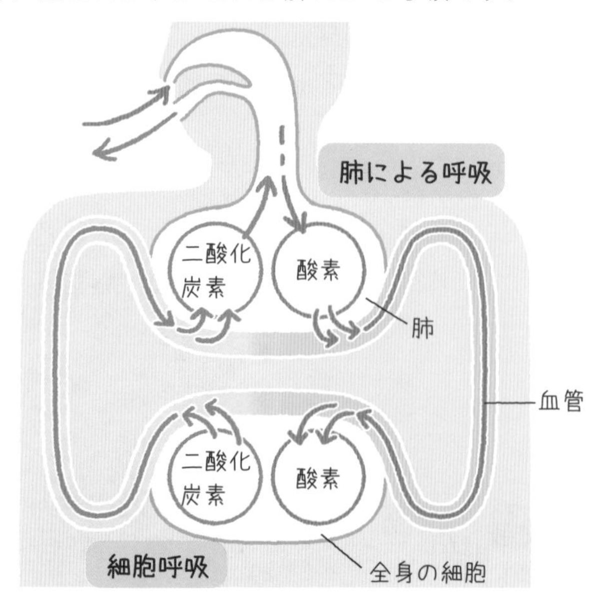

基本練習

答えは別冊８ページ

1 次の文中の〔　〕にあてはまる語句を書きましょう。

わたしたちはたえず息を吸ったりはいたりして〔　　　　〕している。はき出した空気は，吸った空気と比べて酸素が少なく，〔　　　　〕が多い。

肺は，〔　　　　〕という小さな袋が無数に集まり，そのまわりを〔　　　　〕がとり囲んでいる。

肺では，空気中の酸素が血液中の赤血球にとりこまれ，血液中の〔　　　　〕がはく息とともにからだの外に出される。

2 右の図は，ヒトの肺のつくりを模式的に表したものです。次の問いに答えましょう。

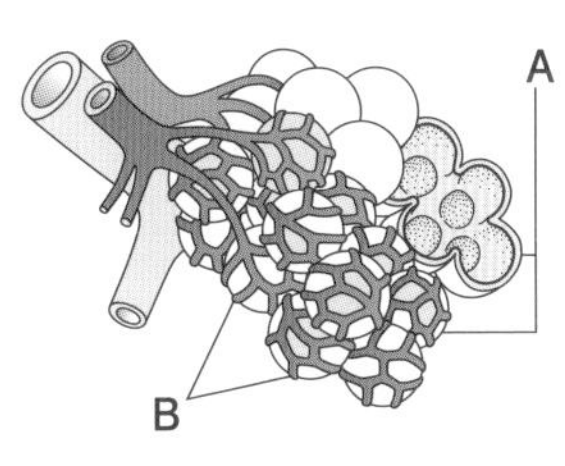

(1) 気管支の先にある小さな袋Aと，Aをとりまく細い血管Bをそれぞれ何といいますか。

A〔　　　　〕　B〔　　　　〕

(2) AからBの中にとりこまれる気体aと，BからAの中に出される気体bはそれぞれ何ですか。

a〔　　　　〕　b〔　　　　〕

ミス注意　肺でとり入れられた気体は，全身の細胞に運ばれて細胞呼吸に使われるよ。細胞呼吸では，p38と同じように，生活のためのエネルギーをとり出しているよ。

22 血液はなぜ必要なの？

血液

からだの中には血管がはりめぐらされ，その中を血液がたえまなく流れて，からだのすみずみまでいきわたります。

血液には，**血しょう**という液体の成分のほかに，**赤血球**や**白血球**，**血小板**などの固体の成分がふくまれています。

【血液の成分】

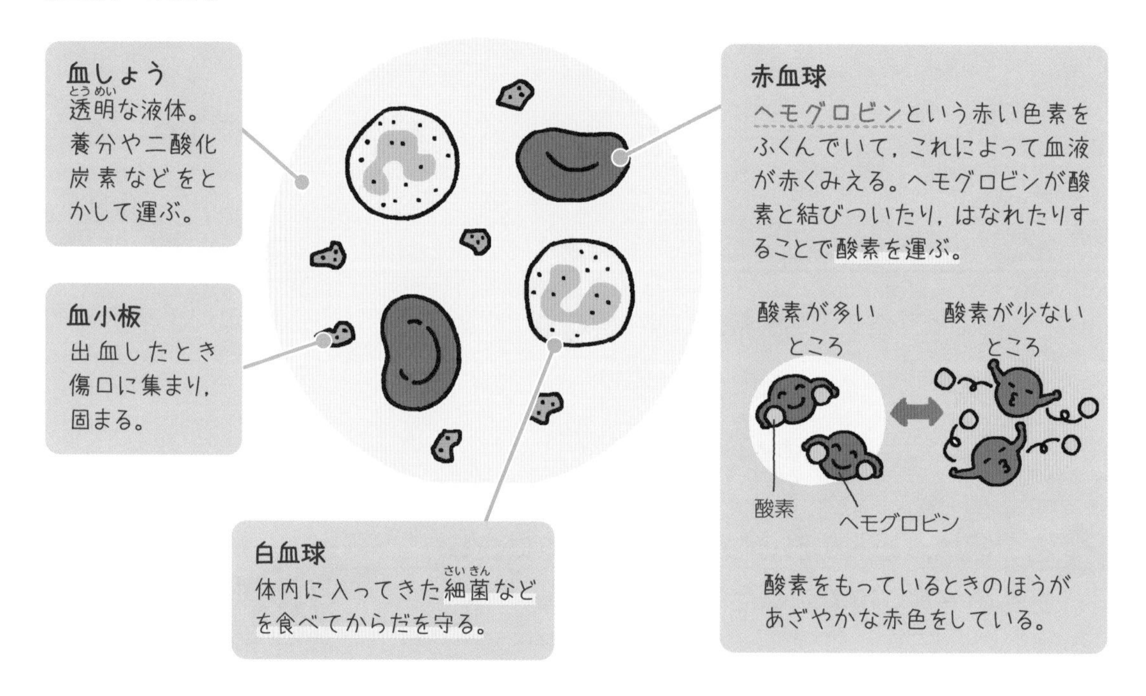

血液は，全身をめぐりながら，細胞に必要な酸素や養分を送り届け，細胞の活動によっていらなくなったものを運び去るはたらきをしています。血液が循環してたえず入れかわらなかったら，全身の細胞は生きていくことができないのです。

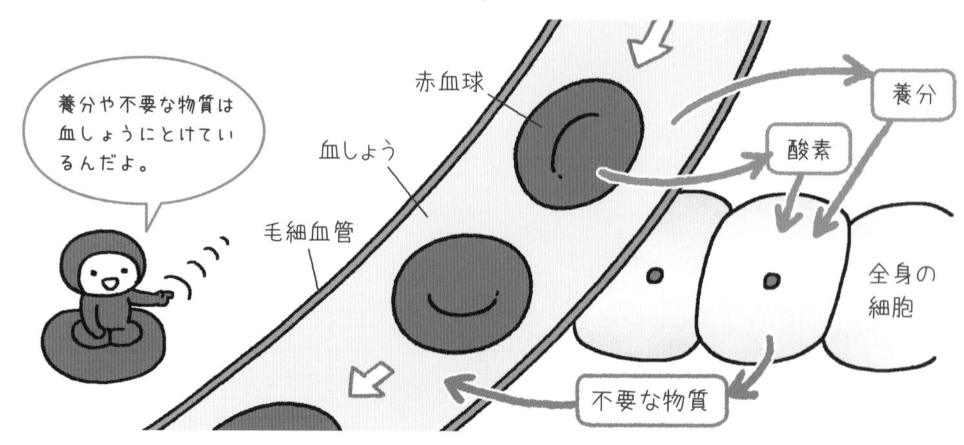

基本練習

➡ 答えは別冊8ページ

1 次の文中の〔　　〕にあてはまる語句を書きましょう。

血液は，透明な液体の成分である〔　　　　　　〕に，固体の成分である〔　　　　　　〕や白血球，血小板などがふくまれている。

2 右の図は，ヒトの血液の成分を示したものです。次の問いに答えましょう。

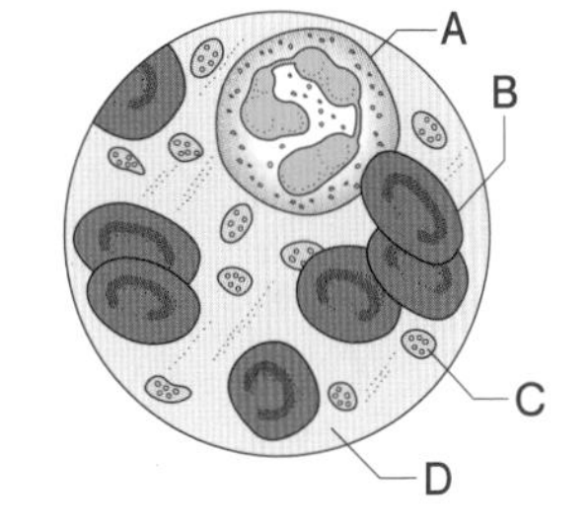

(1)　A，Bの固体の成分をそれぞれ何といいますか。

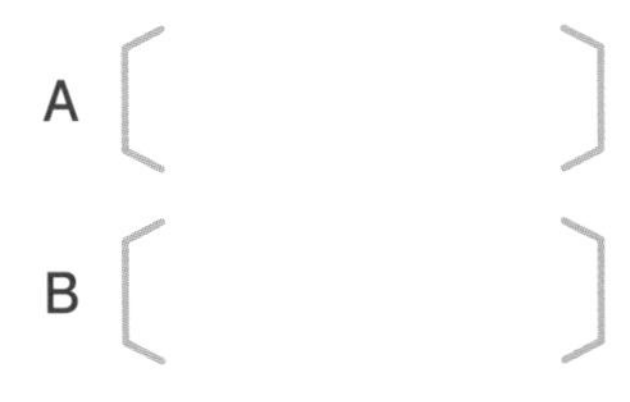

A〔　　　　　　〕

B〔　　　　　　〕

(2)　Bにふくまれ，酸素と結びつく性質のある物質を何といいますか。

〔　　　　　　〕

(3)　出血したとき，血液が固まることに関係している成分はA～Cのどれですか。また，何といいますか。

記号〔　　　　　　〕　名称（めいしょう）〔　　　　　　〕

(4)　ブドウ糖やアミノ酸，二酸化炭素などをとかしている成分はA～Dのどれですか。また，何といいますか。

記号〔　　　　　　〕　名称〔　　　　　　〕

ミス注意　血しょうと血小板，名前は似ているけど混同しないようにしよう。

23 心臓・血管
心臓と血管のはたらき

次は，血液を全身に送るしくみを見ていきましょう。

血液を全身に送り出すポンプのはたらきをしているのは**心臓**(しんぞう)です。心臓には太い血管がつながっていますが，心臓から出ていく血液が通る血管と，心臓にもどる血液が通る血管があり，つくりは少しちがいます。

【心臓の断面図】

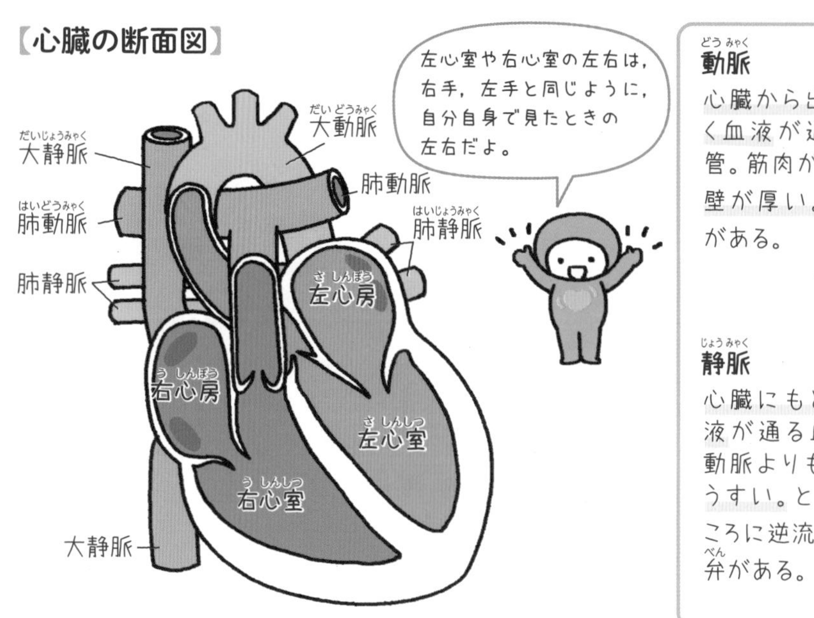

動脈(どうみゃく)
心臓から出ていく血液が通る血管。筋肉が多く，壁が厚い。弾力(だんりょく)がある。

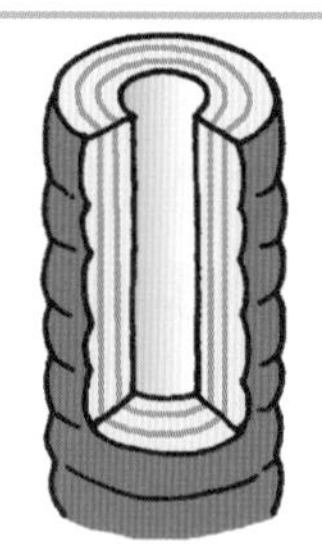

静脈(じょうみゃく)
心臓にもどる血液が通る血管。動脈よりも壁がうすい。ところどころに逆流を防ぐ弁(べん)がある。

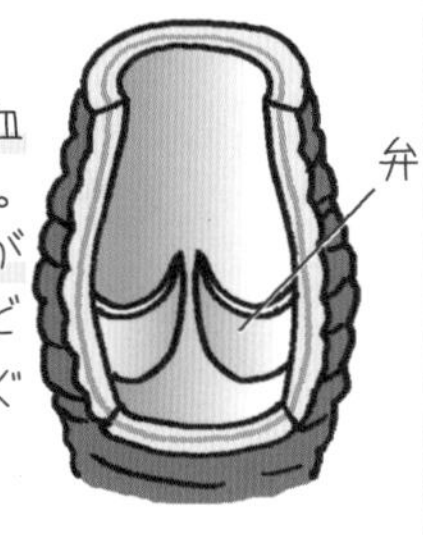

動脈と静脈をつないでいる，非常に細い血管を**毛細血管**(もうさいけっかん)といいます。

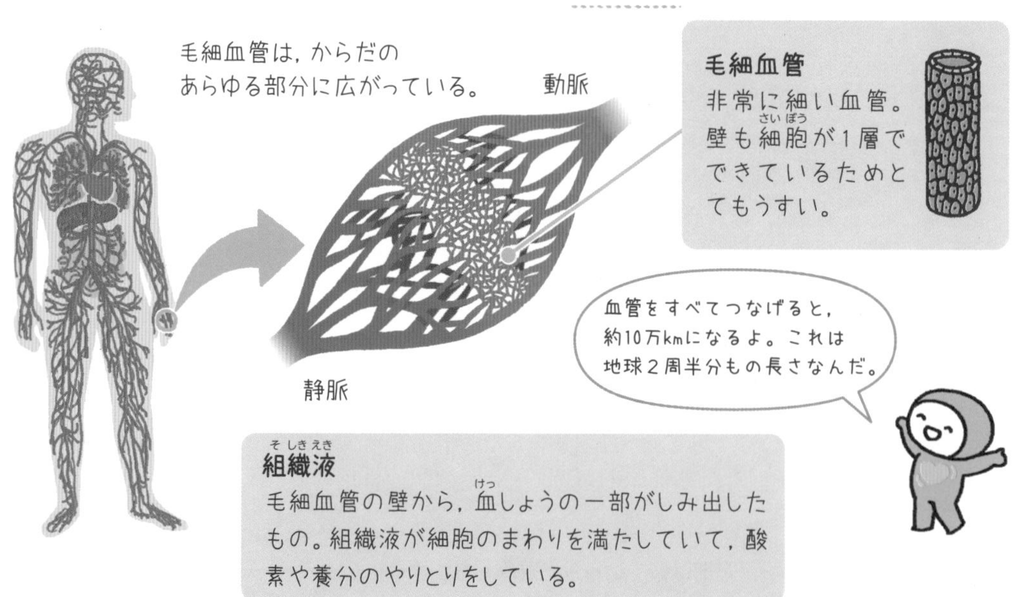

毛細血管
非常に細い血管。壁も細胞(さいぼう)が１層でできているためとてもうすい。

組織液(そしきえき)
毛細血管の壁から，血(けっ)しょうの一部がしみ出したもの。組織液が細胞のまわりを満たしていて，酸素や養分のやりとりをしている。

基本練習

➡ 答えは別冊8ページ

1 **次の文中の〔　　〕にあてはまる語句を書きましょう。**

血液を全身に送り出すポンプのはたらきをする器官は(1)〔　　　　〕である。(1)から送り出される血液が通る血管を(2)〔　　　　〕といい，心臓にもどる血液が通る血管を(3)〔　　　　〕という。(2)と(3)をつないでいる，非常に細い血管を〔　　　　〕という。

2 **右の図は，ヒトの血管のようすです。次の問いに答えましょう。**

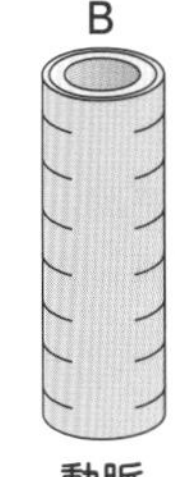

(1) 筋肉が多く，弾力がある血管はA，Bのどちらですか。

記号〔　　　　〕

(2) 血液の逆流を防ぐ弁があるのはA，Bのどちらですか。

記号〔　　　　〕

ミス注意 動脈，静脈それぞれの特徴(とくちょう)をおさえておこう。

もっとくわしく

心臓の動き

心臓は下の図のように周期的な動きをくり返しています。この動きを拍動(はくどう)といいます。心房に血液が流れこみ，心室は血液を送り出す動きをします。

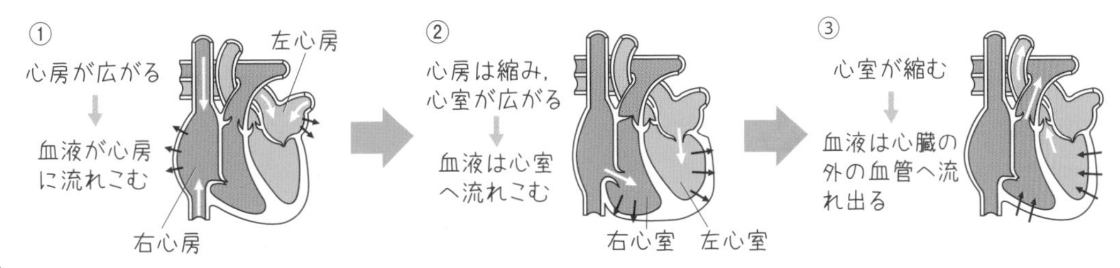

24 からだをめぐる酸素や養分

血液の循環

酸素や養分は血液によって運ばれますが，これには2つの経路があります。
心臓→肺→心臓のように，肺を通る血液の循環を**肺循環**といいます。
心臓→肺以外の全身→心臓のように，全身を通る血液の循環を**体循環**といいます。

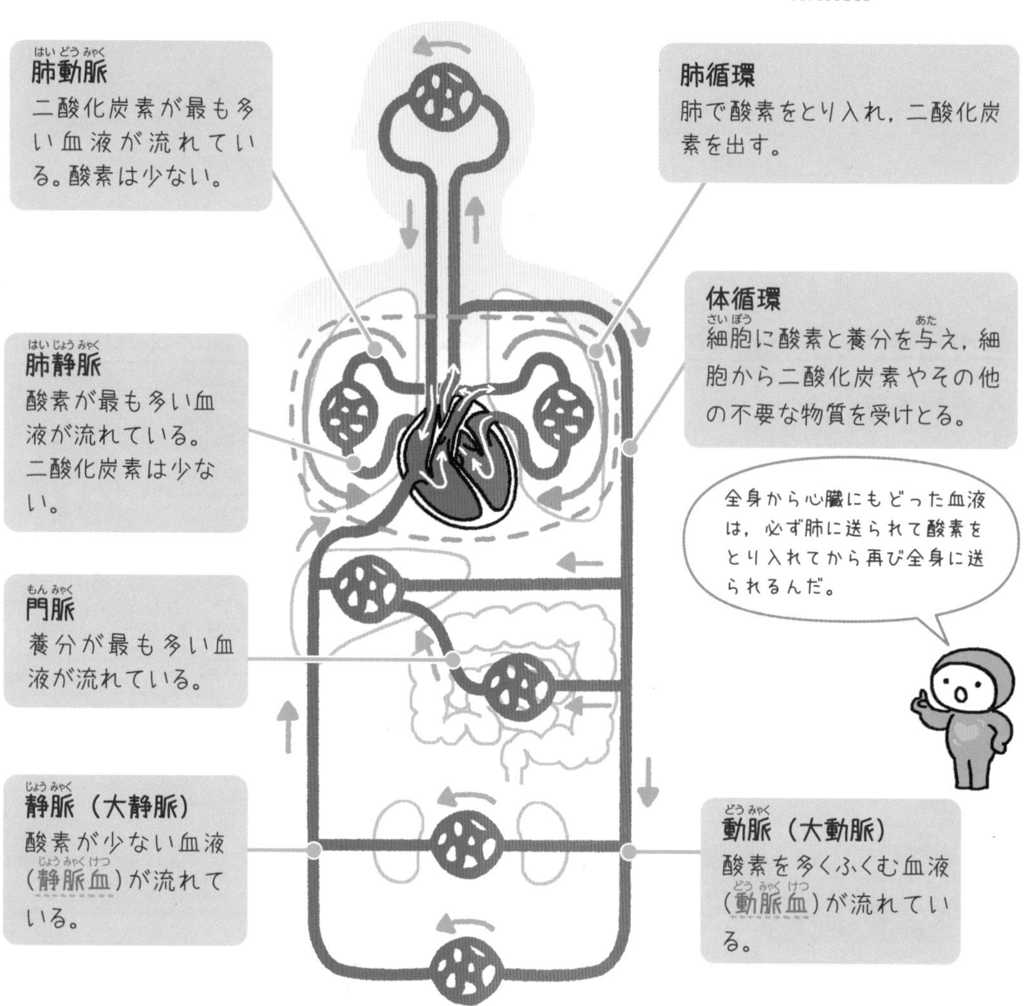

最終的に不要になったものは，**尿**となってからだの外に出されます。

細胞呼吸では，二酸化炭素以外に，からだに有害なアンモニアなどの物質ができます。アンモニアは，肝臓で無害な**尿素**に変えられ，**腎臓**でこしとられたあと，尿として**排出**されます。

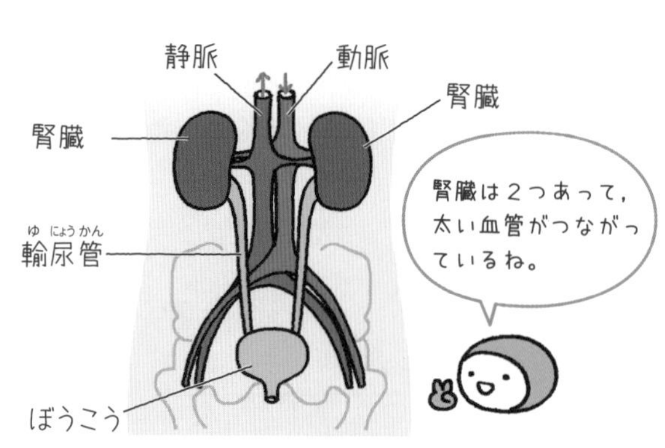

答えは別冊8ページ

1 次の文中の〔　〕にあてはまる語句を書きましょう。

肺循環では，肺で二酸化炭素が出され，〔　　　　〕をとり入れる。体循環では，細胞に酸素や養分がわたされ，細胞で生じた〔　　　　〕やアンモニアなどの不要な物質を受けとる。

細胞呼吸でできるアンモニアは，肝臓で〔　　　　〕につくり変えられ，〔　　　　〕でこしとられたあと，尿として排出される。

2 右の図は，ヒトの血液の循環を表したものです。次の問いに答えましょう。

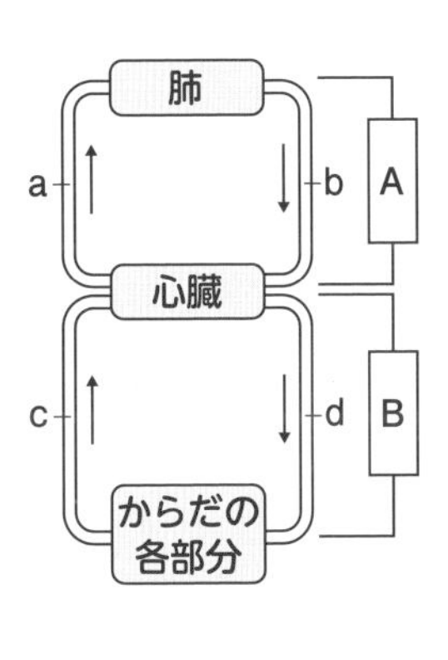

(1)　A，Bの血液の循環をそれぞれ何といいますか。

A〔　　　　〕　B〔　　　　〕

(2)　a～dのうち，動脈はどれですか。すべて選びましょう。

〔　　　　〕

(3)　酸素を最も多くふくんでいる血液が流れている静脈はどれですか。

〔　　　　〕

(4)　からだの各部分の細胞から，血液中にとり入れられる物質は次のどれですか。

ア　二酸化炭素　　イ　酸素　　ウ　養分

〔　　　　〕

ミス注意　心臓から送り出される血液が通るのが動脈，心臓にもどってくる血液が通るのが静脈だね。

25 感覚器官 目や耳のつくり

目や耳のように，まわりからの刺激を受けとる部分を**感覚器官**といいます。

目でものを見るときは，物体からの光を**水晶体（レンズ）**によって屈折させ，**網膜**の上に像を結びます。それが**網膜**にある細胞で信号に変えられ，脳に伝えられます。

【ヒトの目のつくり】

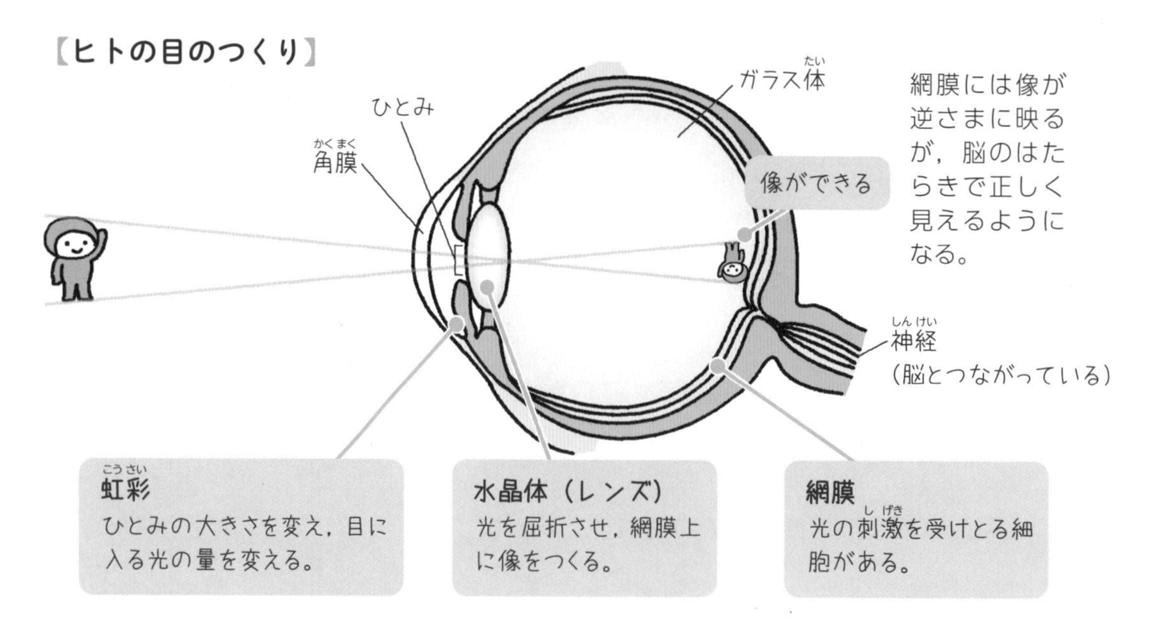

耳は音を受けとる器官です。空気の振動（音）によって，まず，**鼓膜**が振動します。その振動が**うずまき管**に伝わり，音の刺激として受けとられるのです。

【ヒトの耳のつくり】

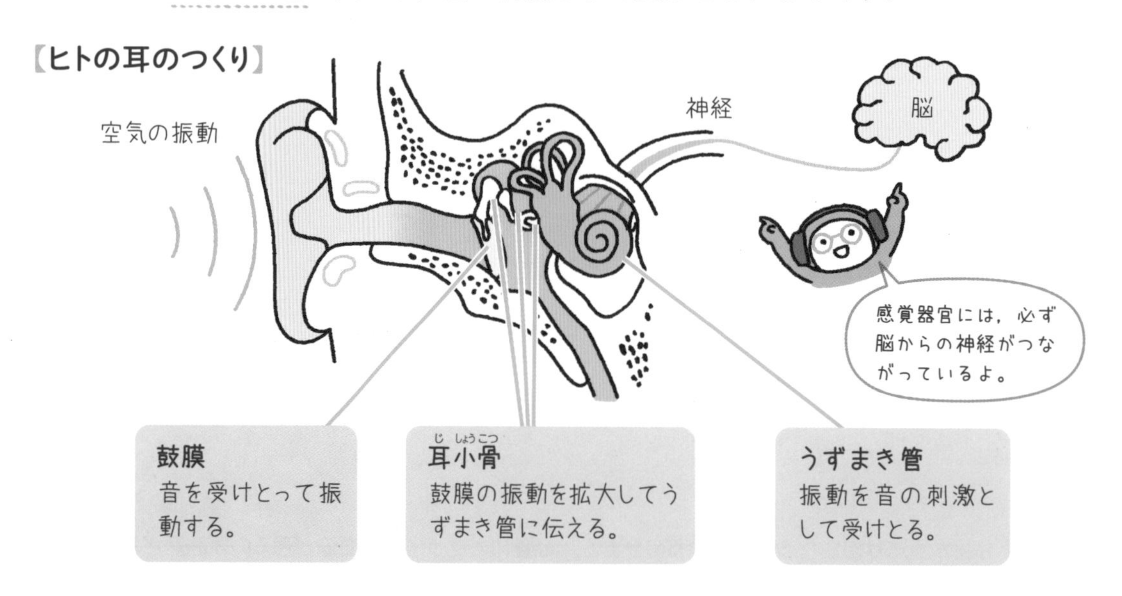

基本練習

➔ 答えは別冊9ページ

1 **右の図は，ヒトの目の断面のようすです。次の部分の位置をA～Eから選び，名称(めいしょう)を答えましょう。**

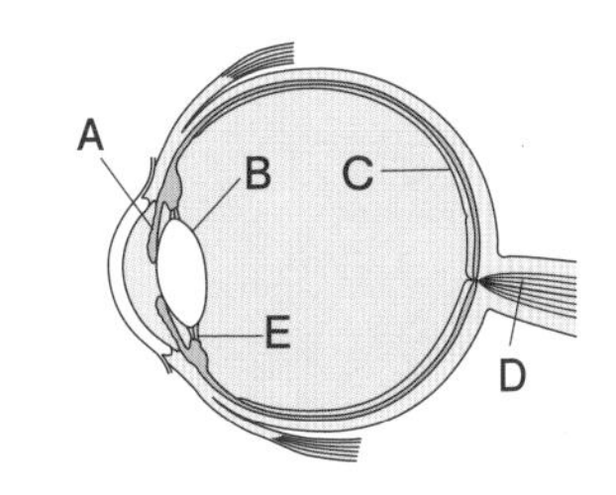

(1) 光の刺激を受けとる細胞がある部分

位置〔　　　〕　名称〔　　　　　　〕

(2) のび縮みして，目に入る光の量を調節する部分

位置〔　　　〕　名称〔　　　　　　〕

2 **右の図は，ヒトの耳の断面のようすです。次の部分の位置をA～Cから選び，名称を答えましょう。**

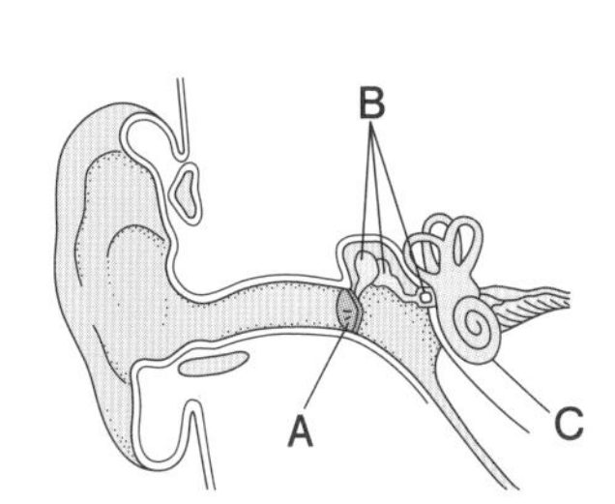

(1) 音の刺激を神経に伝える部分

位置〔　　　〕　名称〔　　　　　　〕

(2) 空気の振動（音）によって振動する部分

位置〔　　　〕　名称〔　　　　　　〕

ポイント　目のつくりと耳のつくりは，それぞれ「ものを見るしくみ」「音を聞くしくみ」といっしょに覚えよう。

もっとくわしく

ヒトの皮膚(ひふ)のつくり

皮膚の下には痛さを感じる部分，熱さや冷たさを感じる部分，圧力(あつりょく)などを感じる部分，さわられたことを感じる部分など，いろいろなセンサーが散らばっています。

26 反応 脳や神経のはたらき

感覚器官（かんかくきかん）で受けとった刺激（しげき）は信号に変えられ，**神経**（しんけい）を通って**脳**（のう）に伝えられます。脳では，受けとった信号をもとに「どんな行動（反応）をするか」を判断し，**神経**を通して命令の信号を伝えます。信号の伝達にかかわる器官を神経系といいます。

〔ヒトの神経系〕

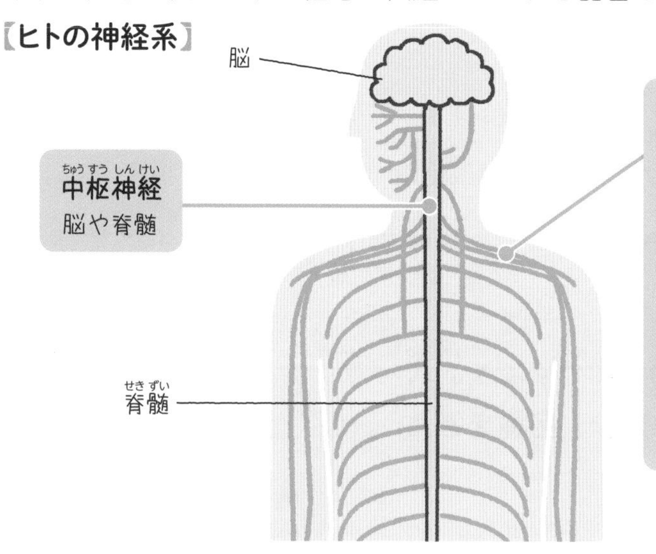

末しょう神経（まっしょうしんけい）
全身に広がる神経で，次の2つに分かれている。

・**感覚神経**（かんかくしんけい）
感覚器官からの信号を中枢神経に伝える。

・**運動神経**（うんどうしんけい）
中枢神経からの命令を運動器官や内臓に伝える。

熱いものにさわってしまったとき，とっさに手を引っこめますね。このように，無意識に起こる反応を**反射**（はんしゃ）といいます。これは危険な状況から身を守るための反応です。反射は，脳を経由しないために反応するまでの時間が短いのが特徴（とくちょう）です。

〔意識して起こす反応〕

目 →（感覚神経）→ 脳 → 脊髄 →（運動神経）→ 筋肉

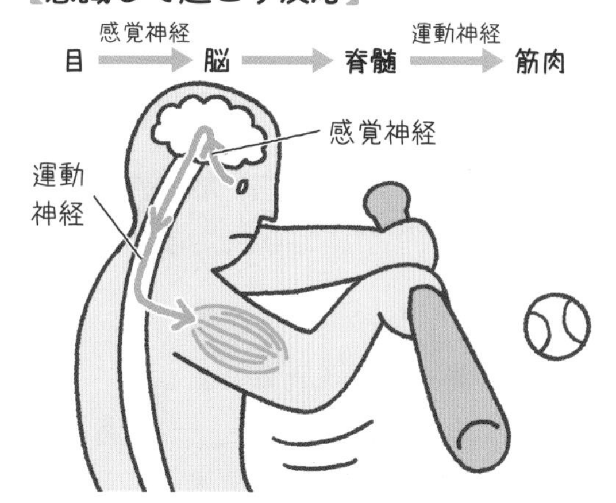

目などの感覚器官からの信号をもとに，「ボールが来た」と判断して，脳が「バットを振る」という命令を出している。

〔無意識に起こる反応（反射）〕

皮膚（ひふ）→（感覚神経）→ 脊髄 →（運動神経）→ 筋肉

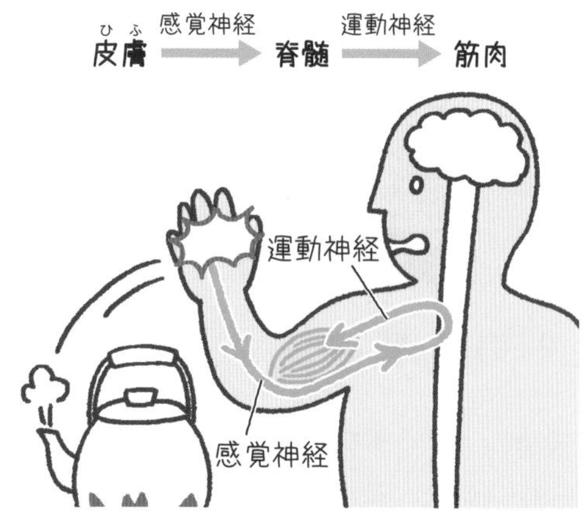

皮膚などの感覚器官からの信号が背骨の中にある脊髄に伝わり，脊髄から直接，「手を引っこめる」という命令の信号が出される。

基本練習

答えは別冊9ページ

1 次の文中の〔　　〕にあてはまる語句を書きましょう。

感覚器官が受けとった刺激は信号に変えられ，〔　　　　　　〕を通って脳や脊髄に伝わる。信号を受けとった脳が命令を出すと，〔　　　　　　〕を通って運動器官に伝わる。

熱いものにうっかりさわったとき，無意識に手を引っこめるような反応を〔　　　　　　〕という。この反応は〔　　　　　　〕を経由しないので，反応するまでの時間が〔　　　　　　〕。

2 右の図は，反応のしくみを模式的に表したものです。次の問いに答えましょう。

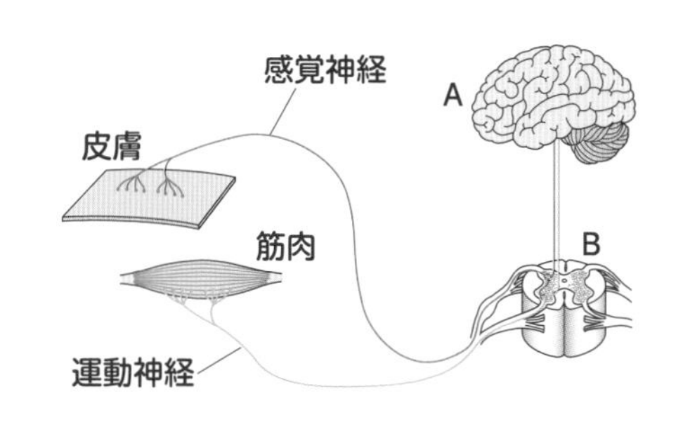

(1) 背骨にあるBを何といいますか。

〔　　　　　　〕

(2) 熱いものにうっかりさわったとき，「無意識に手を引っこめる」反応の命令は，A，Bのどちらから出たものですか。〔　　　　　　〕

(3) 熱いものにうっかりさわったとき，「熱い」と感じるのは，信号がA，Bのどちらに伝わったときですか。〔　　　　　　〕

ポイント 反射では脊髄からの命令で反応しているけど，刺激の信号は脳にも送られているよ。熱いと「感じる」のは，いつも脳なんだね。

27 運動器官 骨や筋肉のはたらき

わたしたちのからだにはたくさんの骨があり，それらが組み合わさって**骨格**をつくっています。骨格と**筋肉**がはたらき合うことで，わたしたちはいろいろな動き（運動）ができるのです。

〔ヒトの骨格と筋肉〕

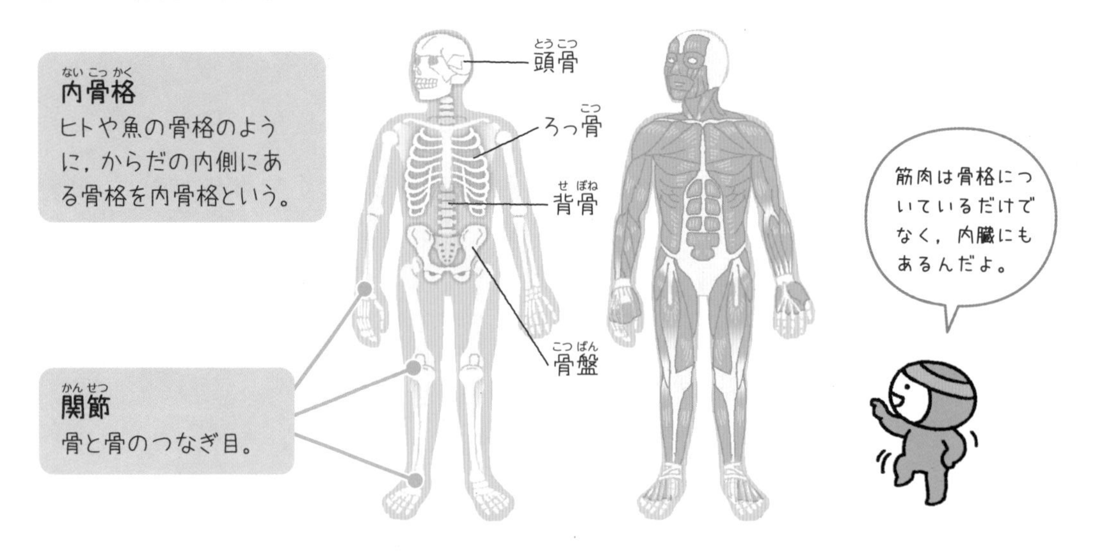

うでを動かすときの，骨と筋肉のはたらきを見てみましょう。

骨のまわりについている筋肉は，両端が**けん**というじょうぶなつくりになっていて，関節をへだてた２つの骨とつながっています。筋肉が縮んだりゆるんだりすることで，うでを曲げたりのばしたりすることができます。

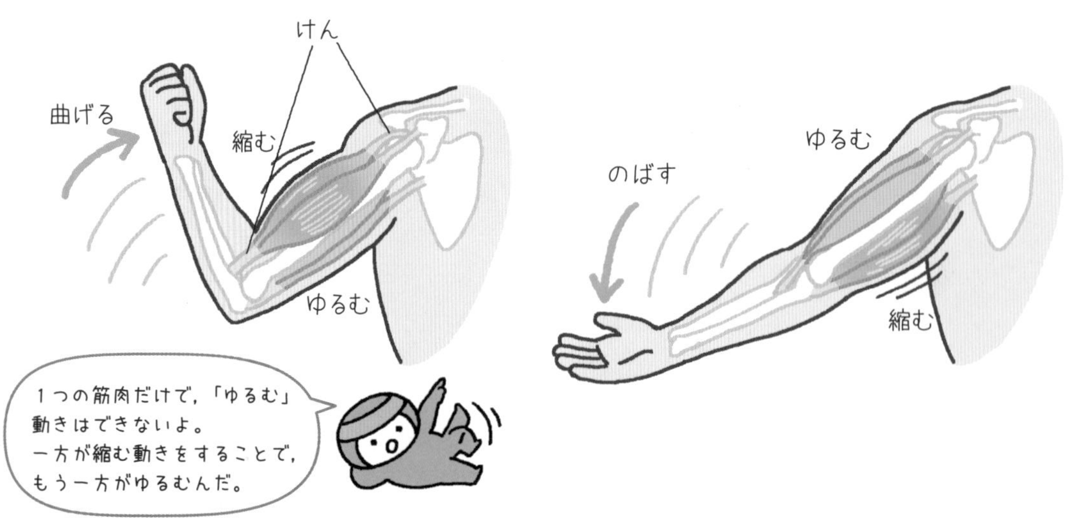

基本練習

答えは別冊9ページ

1 次の文中の〔　　〕にあてはまる語句を書きましょう。

ヒトのからだはたくさんの骨が組み合わさって骨格をつくっている。ヒトのように，からだの内部にある骨格を(1)〔　　　　〕という。

骨と骨がつながっている部分を(2)〔　　　　〕といい，(2)をへだてて２つの骨をつなぐ筋肉の両端の部分を(3)〔　　　　〕という。

2 右の図は，うでを曲げるときの骨と筋肉のようすを表したものです。次の問いに答えましょう。

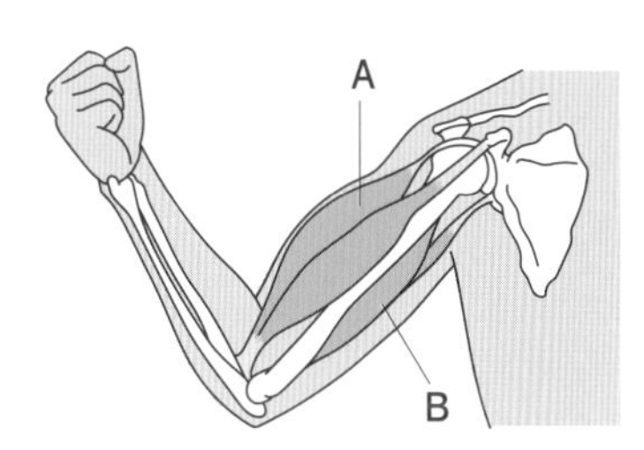

(1) うでを曲げたとき，縮んでいる筋肉はA，Bのどちらですか。

〔　　　　〕

(2) 曲げたうでをのばすとき，縮んでいる筋肉はA，Bのどちらですか。

〔　　　　〕

ミス注意 **自分のうでを曲げたりのばしたりしてみよう。そのとき，片方の手でうでの筋肉にふれてみて，筋肉がかたく縮むようすを確かめてみよう。**

もっとくわしく

外骨格

エビ，カニ，昆虫などの節足動物は，からだの外側がかたい殻におおわれていますね。ヒトなどの内骨格に対して，これを外骨格といいます。

からだの表面をおおう外骨格

エビ　カブトムシ

復習テスト 4

➔答えは別冊18ページ

得点　　／100点

生物のからだのつくりとはたらき

1

右の図は，ヒトの消化のはたらきに関係している器官を表したものです。次の問いに答えましょう。

【(1)〜(6)各４点　(7)各５点　計38点】

(1)　消化液にふくまれ，栄養分を分解する物質を何といいますか。　［　　　　］

(2)　D，Gの器官をそれぞれ何といいますか。

D［　　　　］
G［　　　　］

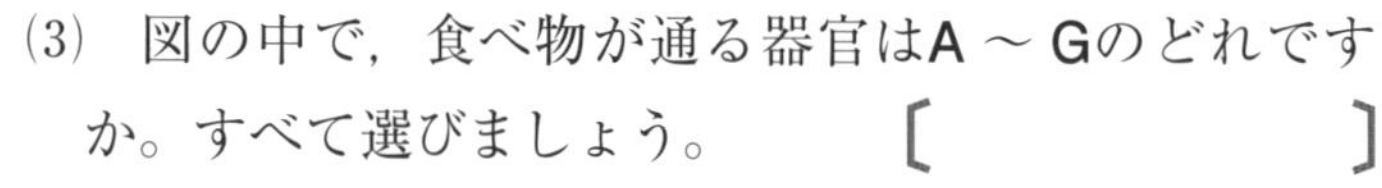

(3)　図の中で，食べ物が通る器官はA～Gのどれですか。すべて選びましょう。　［　　　　］

(4)　Aから出る消化液は，次のどの物質を消化しますか。

ア　デンプン　　**イ**　タンパク質　　**ウ**　脂肪

［　　　］

(5)　Dから出る消化液を何といいますか。　［　　　　］

(6)　消化された養分は，A～Gのどこから吸収されますか。　［　　　］

(7)　消化液によって，デンプンとタンパク質は，最終的にそれぞれ何という物質に分解されますか。　デンプン［　　　　］　タンパク質［　　　　］

A
口
B
C
D
E
F
G
肛門

2

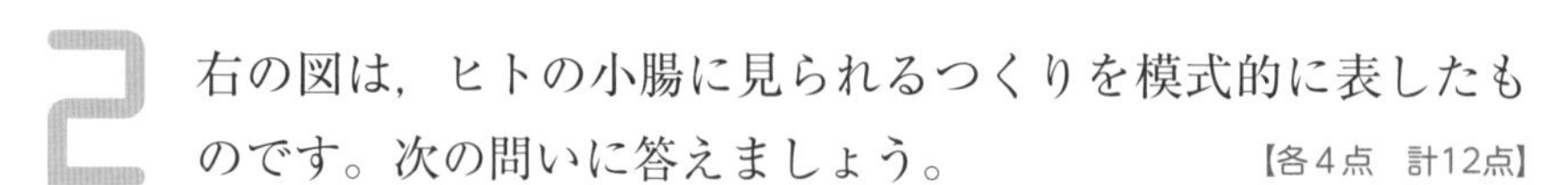

右の図は，ヒトの小腸に見られるつくりを模式的に表したものです。次の問いに答えましょう。　【各４点　計12点】

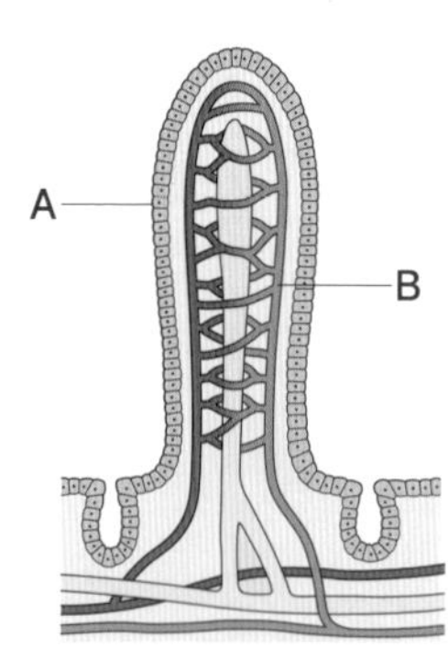

(1)　Aを何といいますか。　［　　　　］

(2)　Bの管に入る物質は，次のどれですか。すべて選びましょう。

ア　ブドウ糖　　**イ**　脂肪酸

ウ　モノグリセリド　　**エ**　アミノ酸　　［　　　　］

(3)　Bの管に入った物質は，血液とともに何という器官に運ばれますか。　［　　　　］

3

右の図は，ヒトの血液循環を示したものです。次の問いに答えましょう。　【各5点　計25点】

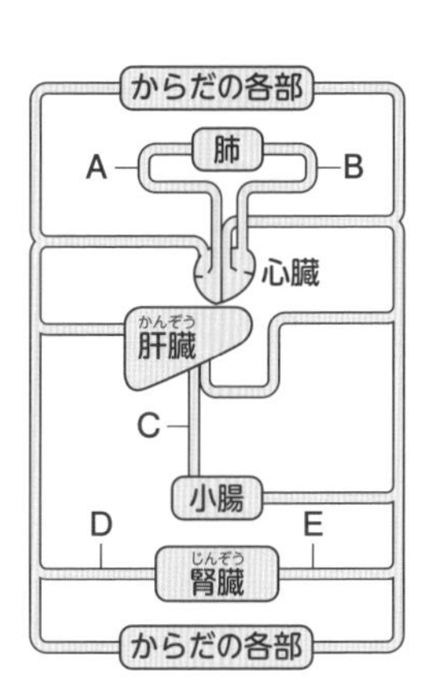

(1)　心臓から送り出される血液が流れている血管を何といいますか。　[　　　　]

(2)　次の血液が流れる血管は，A ～ Eのどこですか。

①　食後に養分を最も多くふくむ。　[　　　]

②　二酸化炭素を最も多くふくむ。　[　　　]

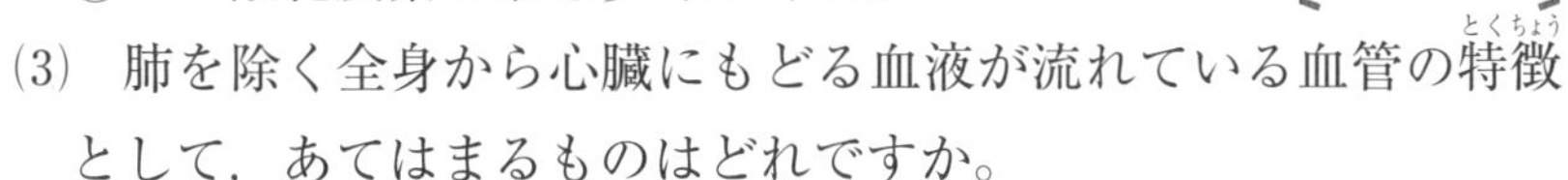

(3)　肺を除く全身から心臓にもどる血液が流れている血管の特徴として，あてはまるものはどれですか。

ア　非常に細い。

イ　壁が厚く，弾力がある。

ウ　動脈血が流れている。

エ　ところどころに弁がある。　[　　　]

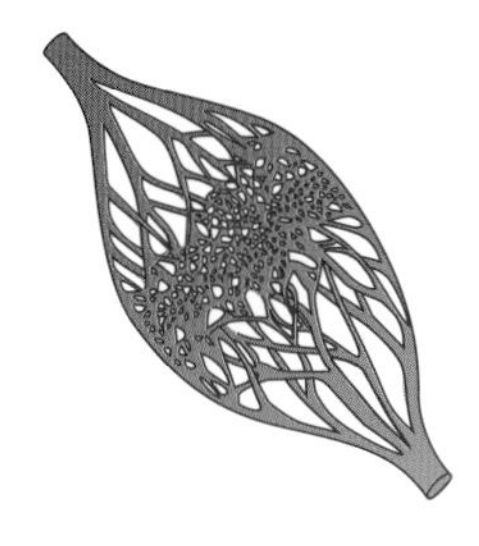

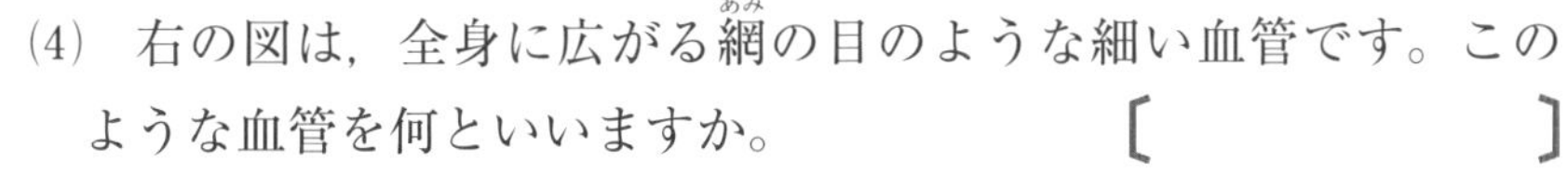

(4)　右の図は，全身に広がる網の目のような細い血管です。このような血管を何といいますか。　[　　　　]

4

右の図のように，ヒトの肺はAが無数に集まったつくりになっています。次の問いに答えましょう。【各5点　計15点】

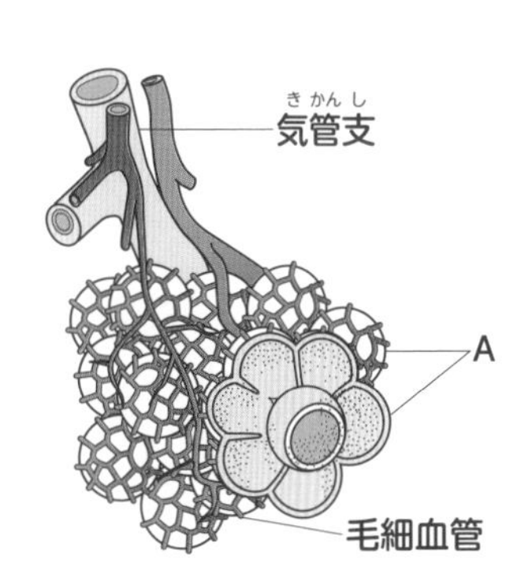

(1)　Aを何といいますか。　[　　　　]

(2)　Aから毛細血管に入る気体は何ですか。

[　　　　]

(3)　Aが無数にあるために，肺は効率よく気体の交換ができます。これはなぜですか。簡潔に答えなさい。

[　　　　　　　　]

5

右の図の器官について次の問いに答えましょう。

【各5点　計10点】

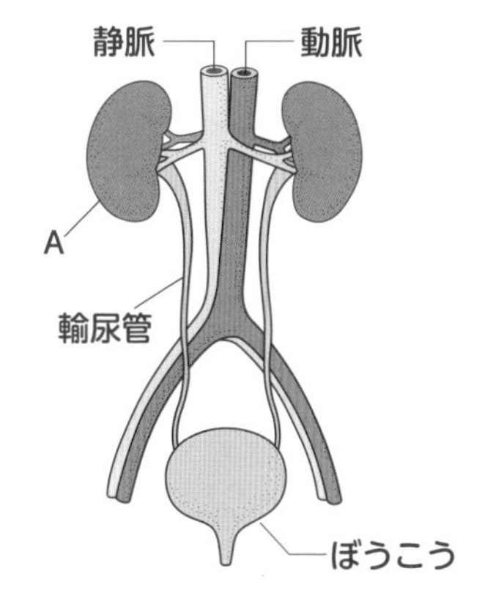

(1)　Aの器官を何といいますか。

[　　　　]

(2)　肝臓でアンモニアからつくられた物質で，Aで血液中からこしとられる物質は何ですか。

[　　　　]

28 天気は何によって決まるの？

気象要素

雨や雪などが何も降っていないときの天気には，「快晴」か「晴れ」か「くもり」の3種類があります。そのちがいは，雲の多さです。空全体を10としたときの雲がおおっている割合（**雲量**）で決まります。さっそく空を見て，今の天気を決めてみましょう。

気象観測では，**気温**と**湿度**（空気のしめりけ）の測定はかかせません。気温は，地上1.5mの高さで**乾湿計**の乾球から読みとります。湿度は，乾球と湿球の温度差から湿度表で求めます。

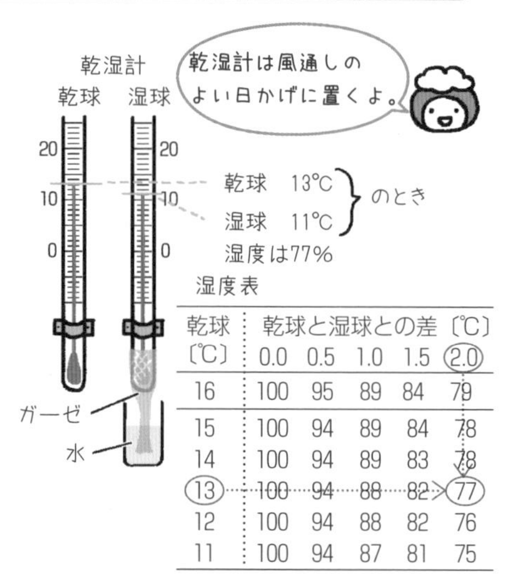

乾球〔℃〕	乾球と湿球との差〔℃〕 0.0	0.5	1.0	1.5	2.0
16	100	95	89	84	79
15	100	94	89	84	78
14	100	94	89	83	78
13	100	94	88	82	77
12	100	94	88	82	76
11	100	94	87	81	75

気温とともに大切なのが風です。風がふいてくる方向を**風向**といい，風の強さを**風力**（13階級）や**風速**（単位m/s）で表します。

天気，風向，風力を記号で表したものを**天気図記号**といい，風向は矢の向きで，風力は矢ばねの数で表します。

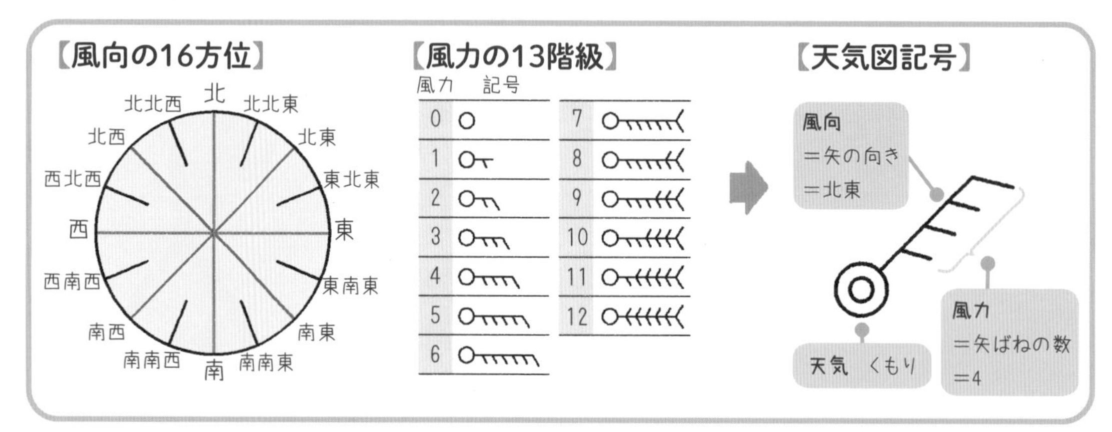

雲量，気温，湿度，気圧，風向・風速・風力，降水量などの要素を**気象要素**といいます。

基本練習

答えは別冊9ページ

1 (1)は〔　〕にあてはまる語句を書き，(2)は正しいものを○で囲みましょう。

(1) 空全体を10としたときに雲がおおっている割合を㋐〔　　〕という。㋐が１のときの天気は〔　　〕，㋐が９のときの天気は〔　　〕である。

(2) 気温は直射日光の当たらない地上〔 1.0・1.5・2.0 〕mの高さではかり，乾湿計の〔 乾球・湿球 〕の温度を読みとる。

2 (1)は天気図記号が表す天気，風向，風力を答えましょう。(2)は天気図記号をかきましょう。

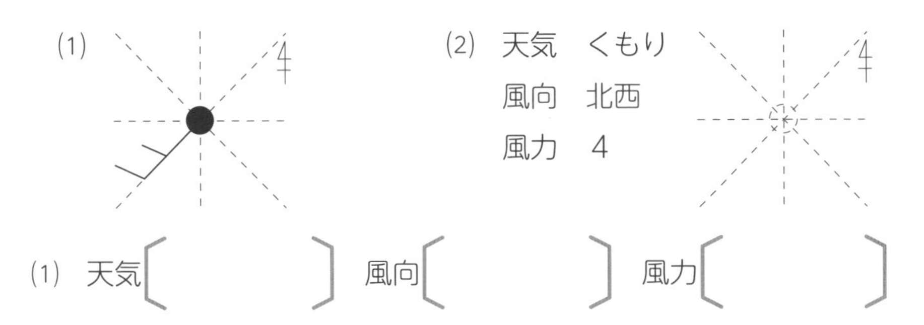

(1) 天気〔　　〕 風向〔　　〕 風力〔　　〕

ポイント
1 (2) 乾球の温度計が通常の温度計と同じ気温を示しているよ。
2 (2) 風向の方角に矢の向きを合わせよう。風力は，まず時計回りの方向に矢ばねをのばすよ。

もっとくわしく

1日の気温や湿度の変化に決まりはあるの？

気温は，晴れた日には朝と夜に低く，昼過ぎに最も高くなり，湿度は逆の変化をします。くもりや雨の日は，雲によって太陽からの熱がさえぎられ，気温も湿度も変化が小さくなります。

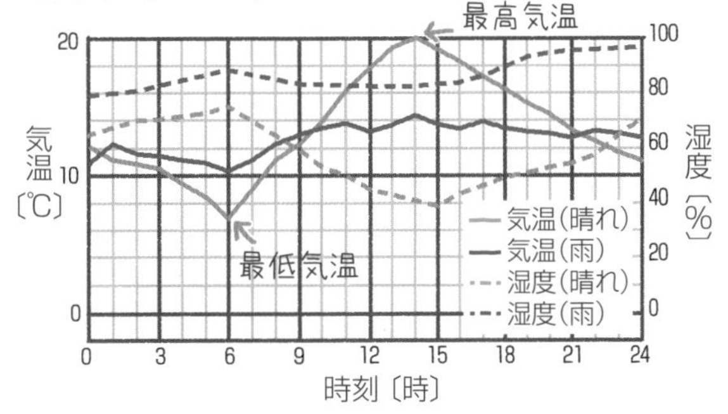

29 気圧って何？

気圧

混雑した場所で，足をふまれたことはありませんか？　ハイヒールのかかとでふまれると，あんなに痛いのはなぜでしょう。

それは，ハイヒールの面積が小さいため，足のごく一部に大きな力がかかってしまうからです。

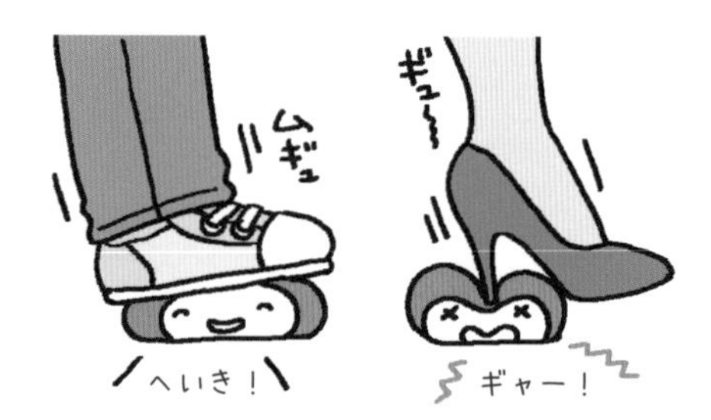

一定の面積（$1\,m^2$）を垂直に押(お)す力の大きさを**圧力**(あつりょく)といいます。圧力は次の式で求められます。圧力の単位は，**パスカル**（**Pa**）です。

わたしたちが吸っている空気にも重さがあります。そのため，すべての物体には，空気（**大気**(たいき)）の重力が加わっています。大気が物体の面を押す圧力を**大気圧**(たいきあつ)または**気圧**(きあつ)といいます。これは，気象(きしょう)観測で使う気圧のことです。

大気圧の単位には，**ヘクトパスカル**（**hPa**）が使われます（1 hPa＝100 Pa）。海面の高さの大気圧が**約1013 hPa**で，これを**1気圧**といいます。

大気圧は，上空にある空気の量が多いほど大きくなるので，高いところほど小さく，低いところほど大きくなります。また，大気圧はあらゆる方向からはたらいています。

【大気圧の大きさ】

大気の質量
山頂は大気圧が
小さいので，
袋(ふくろ)がふくらむ
ズシッ
海面近く
ぺちゃーん
ポテチ
ぱんぱん
山頂

【大気圧のはたらく向き】

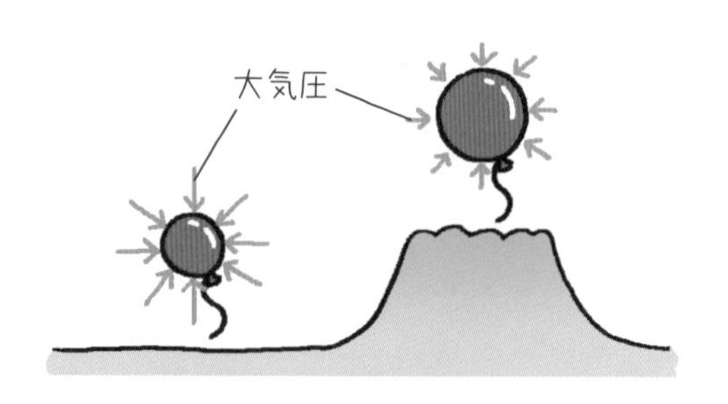

基本練習

答えは別冊10ページ

1 **(1)は〔　　〕にあてはまる語句を書き，(2)は正しいものを○で囲みましょう。**

(1) 圧力〔Pa〕＝ $\dfrac{\text{力の大きさ〔N〕}}{\text{力がはたらく〔　　　〕〔m}^2\text{〕}}$

(2) 大気圧は，物体に〔 垂直な方向・あらゆる方向 〕からはたらく。また，高いところにいくほど〔 小さく・大きく 〕なる。海面での大気圧の大きさが〔 0気圧・1気圧 〕で，約〔 1000 hPa・1013 hPa 〕である。

2 **質量60 kgのブロックを図のように床（ゆか）に置いたときに床にはたらく圧力を求めます。〔　　〕にあてはまる数を書きましょう。100 gの物体にはたらく重力の大きさを1 Nとします。**

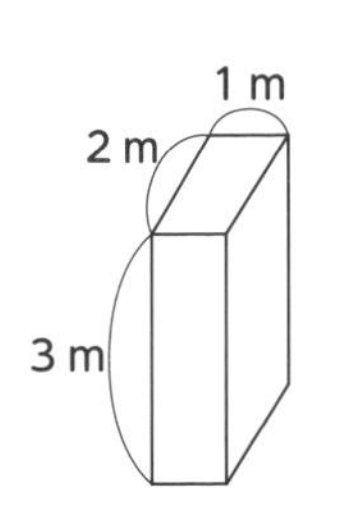

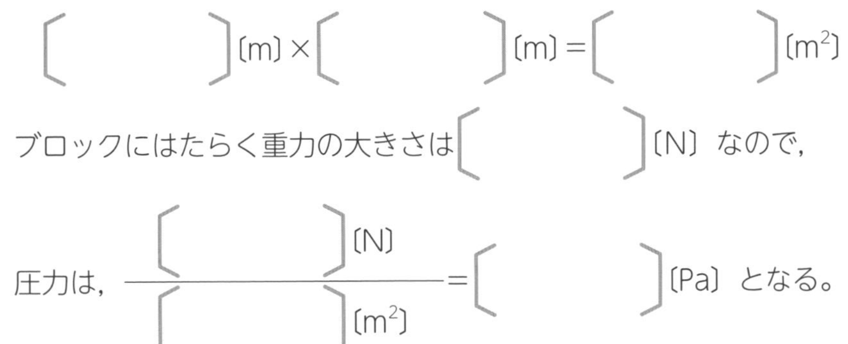

ブロックの底面積は，

〔　　　〕〔m〕×〔　　　〕〔m〕＝〔　　　〕〔m^2〕

ブロックにはたらく重力の大きさは〔　　　〕〔N〕なので，

圧力は，$\dfrac{〔\quad〕〔N〕}{〔\quad〕〔m^2〕}$ ＝〔　　　〕〔Pa〕となる。

3 **質量30 kgで大きさのちがうブロックがあります。それぞれ図のように床に置いたとき，床にはたらく圧力は何Paになりますか。100 gの物体にはたらく重力の大きさを1 Nとします。**

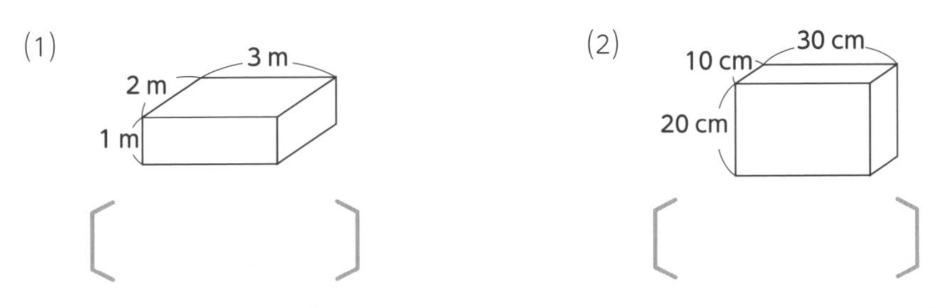

(1) 〔　　　〕　(2) 〔　　　〕

ポイント　圧力の単位にはN/m^2も使われるよ。この「/」は「÷」という意味なので，単位を覚えておくと，N/m^2(圧力＝Pa）を求める式は「N (力) ÷ m^2(面積)」ということがわかるね。

30 気圧配置と風 風はどうしてふくの？

新聞などで，**天気図**をじっくり見たことはありますか？　天気図には何本も線が引かれています。この線は，**等圧線**という同じ気圧の地点を結んだ線です。「低」は**低気圧**で，まわりよりも気圧の低いところ，「高」は**高気圧**で，まわりよりも気圧が高いところです。このような気圧の分布のようすを**気圧配置**といいます。

空気は，気圧の高い方から低い方へ動きます。そのため，等圧線の間隔がせまいほど，気圧の変化が大きく，強い風がふきます。

【天気図】

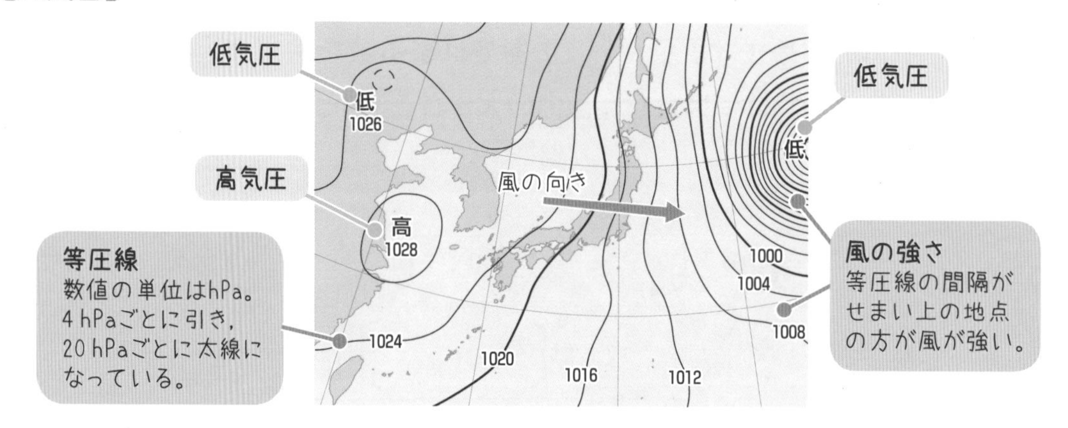

高気圧では，外に向かって時計回りに風がふき出し，中心では**下降気流**が起こっています。低気圧では，まわりから中心に向かって反時計回りに風がふきこみ，中心では**上昇気流**が起こっています。

高気圧の中心付近では，下降気流によって雲ができにくく，晴れています。低気圧の中心付近では，上昇気流によって雲ができやすく，雨やくもりになります。

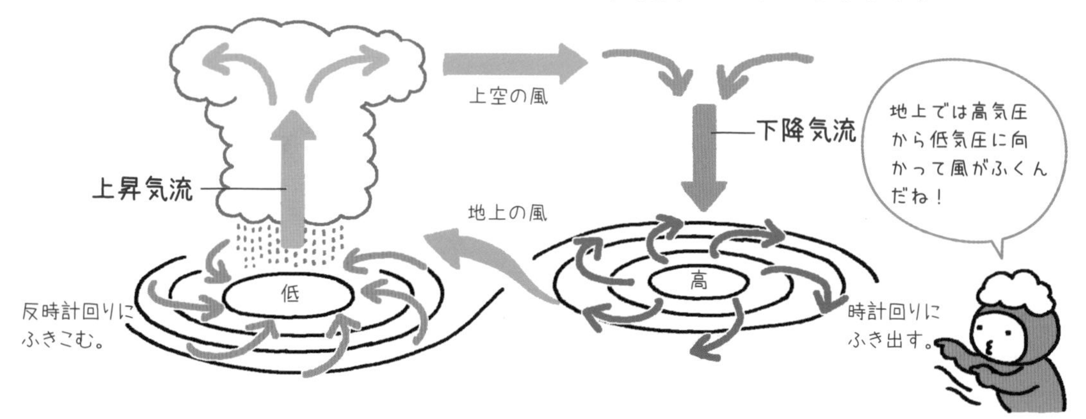

基本練習

答えは別冊10ページ

1 **(1)，(2)は〔　　〕にあてはまる語句を書き，(3)〜(5)は正しいものを○で囲みましょう。**

(1) まわりよりも気圧が高いところを〔　　　　〕という。

(2) まわりよりも気圧が低いところを〔　　　　〕という。

(3) (1)では，風が〔 時計回り・反時計回り 〕に〔 中心に・外に 〕向かってふいている。中心付近では〔 上昇気流・下降気流 〕が起こっている。

(4) (2)では，風が〔 時計回り・反時計回り 〕に〔 中心に・外に 〕向かってふいている。中心付近では〔 上昇気流・下降気流 〕が起こっている。

(5) 風は，気圧の〔 低い方から高い方へ・高い方から低い方へ 〕ふく。

2 **右の図は，天気図の一部です。次の問いに答えましょう。**

(1) 図の曲線を何といいますか。

〔　　　　〕

(2) Xの地点の気圧は何hPaですか。

(3) 低気圧はA，Bのどちらですか。〔　　　　〕

(4) 地点O，Pで，風が強いのはどちらですか。〔　　　　〕

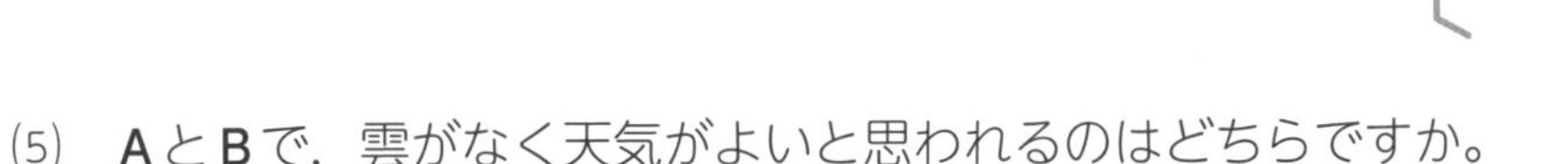
(5) AとBで，雲がなく天気がよいと思われるのはどちらですか。

ポイント 「高気圧・下降気流・時計回り」のセットは，「高貴なカッコウ時計」と覚えてもいいよ。このそれぞれ反対のことばが「低気圧・上昇気流・反時計回り」のセットになるよ。

31 窓ガラスに水滴がつくのはなぜ？

露点と飽和水蒸気量

寒い日の朝，窓ガラスに水滴(すいてき)がいっぱいついていて，びっくりしたことはありませんか？

これは，冷たいコップの表面に水滴がつくのと同じです。部屋の空気にふくまれていた水蒸気が，ガラスを通して外の冷たい空気に冷やされて水滴に変わったのです。

水蒸気が水滴に変わる現象を**凝結**(ぎょうけつ)といいます。

空気がふくむことができる水蒸気の量は決まっています。ふくむことができる水蒸気の最大の量を**飽和水蒸気量**(ほうわすいじょうきりょう)といいます（単位はg/m³）。

飽和水蒸気量は，気温(きおん)が低いほど小さくなります。空気の温度が下がると，水蒸気をふくみきれなくなり，水蒸気が水滴に変わり始めます。このときの温度を**露点**(ろてん)といいます。

空気の温度を露点よりさらに下げていくと，ふくみきれなくなった分の水蒸気が水滴になって出てきます。

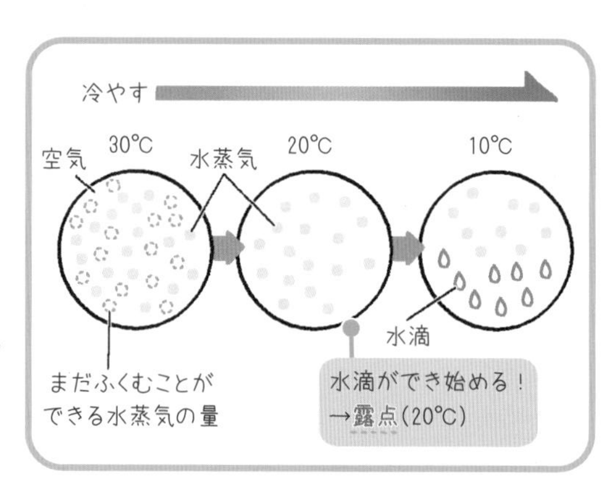

【気温と飽和水蒸気量の関係】

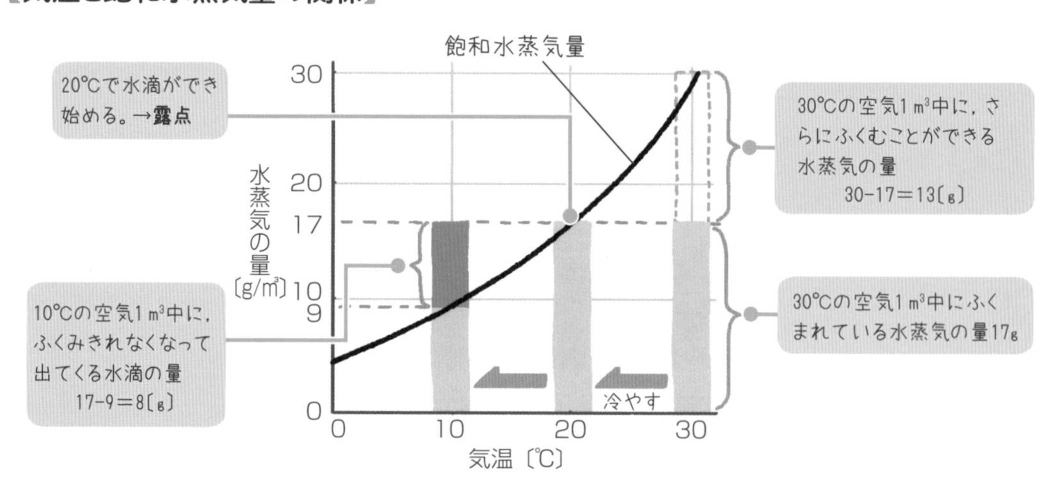

窓ガラスやコップにつく水滴は，空気の温度が露点より下がったためにできた水滴でした。霧(きり)や雲も，同じようにしてできる水滴が空気中に浮(う)かんでいるものです。

基本練習

答えは別冊10ページ

1 **(1)，(2)は〔　　〕にあてはまる語句を書き，(3)は正しいものを○で囲みましょう。**

(1) 気体の水蒸気が液体の水滴に変わる現象を〔　　　　〕といい，空気中の水蒸気が水滴に変わり始める温度を〔　　　　〕という。

(2) $1\,m^3$の空気に最大限ふくむことができる水蒸気の量を

〔　　　　　　〕という。

(3) (2)は，気温が高いほど〔 大きく・小さく 〕なる。

2 **図のように，気温25℃，$1\,m^3$中に17.3gの水蒸気をふくむ空気Aがあります。次の問いに答えましょう。**

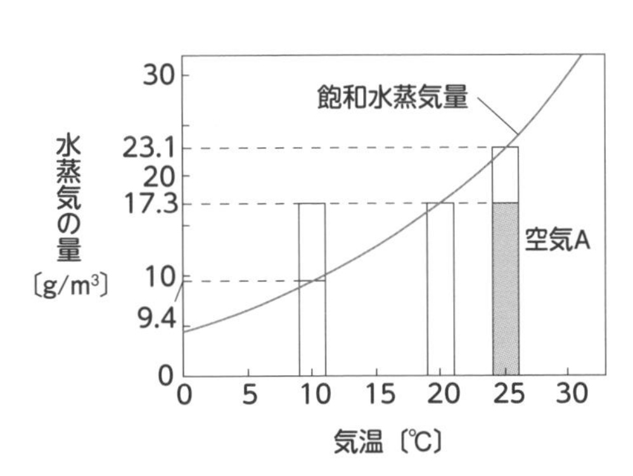

(1) 空気Aの露点は何℃ですか。

〔　　　　〕

(2) 空気Aは，$1\,m^3$中にあと何gの水蒸気をふくむことができますか。

〔　　　　〕

(3) 空気Aを冷やして，気温を10℃にしたとき，水蒸気が水滴に変わる量を表しているのは，棒グラフのどの部分ですか。黒くぬりましょう。

(4) 空気Aで満たされた$80\,m^3$の部屋があります。この部屋の温度を10℃まで下げると，何gの水滴が出てきますか。〔　　　　〕

ポイント
2 (1) 露点は，その空気がふくむ水蒸気量と飽和水蒸気量が等しくなる温度だよ。
(2) 飽和水蒸気量の単位は「g/m^3」。グラフから求める値(あたい)はすべて空気$1\,m^3$中の値だよ。

湿度

32 湿度って何?

同じ気温でも，蒸し暑い日とカラッとした日があるのはなぜでしょう。

空気にふくまれる水蒸気の量が多いと，空気がしめっぽくなってムシムシしてくるのです。この空気のしめりぐあいを表すのが**湿度**です。

湿度は，乾湿計ではかって求めることもできますが，次の式のように，飽和水蒸気量に対して，実際の空気にふくまれる水蒸気の量が何%になるか，計算で求めることができます。

$$\text{湿度〔\%〕} = \frac{\text{空気1 m}^3\text{中にふくまれている水蒸気の量〔g/m}^3\text{〕}}{\text{その気温での飽和水蒸気量〔g/m}^3\text{〕}} \times 100$$

この式からわかるように，飽和水蒸気量と同じ量の水蒸気をふくむ空気，つまり露点の空気は湿度100%というわけです。

では，実際にこの式を使って，例題を解いてみましょう。

【例題】 気温15℃の空気に，9.6 g/m^{3}の水蒸気がふくまれているときの湿度は何%ですか。ただし，気温15℃での飽和水蒸気量は12.8 g/m^{3}とします。

【解き方】

- 気温15℃の空気1 m^{3}中にふくまれている水蒸気の量は❶［　　］g/m^3。
- 気温15℃での飽和水蒸気量は❷［　　］g/m^3。
- 湿度を求める式にあてはめて，

$$\text{湿度〔\%〕} = \frac{❸［\quad］\text{〔g/m}^3\text{〕}}{❹［\quad］\text{〔g/m}^3\text{〕}} \times 100 = ❺［\quad］\text{〔\%〕}$$

最後に100をかけるのを忘れずにね！

【答え】❶ 9.6 ❷ 12.8 ❸ 9.6 ❹ 12.8 ❺ 75

基本練習

答えは別冊10ページ

1 〔　　　〕にあてはまる語句を書きましょう。

(1) 空気のしめりぐあいを表したものを〔　　　　　　〕という。

(2) $\text{湿度〔\%〕} = \dfrac{\text{空気}1\,\text{m}^3\text{中にふくまれている水蒸気の量〔g/m}^3\text{〕}}{\text{その気温での〔　　　　　　〕〔g/m}^3\text{〕}} \times 100$

2 気温25℃の空気に，14.2 g/m^3の水蒸気がふくまれているとき，この空気の湿度は何％ですか。小数第１位を四捨五入して整数で求めましょう。ただし，気温25℃での飽和水蒸気量は23.1 g/m^3とします。

〔　　　　　〕

3 図は，空気Ａ，Ｂがふくんでいる水蒸気の量を表したグラフです。次の問いに答えましょう。

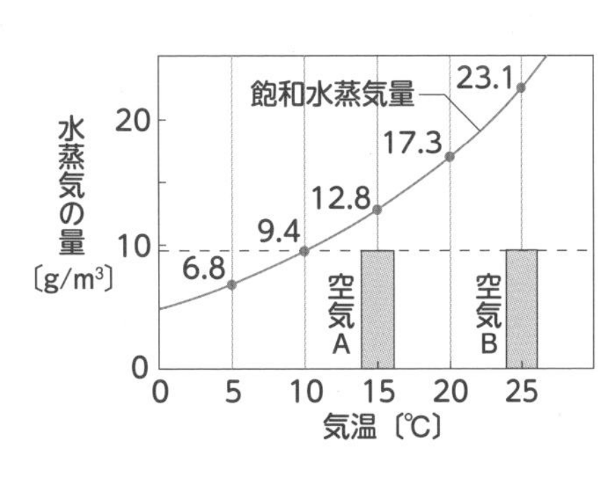

(1) 気温15℃の飽和水蒸気量は何g/m^3ですか。〔　　　　　〕

(2) 空気Ａの湿度は何％ですか。小数第１位を四捨五入して整数で求めましょう。〔　　　　　〕

(3) 空気ＡとＢで，湿度が高いのはどちらですか。

(4) 空気ＡとＢを10℃に冷やしたときの湿度は，それぞれ何％になりますか。

Ａ〔　　　　　〕　Ｂ〔　　　　　〕

ポイント **3** (3) 同じ量の水蒸気をふくんだ空気でも，気温が高いと飽和水蒸気量は大きくなるので，湿度は小さくなるよ。気温ごとの飽和水蒸気量の値（あたい）を暗記する必要はないよ。

33 雲のでき方 雨や雪はどうして降るの？

雨や雪は，雲から降ってきます。何もなかった空に雲ができるのは，なぜでしょう。

太陽の光が当たった地面付近の空気はあたためられ，軽くなって上昇(じょうしょう)します。空気は，あたためられたり，山の斜面(しゃめん)に沿ったりして上昇すると，上空ほど気圧(きあつ)が低いため，膨張(ぼうちょう)して体積が大きくなって温度が下がります。やがて空気の温度は**露点**(ろてん)になり，空気にふくまれていた水蒸気が水滴(すいてき)に変わって，雲ができるのです。

【雲のでき方】

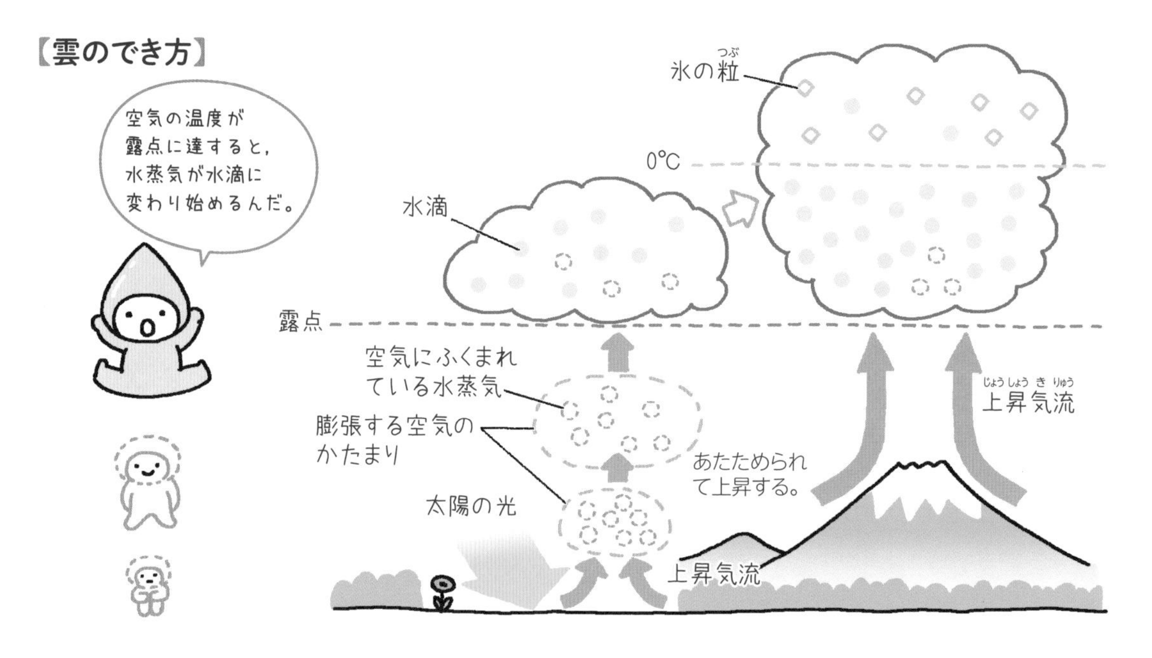

さらに雲が上に発達すると，温度が下がって0℃になり，氷の粒ができます。これが雪のもとになります。

雲をつくる水滴や氷の粒が合体して大きくなると，雨粒や雪の結晶(けっしょう)になります。

雨粒は，**雨**となって地上に落ちてきます。

雪の結晶は，**雪**となって地上に落ちてきます。気温(きおん)が高いと，地上に落ちてくる途中(とちゅう)でとけて雨になります。

雨や雪をまとめて**降水**(こうすい)といいます。

【雨や雪のでき方】

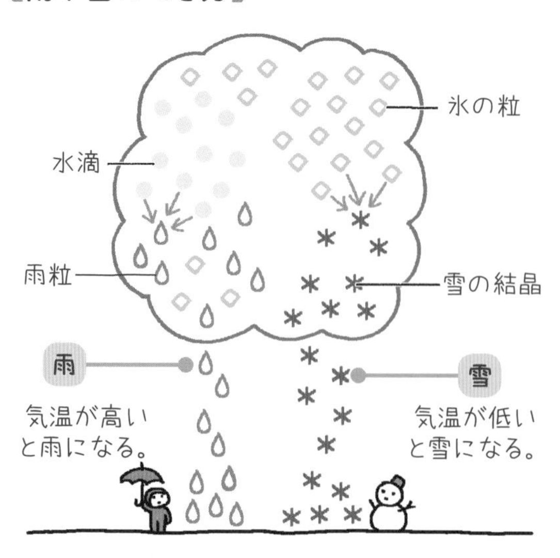

基本練習

➡ 答えは別冊11ページ

1 **〔　　〕の中の正しいものを○で囲みましょう。**

上空ほど気圧が〔　低い・高い　〕ので，上昇した空気は〔　圧縮（あっしゅく）・膨張　〕して温度が〔　下がる・上がる　〕。露点以下になると，空気中の〔　酸素・水蒸気　〕が〔　水滴・雪の結晶　〕に変わり，雲ができる。

2 **図は，雲ができるようすです。PとQは，水滴または氷の粒のどちらかを表しています。次の問いに答えましょう。**

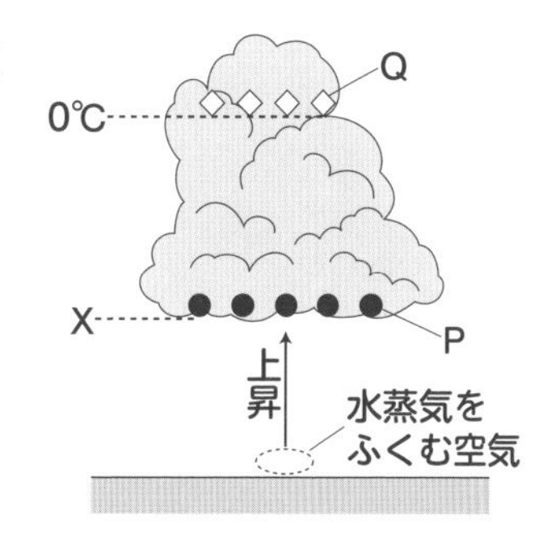

(1)　雲ができ始めるXの温度を何といいますか。

〔　　　　　〕

(2)　P，Qはそれぞれ水滴または氷の粒のどちらですか。

P〔　　　　　〕　Q〔　　　　　〕

(3)　PやQが地上に落ちてきたものをまとめて何といいますか。

〔　　　　　〕

ポイント　「空気→上昇→膨張→温度低下→露点→雲」は，「グーな女子，ボクチャンと踊（おど）ってんかロック」と覚えてもいいよ。グー(空気)な女子(上昇)，ボクチャン(膨張)と踊ってんか(温度低下)ロ(露点)ック(雲)。

もっとくわしく

フラスコの中で雲がつくれるの？

図のような装置のピストンを引くと，フラスコ内の空気が膨張して温度が下がり，白くくもります。この白いくもりは，雲ができるのと同じしくみでできたもので，水蒸気が凝結（ぎょうけつ）してできた水滴です。ピストンを押（お）すと，空気が圧縮されて温度が上がり，くもりは消えます。

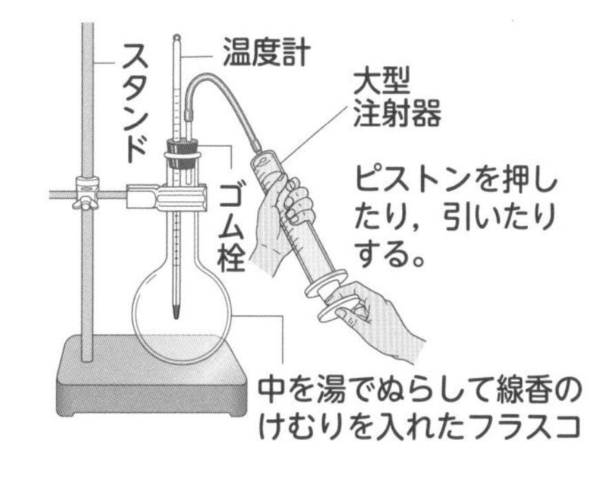

復習テスト 5

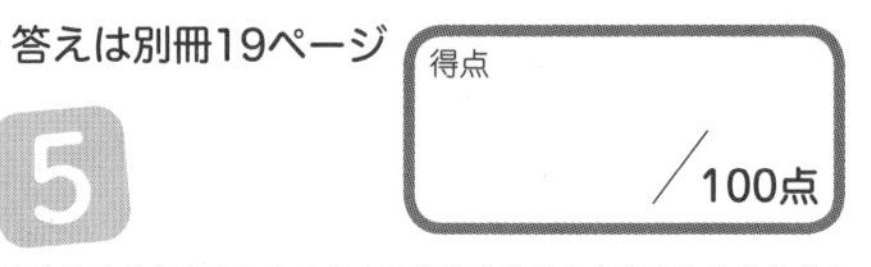

3章 天気の変化

1

気象観測について，次の問いに答えましょう。【各5点　計25点】

(1) 気温は，地表からどのくらいの高さではかりますか。次から選びましょう。［　　　］

ア 1m　　イ 1.5m　　ウ 2m

(2) 図1は，気温をはかったときの温度計の一部です。気温は何℃ですか。［　　　］

(3) 図2の風向は何ですか。［　　　］

(4) ある日，空を見上げてみたら，降水がなく空全体の9割程度が雲におおわれていました。このときの天気は何ですか。また，その天気記号をかきましょう。

天気［　　　］　天気記号［　　　］

図1

2　0

1　0

図2

棒　テープ

北

棒　テープ

真上から見た図

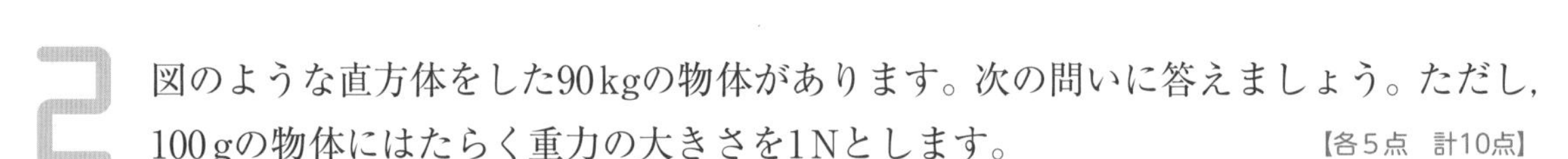

2

図のような直方体をした90kgの物体があります。次の問いに答えましょう。ただし，100gの物体にはたらく重力の大きさを1Nとします。【各5点　計10点】

(1) B面を下にして床に置いたとき，物体から床にはたらく圧力の大きさは何Paですか。単位は記号で答えましょう。［　　　］

(2) C面を下にして置いたときに床にはたらく圧力は，A面を下にして置いたときの何倍になりますか。

［　　　］

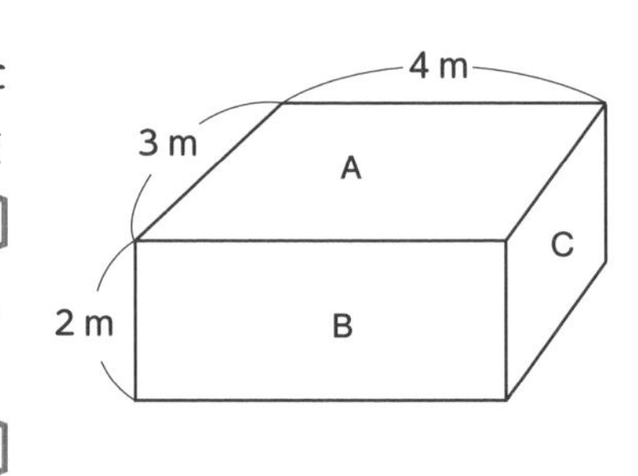

3

図は，天気図の等圧線を表したものです。次の問いに答えましょう。【各5点　計15点】

(1) 低気圧は，図のA，Bのどちらですか。

［　　　］

(2) 中心付近に雲がなく，よく晴れているのは，A，Bのどちらですか。［　　　］

(3) 地上の風は，A→B，B→Aのどちら向きにふいていますか。［　　　］

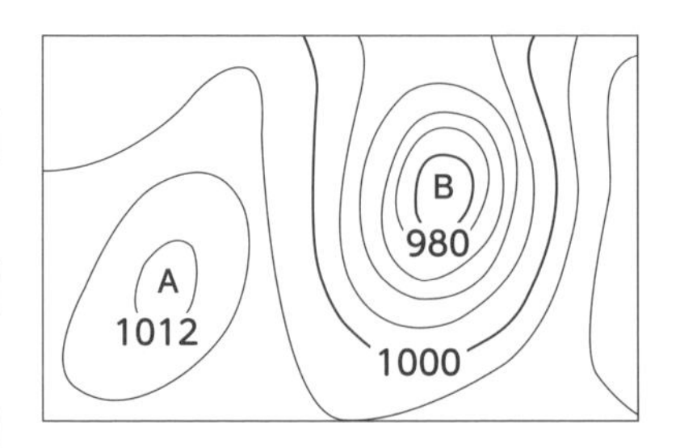

4

気温25℃の空気**A**があります。グラフは，気温と飽和水蒸気量の関係を表しています。次の問いに答えましょう。

【各5点　計20点】

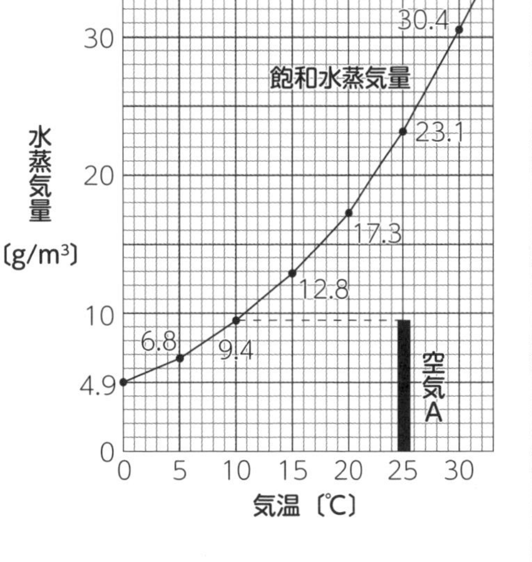

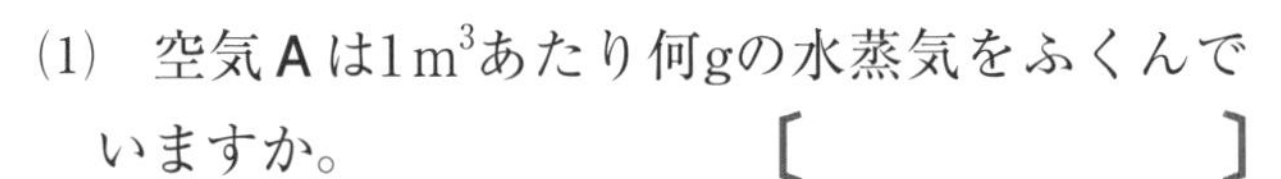

(1)　空気**A**は$1\,m^3$あたり何gの水蒸気をふくんでいますか。　〔　　　　　〕

(2)　空気**A**は，気温が何℃になると，水蒸気が水滴に変わり始めますか。また，そのときの気温を何といいますか。

気温〔　　　　　〕　名称〔　　　　　〕

(3)　空気**A**の湿度は何％ですか。小数第１位を四捨五入して整数で答えましょう。

〔　　　　　〕

5

図1のような装置を組み立てて，大型注射器のピストンを引きました。次の問いに答えましょう。

【各6点　計30点】

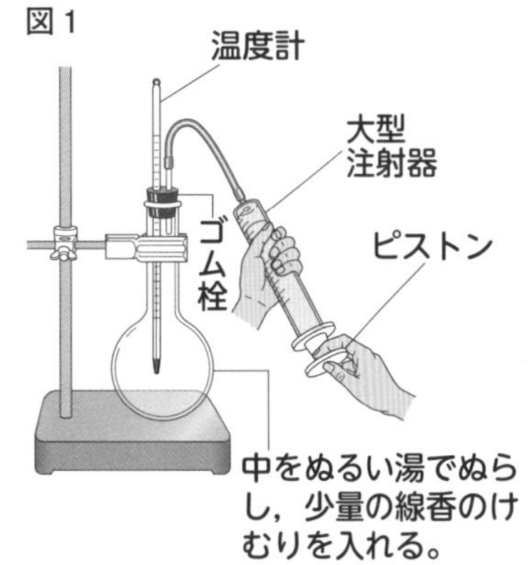

(1)　ピストンを引くと，透明だったフラスコの中が変化しました。どのように変化しましたか。簡単に書きましょう。　〔　　　　　　　　　〕

(2)　(1)のような変化が起こったのはなぜですか。「水蒸気」という語句を用いて簡単に書きましょう。

〔　　　　　　　　　　　　　　　　　〕

(3)　ピストンを引いたときのフラスコ内の気圧と温度の変化として，正しい組み合わせを次から選びましょう。　〔　　　〕

ア　気圧が高くなり，温度が上がった。
イ　気圧が低くなり，温度が上がった。
ウ　気圧が高くなり，温度が下がった。
エ　気圧が低くなり，温度が下がった。

(4)　**図2**は，雲ができるようすです。**図1**のピストンを引いたときのフラスコ内の変化と同じ状態になっているのは，**A**～**C**のどこですか。　〔　　　〕

(5)　**図2**の**X**から上の雲の中では，水滴が氷の粒に変化していました。**X**はどのような温度ですか。次から選びましょう。　〔　　　〕

ア　露点　　**イ**　約0℃　　**ウ**　約10℃　　**エ**　約100℃

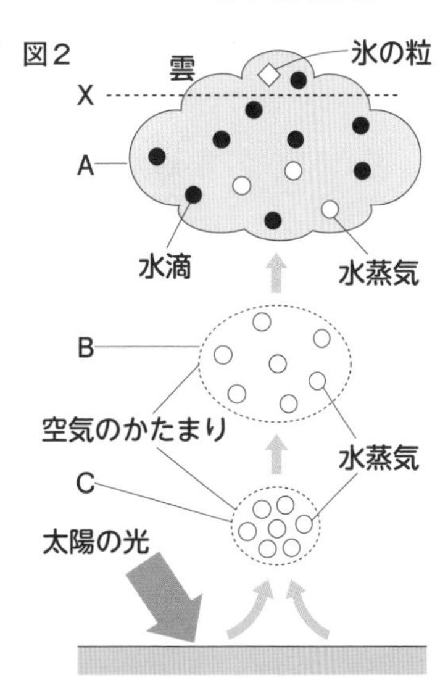

34 前線って何？

前線

日本列島の北の大陸や南の海洋上で大規模な高気圧ができると，その中に気温や湿度がほぼ一様な空気のかたまりができます。これを**気団**といいます。北の気団は冷たい**寒気**，南の気団はあたたかい**暖気**をもっています。

寒気と暖気がぶつかると，目には見えない境界の面ができます。その境界面を**前線面**といい，地面との境界線を**前線**といいます。

寒気が暖気を押し上げて進む前線を**寒冷前線**，暖気が寒気の上にはい上がって進む前線を**温暖前線**といいます。天気予報でよく登場する前線です。それぞれの前線が通過するときには特徴があるので，見分けるポイントになります。

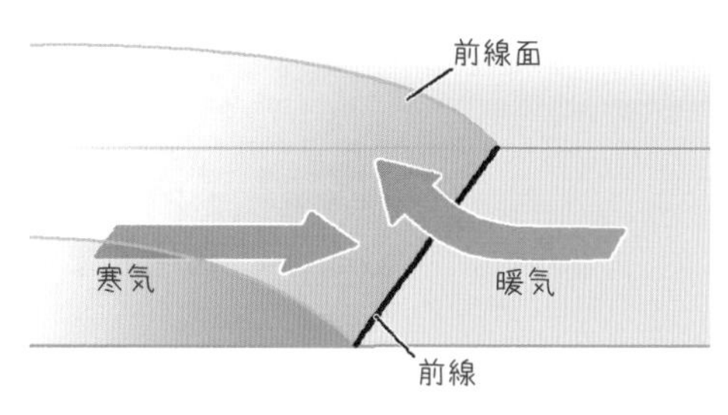

【寒冷前線と温暖前線の通過】

寒冷前線
温暖前線

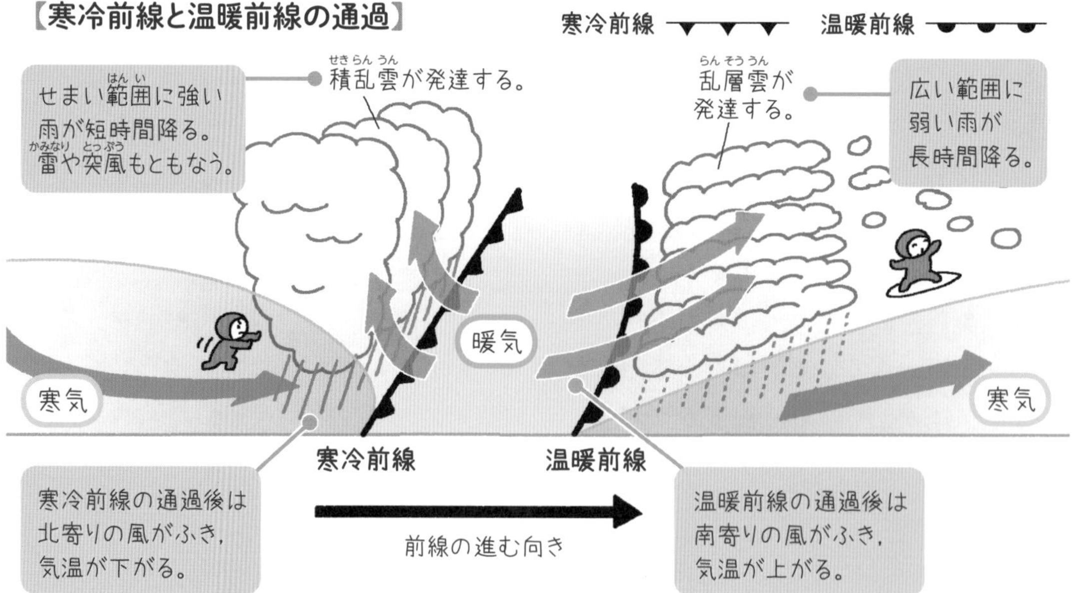

前線にはほかに，**停滞前線**と**閉塞前線**があります。この記号と意味も覚えておきましょう。

停滞前線
暖気と寒気の勢力が同じくらいで動かない前線。

閉塞前線
寒冷前線が温暖前線に追いついてできる前線。

基本練習

答えは別冊11ページ

1 〔　　〕にあてはまる語句を書きましょう。

(1) 暖気が寒気の上にはい上がりながら進む前線を〔　　　　〕，寒気が暖気を押し上げながら進む前線を〔　　　　〕という。

(2) ▼▼▼ で表されるのは〔　　　　〕前線，●▼●▼ で表されるのは〔　　　　〕前線である。

2 図は，前線のつくりを表したもので，⇨は空気の動きを表しています。次の問いに答えましょう。

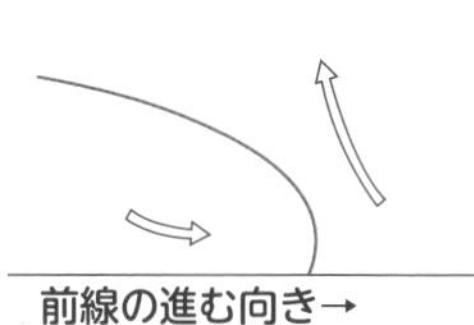

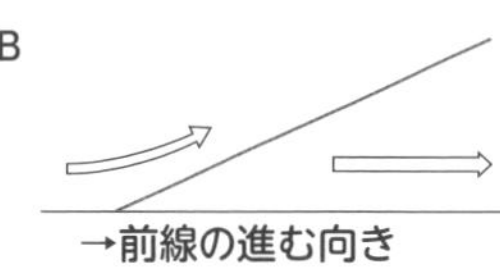

(1) A，Bの前線のつくりはそれぞれ何前線を表していますか。

A〔　　　　〕 B〔　　　　〕

(2) Aの前線近くで最も発達する雲は，積乱雲と乱層雲のどちらですか。

〔　　　　〕

(3) Bの前線の通過後の気温はどうなりますか。〔　　　　〕

「寒冷前線・積乱雲・強いにわか雨/温暖前線・乱層雲・弱い雨」は「カゼのセキにはオラ弱い」と覚えてもいいよ。「カゼ（寒冷前線）のセキ(積乱雲)には(にわか雨)オ(温暖前線)ラ(乱層雲)弱い(弱い雨)」。

もっとくわしく

温帯低気圧って何？

日本列島がある中緯度帯でできる，前線をともなった低気圧を温帯低気圧といいます。温帯低気圧の中心から東側に温暖前線，西側に寒冷前線がのびています。低気圧の中心に向かって反時計回りに風がふきこんでいます。

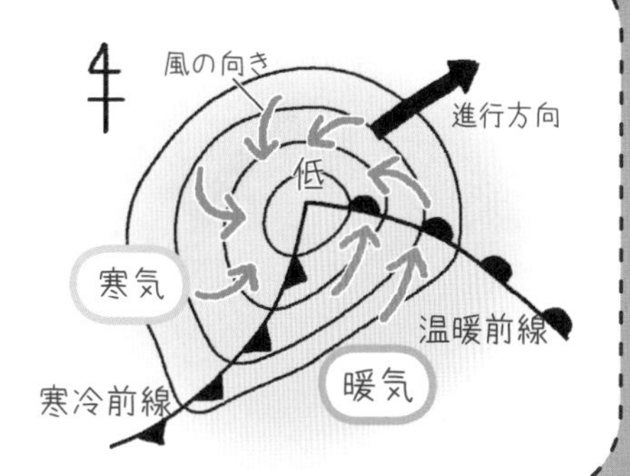

35 季節風 季節で風の向きが変わる理由

海の近くに住んでいる人は，風の向きが昼と夜で変わるのに気づいたことはありませんか。風は，気圧の高い方から低い方へふきます。昼は陸の方が海よりあたたまりやすいため，陸上に**上昇気流**が生まれて気圧が低くなり，海から陸へ**海風**がふきます。夜は陸の方が冷えやすいため，陸上に**下降気流**が生まれて気圧が高くなり，陸から海へ**陸風**がふくのです。

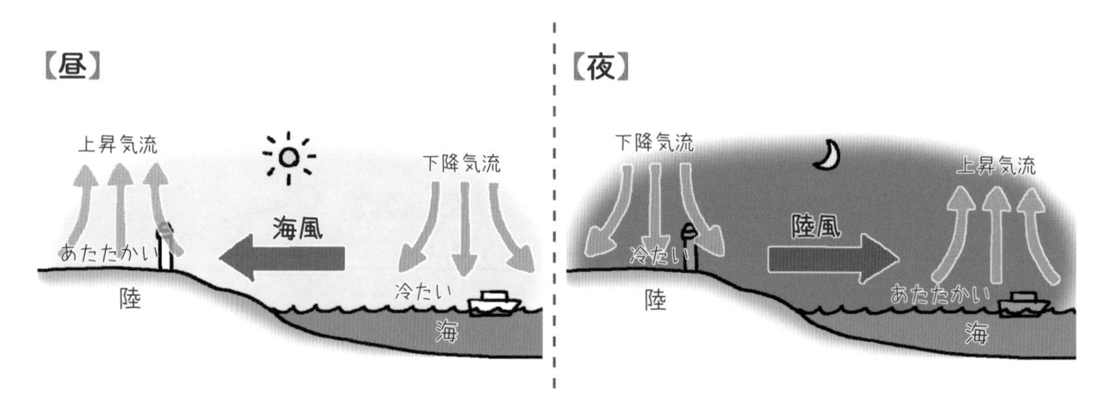

海風・陸風と同じしくみでふくのが，季節によって風向のちがう風です。夏には，蒸し暑い風が**南東**の方角から，冬には冷たい風が**北西**の方角からふいてきます。この風を**季節風**といいます。

季節風は，日本列島をはさむユーラシア大陸と太平洋との温度差がつくり出しています。夏には太平洋にできる大きな**太平洋高気圧**から大陸の低気圧に向かって，冬には大陸にできる大きな**シベリア高気圧**から，太平洋の低気圧に向かって季節風がふき出します。

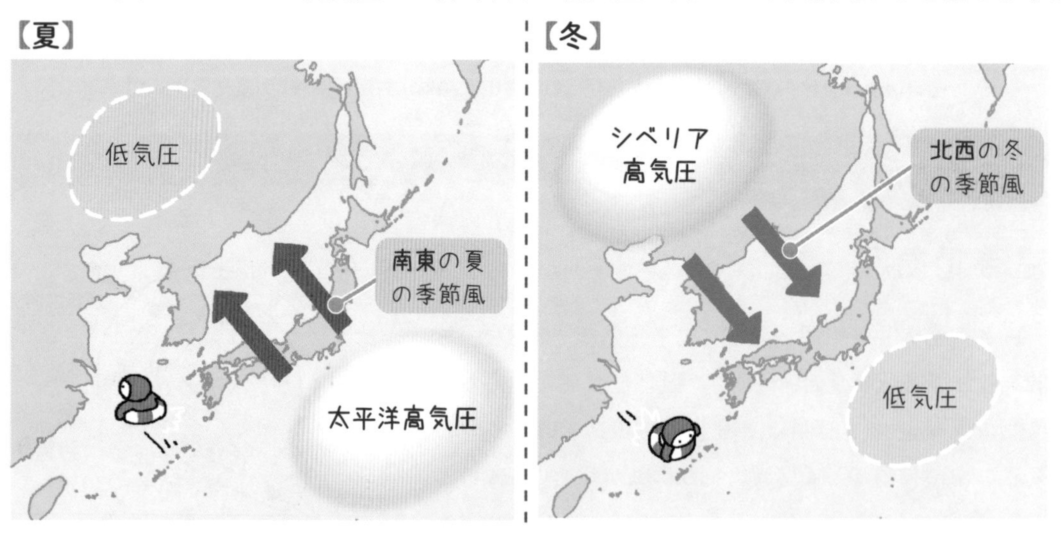

基本練習

答えは別冊11ページ

1 **(1)は正しいものを○で囲み，(2)は〔　　　〕にあてはまる語句を書きましょう。**

(1) 陸と海では，昼間あたたまりやすいのは，〔　陸・海　〕である。そのため，陸上では〔　上昇気流・下降気流　〕が起き，気圧が〔　低く・高く　〕なる。

風は気圧の〔　低い方から高い方・高い方から低い方　〕へふくので，昼間にふく風は〔　陸風・海風　〕である。

(2) 季節によってふく特徴(とくちょう)的な風を〔　　　　　〕という。冬には，大陸にできる〔　　　　　〕高気圧から風向が〔　　　　　〕の風がふき出す。夏には，海洋にできる〔　　　　　〕高気圧から風向が〔　　　　　〕の風がふき出す。

2 **図は，大陸と海洋にできる季節に特有の大規模(きぼ)な高気圧を表しています。次の問いに答えましょう。**

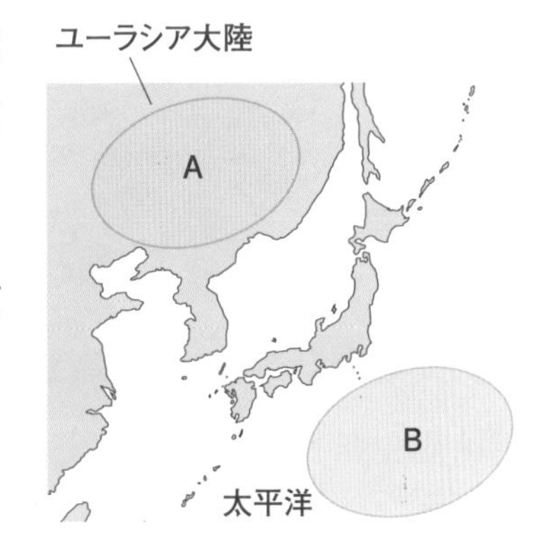

(1) 冬の季節風がふき出す高気圧はA，Bのどちらですか。またその風向を答えましょう。

高気圧〔　　　〕　風向〔　　　　　〕

(2) Bの高気圧を何といいますか。また，Bからふき出す季節風の季節はいつですか。　高気圧〔　　　　　〕　季節〔　　　〕

ポイント　「昼の海風　夜の陸風」は，「ヒールな海女(あま)さん，夜はリュック」と覚えてもいいよ。
ヒール（昼）な海女（海風）さん，夜（夜）はリュック（陸風）。

36 季節と気団
日本のまわりにできる気団

日本のまわりで発達する高気圧は，**シベリア高気圧**と**太平洋高気圧**だけではありません。もう１つ，日本の北のオホーツク海に，**オホーツク海高気圧**というのもできます。

これらの高気圧の中には，気温と湿度がほぼ一様な空気のかたまりである**気団**ができます。気団の気温と湿度はそれぞれちがい，季節ごとにこれらの気団が影響して，日本の四季の天気をつくっています。

【日本のまわりにできる高気圧と気団】

日本の天気に１年中大きな影響を与えているのが，日本列島の上空をふいている強い西風です。この風を**偏西風**といいます。

偏西風は，地球を西から東へと1周しています。低気圧や高気圧は，この風によって西から東へ流されていきます。そのため，天気は西から東へ移り変わるのです。

日本付近で，西から東へ移動していく高気圧は春や秋によく見られ，特に**移動性高気圧**とよんでいます。

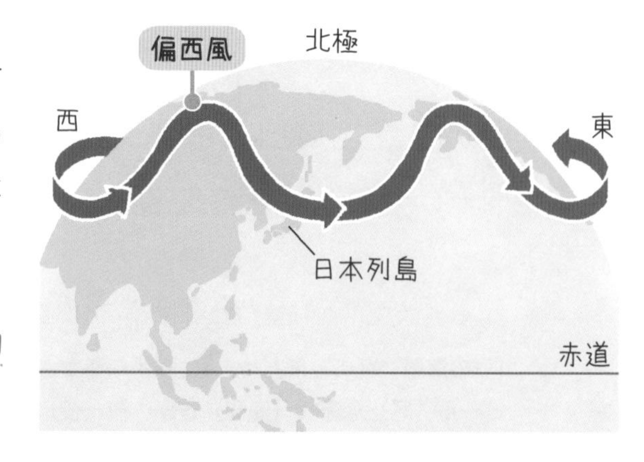

基本練習

答えは別冊11ページ

1 〔　　　〕にあてはまる語句を書きましょう。

(1) 太平洋高気圧にできる気団を〔　　　　　〕という。

(2) 日本列島の上空を1年中ふいている強い西風を〔　　　　　〕という。

(3) 日本付近を西から東へ移動する高気圧を〔　　　　　〕という。

2 図のA～Cは，日本付近にできる3つの気団です。次の(1)～(3)にあてはまる気団をA～Cからすべて選びましょう。

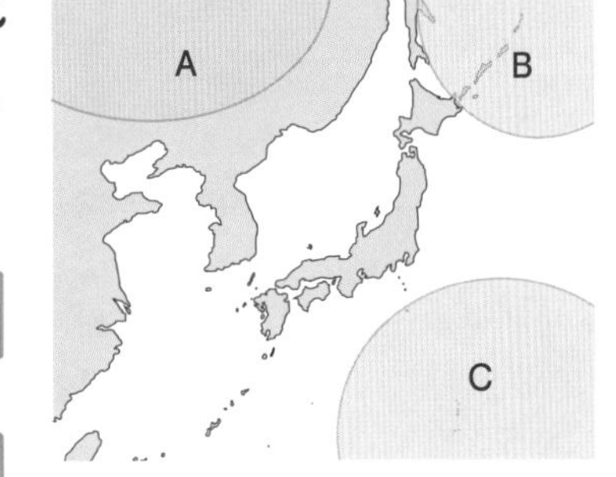

(1) 夏に発達する気団 〔　　　〕

(2) 冷たい気団 〔　　　〕

(3) しめっている気団 〔　　　〕

ポイント 陸上は乾燥し，海上はしめっぽい。また，北は寒く，南はあたたかい。このイメージが，そのまま気団の性質にあてはまるよ。

もっとくわしく

地球規模の風があるの？

地球の大気は太陽のエネルギーによってあたためられ，赤道付近と北極・南極付近には，大きな温度差ができます。それによって大気が循環（じゅんかん）しています。北半球と南半球の中緯度帯（ちゅういどたい）の上空をふく**偏西風**だけでなく，赤道近くには**貿易風**（ぼうえきふう）という東寄りの風がふいています。

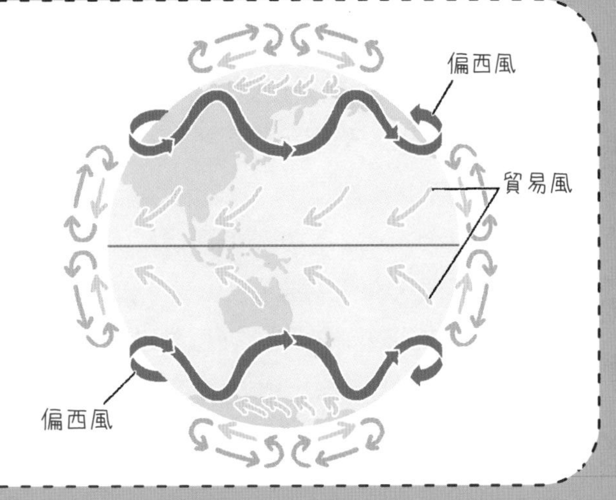

37 日本の天気の特徴

日本の四季の天気

日本は四季がはっきりしていますね。それは日本付近の3つの大きな気団が，季節ごとに強まったり弱まったりして，季節に特有の気圧配置や前線をつくり出すからです。

各季節のポイントを覚えておきましょう。

【冬】

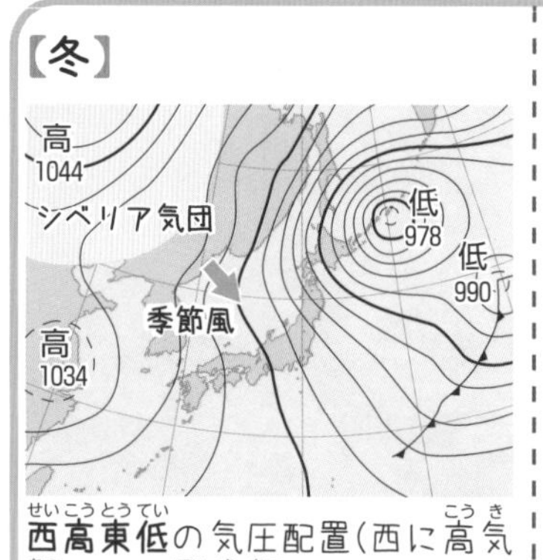

西高東低の気圧配置（西に高気圧，東に低気圧）になる。シベリア気団が発達し，北西の季節風がふく。

【春】

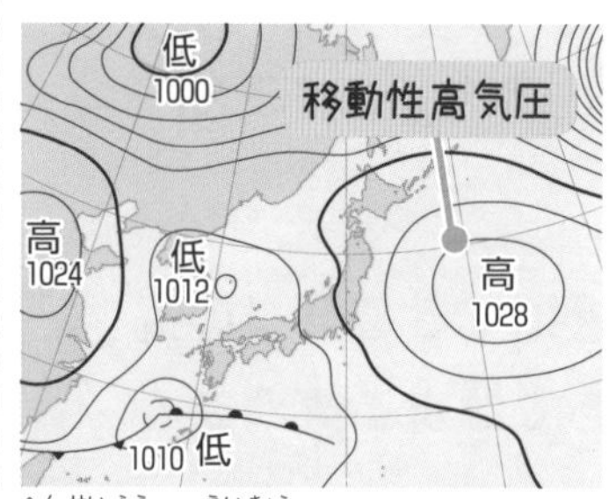

偏西風の影響を受けて，低気圧と**移動性高気圧**が交互に通過する。4～7日周期で天気が変わる。

【つゆ（梅雨）】

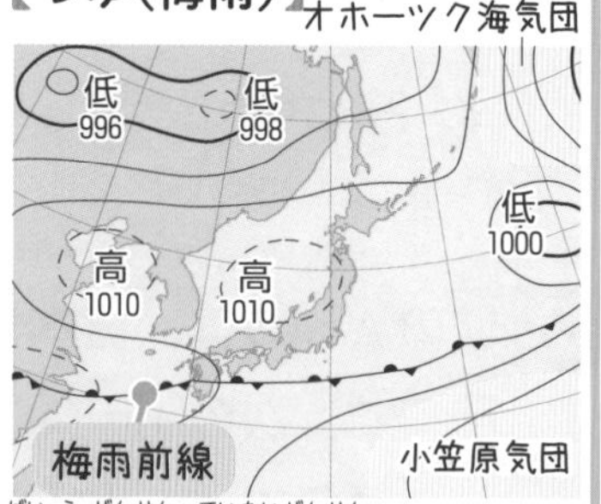

梅雨前線（停滞前線）ができ，雨が続く。オホーツク海気団は勢力を強め，小笠原気団も発達し始める。

【夏】

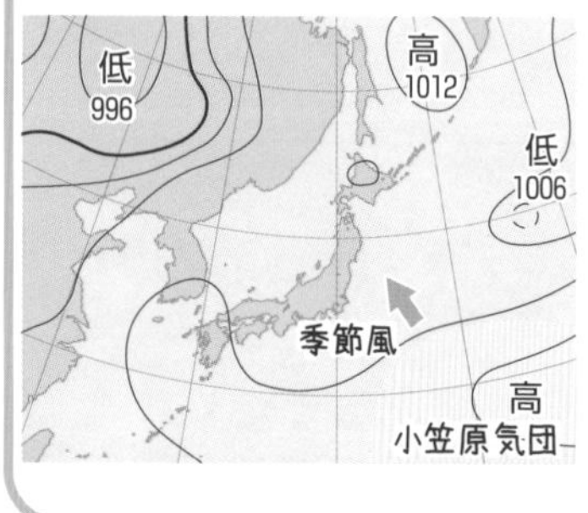

南高北低の気圧配置（南に高気圧，北に低気圧）になる。小笠原気団が発達し，南東の季節風がふく。

【秋】

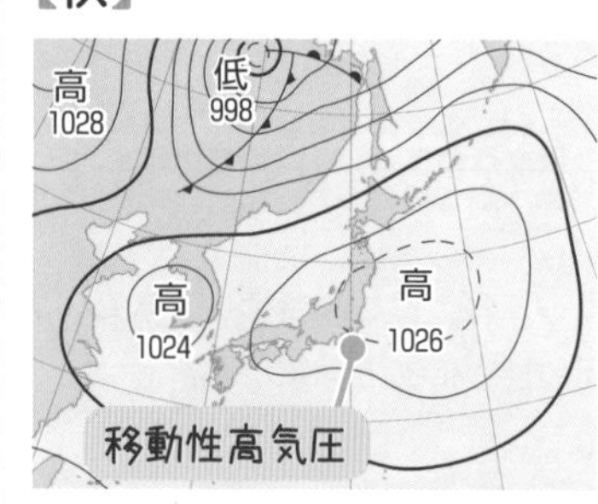

夏の終わりにつゆと似た停滞前線（**秋雨前線**）ができて雨が続く。その後低気圧と**移動性高気圧**が交互に通過する。周期的に天気が変わる。

夏から秋にかけてやってくるのが**台風**です。南の海上で生まれた**熱帯低気圧**が発達して，最大風速が17.2m/s 以上になったものを台風といいます。

台風は北上すると，やがて**偏西風**に流されて，進路を東寄りに変えます。

台風が日本に接近したり上陸したりすると，大雨などにより大きな災害が起こることがあります。

台風の等圧線は同心円状で，前線はない。

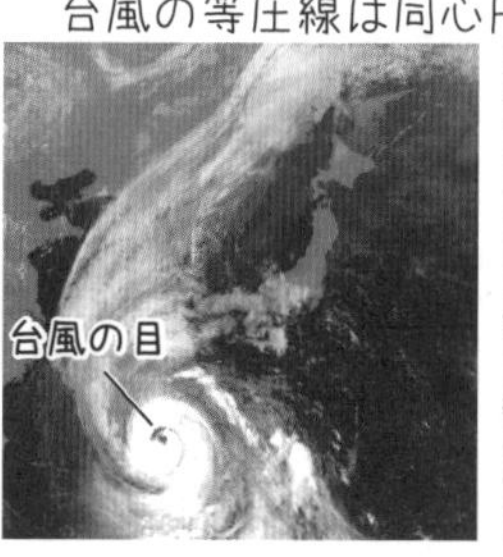

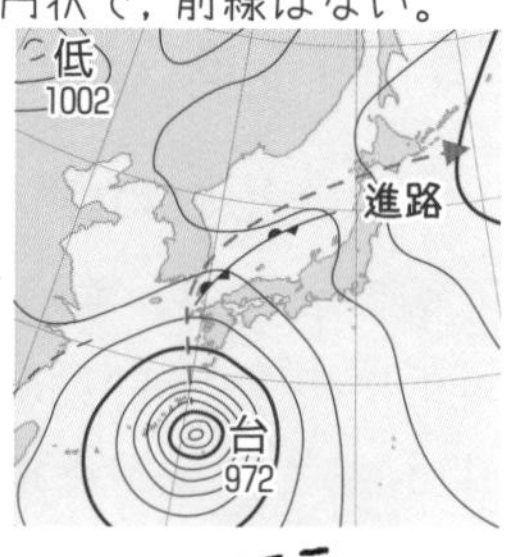

基本練習

答えは別冊12ページ

1 **〔　　　〕にあてはまる語句を書きましょう。**

熱帯低気圧が発達して，最大風速が17.2m/s 以上になったものを〔　　　　　　〕といい，北上して日本に近づくと，〔　　　　　　〕に流されて進路を東寄りに変える。

2 **図のA，Bは，日本の春・夏・秋・冬のいずれかの天気図です。次の問題に答えましょう。**

A

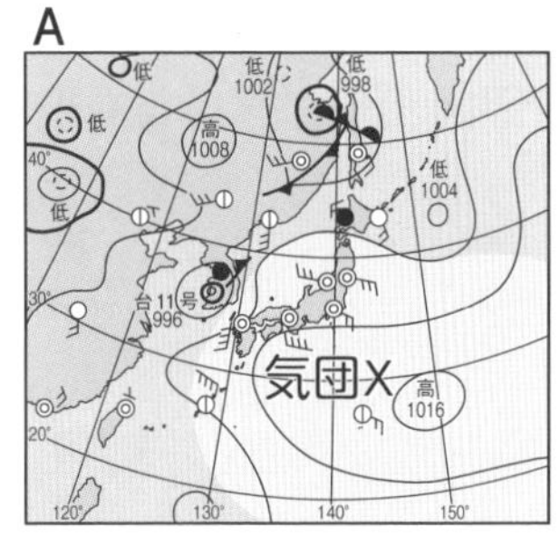

(1)　A，Bの季節はいつですか。

A〔　　　　　〕　B〔　　　　　〕

(2)　Aで発達している気団Xを何といいますか。

B

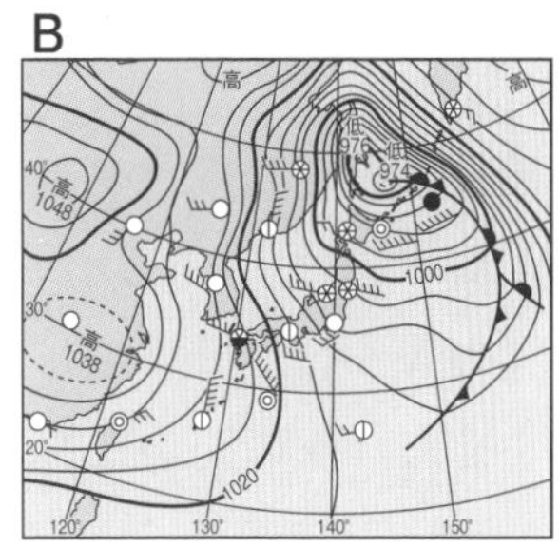

(3)　Bに見られる季節に特徴的（とくちょうてき）な気圧配置を何といいますか。〔　　　　　〕

ポイント　冬は「西高東低」，夏は「小笠原気団」，つゆ（梅雨）は「梅雨前線」，春と秋は「移動性高気圧」をおさえておくと，いつの天気図かがわかるよ。

もっとくわしく

冬の天気が日本海側と太平洋側でちがうのはなぜ？

シベリア気団からふき出した冬の季節風が，日本海側には雪を降らせ，太平洋側には乾燥（かんそう）した晴天をもたらしています。

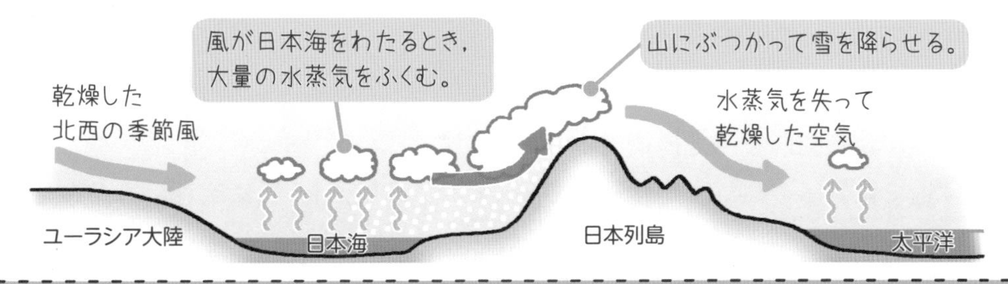

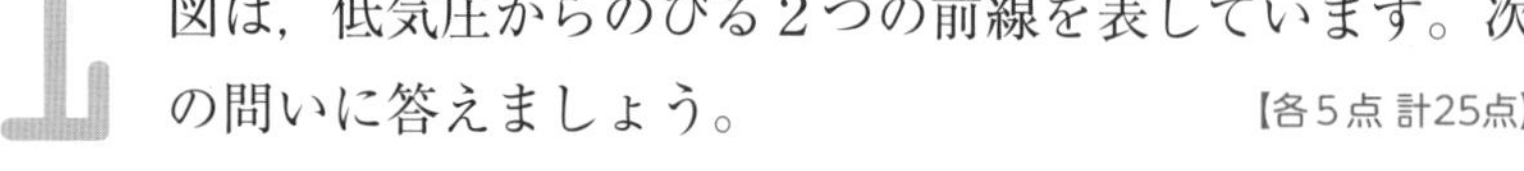

復習テスト 6

➡ 答えは別冊19ページ

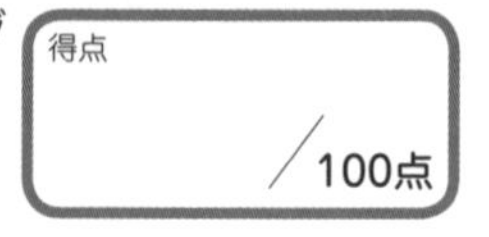

3章 天気の変化

1

図は，低気圧(ていきあつ)からのびる２つの前線(ぜんせん)を表しています。次の問いに答えましょう。 【各５点 計25点】

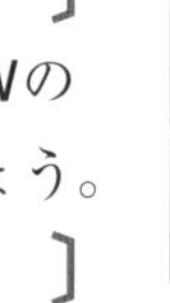

(1) P，Qは，それぞれ何という前線ですか。

P［　　　　　　］ Q［　　　　　　］

(2) Pの前線を横ぎるX－Yと，Qの前線を横ぎるZ－Wの断面図として適当なものを，次からそれぞれ選びましょう。

X－Y［　　　］ Z－W［　　　］

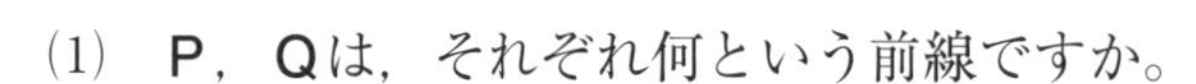

ア　イ　ウ　エ

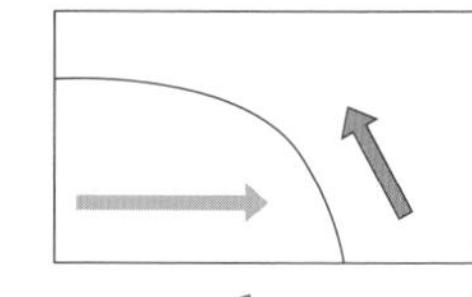

(3) 前線付近に積乱雲(せきらんうん)が発達するのは，P，Qのどちらですか。 ［　　　］

2

図のA～Cは，連続した３日間の同じ時刻の天気図(てんきず)ですが，順番通りには並んでいません。次の問いに答えましょう。 【(1)，(2)各10点 (3)５点 計25点】

A
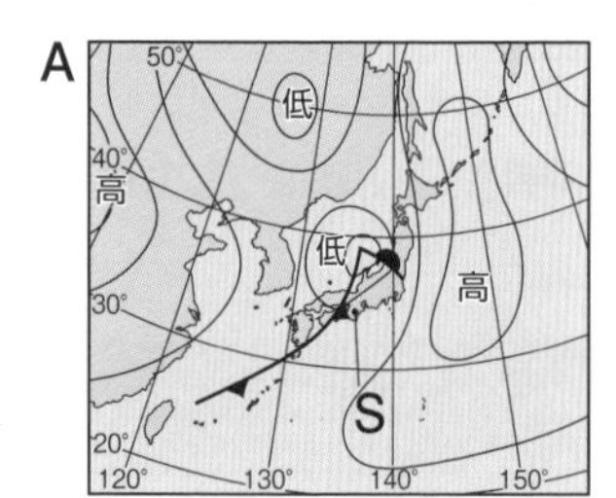

B
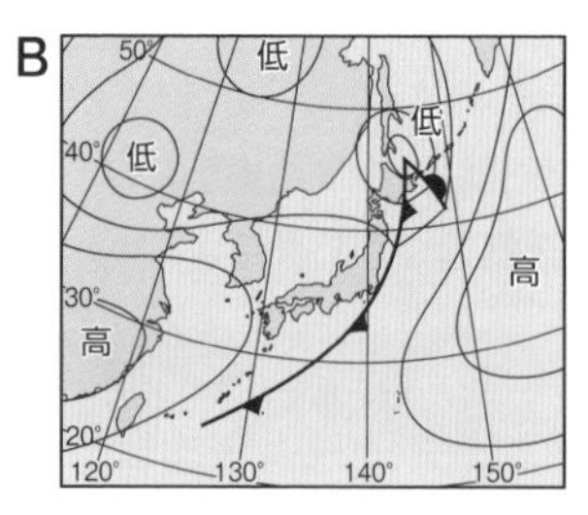

C
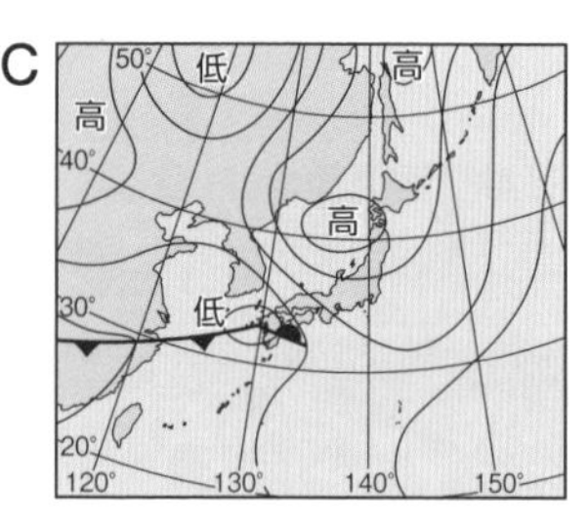

(1) A～Cを，日付の早い順に並べましょう。 ［　　→　　→　　］

(2) Aの地点Sでは，このあとどのような天気が予想されますか。次から選びましょう。 ［　　　］

ア 強い雨が長時間降り，その後南寄りの風がふく。

イ 弱い雨が短時間降り，その後北寄りの風がふく。

ウ 強い雨が短時間降り，その後北寄りの風がふく。

エ 弱い雨が長時間降り，その後南寄りの風がふく。

(3) 日本付近で低気圧や高気圧(こうきあつ)が移動していくのは，何という風に流されるからですか。

［　　　　　　］

3

図1は，日本の１年の四季のうちのいずれかの天気図，**図2**は６月ごろの天気図です。次の問いに答えましょう。

【各５点　計30点】

図1

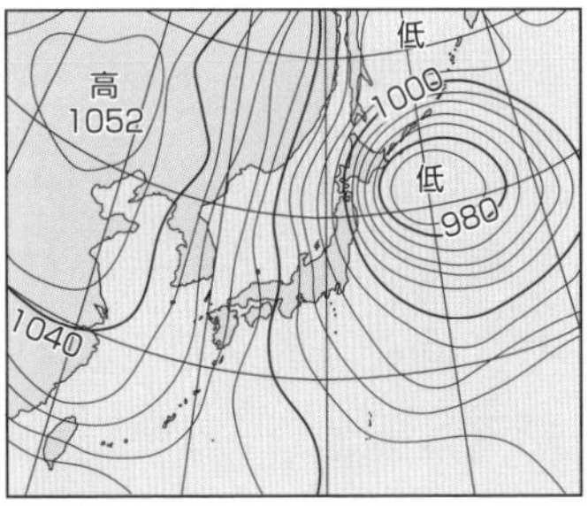

図2

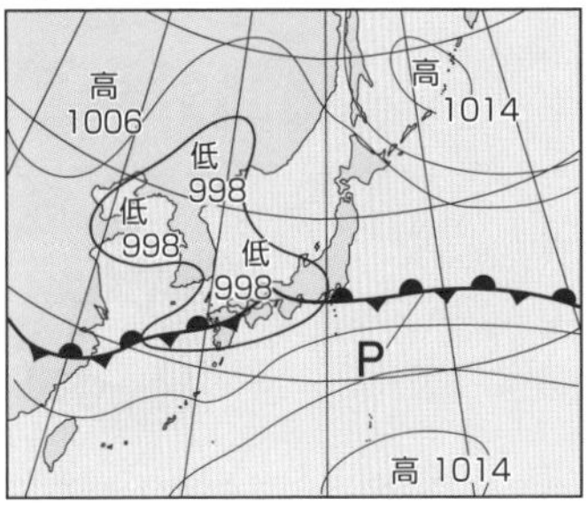

(1)　**図1**の天気図は，春・夏・秋・冬のうち，いつの天気図ですか。　［　　］

(2)　**図1**の気圧配置を何といいますか。漢字４字で答えましょう。　［　　］

(3)　**図1**で，日本列島にふく季節風の風向は何ですか。　［　　］

(4)　**図1**のとき，日本海側と太平洋側では，どのような天気になることが多いですか。簡単に書きましょう。

［　　］

(5)　**図2**の**P**の停滞前線を何といいますか。　［　　］

(6)　**図2**の時期に，**P**の前線の北と南で勢力が同じくらいになる２つの気団は何ですか。次の組み合わせから選びましょう。　［　　］

ア　北…シベリア気団　　南…小笠原気団
イ　北…オホーツク海気団　南…小笠原気団
ウ　北…シベリア気団　　南…オホーツク海気団
エ　北…オホーツク海気団　南…シベリア気団

4

図は，日本付近の９月のある日の天気図です。次の問いに答えましょう。

【⑴，⑵各５点　⑶10点　計20点】

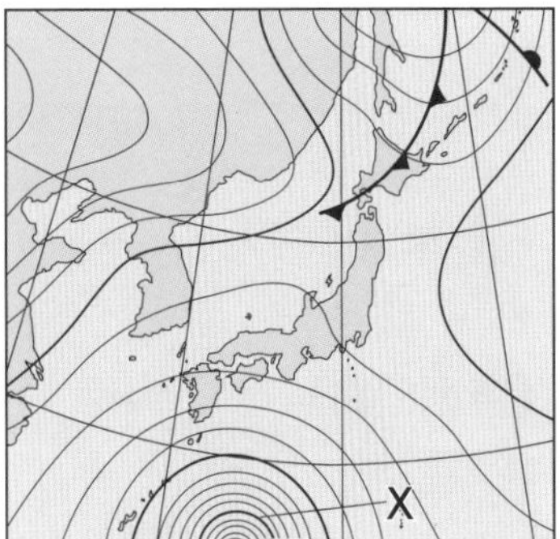

(1)　図の**X**は，熱帯低気圧が発達したもので，最大風速が17.2 m/sをこえています。**X**を何といいますか。　［　　］

(2)　上から見たとき，**X**の中心付近の地上ではどのような風がふいていますか。次から選びましょう。［　　］

ア　中心に向かって時計回りにふきこんでいる。
イ　中心に向かって反時計回りにふきこんでいる。
ウ　中心から時計回りにふき出している。
エ　中心から反時計回りにふき出している。

(3)　**X**によって起こる災害を次からすべて選びましょう。　［　　］

ア　高潮　**イ**　津波　**ウ**　河川の氾濫　**エ**　水不足　**オ**　突風による家屋の崩壊

38 回路 電流の通り道

豆電球に電池をつなげると，豆電球が光ります。これは，**電気**が流れているからです。

電気が流れるひとまわりのつながった道すじのことを**回路**，道すじを流れる電気を**電流**といいます。電流は電池の＋極から－極へと流れます。

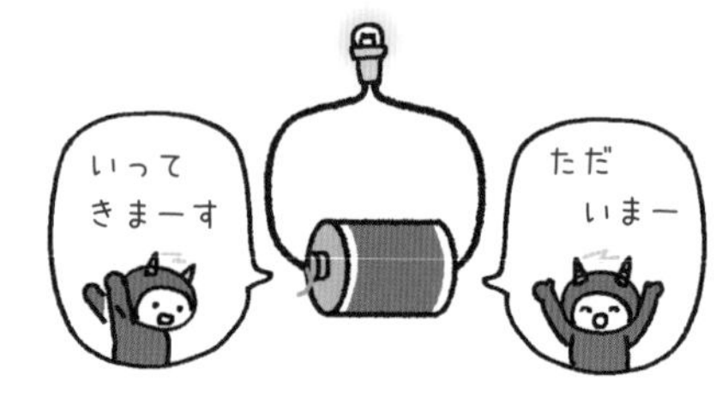

回路を**電気用図記号**で表したものを**回路図**といいます。

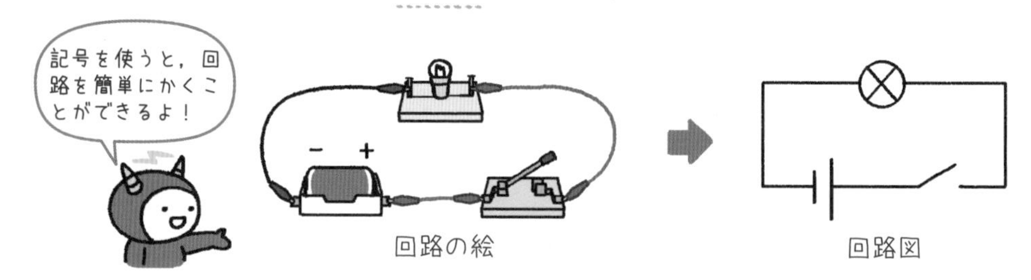

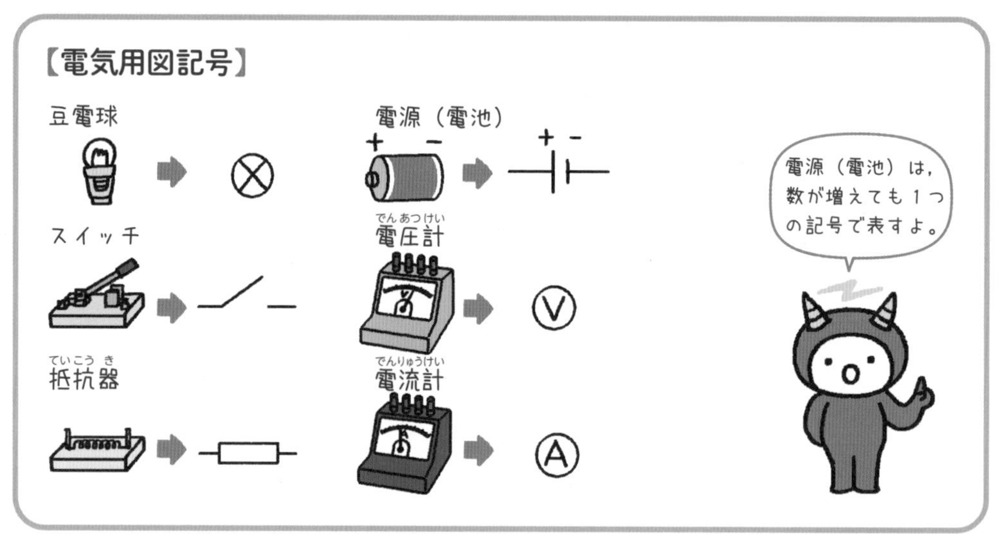

豆電球を２個つなぐときの回路には，**直列回路**と**並列回路**の２種類があります。

【直列回路】 枝分かれなく1本の道すじでつないだ回路

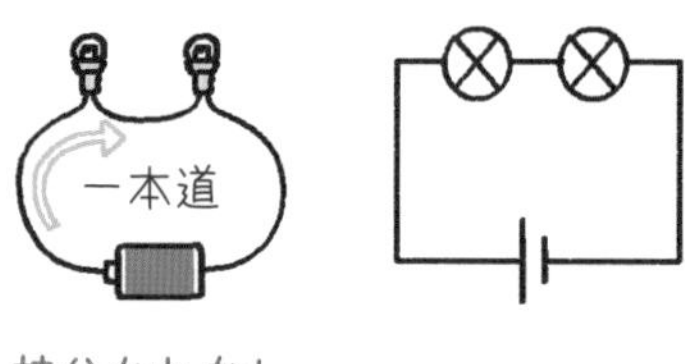

【並列回路】 枝分かれした道すじでつないだ回路

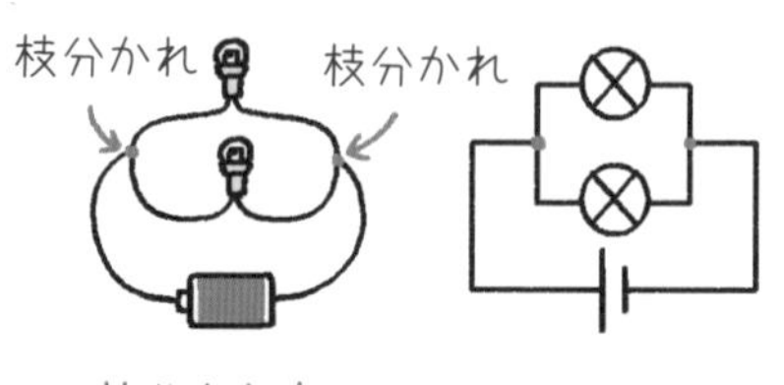

基本練習

答えは別冊12ページ

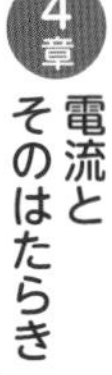

1 次の文中の〔　　〕にあてはまる語句を書きましょう。

電気の流れる道すじを〔　　　　　〕といい，その道すじを流れる電流は，電池の〔　　　　〕極から出て〔　　　　〕極へと流れる。

この電気の道すじで，途中で枝分かれするものを〔　　　　　〕，枝分かれのないものを〔　　　　　〕という。

2 次の電気用図記号や回路をかきましょう。

(1) 電気用図記号をかきましょう。

電球	電源（電池）	スイッチ	抵抗器

(2) 次の図の回路の回路図を，電気用図記号を使って完成させましょう。

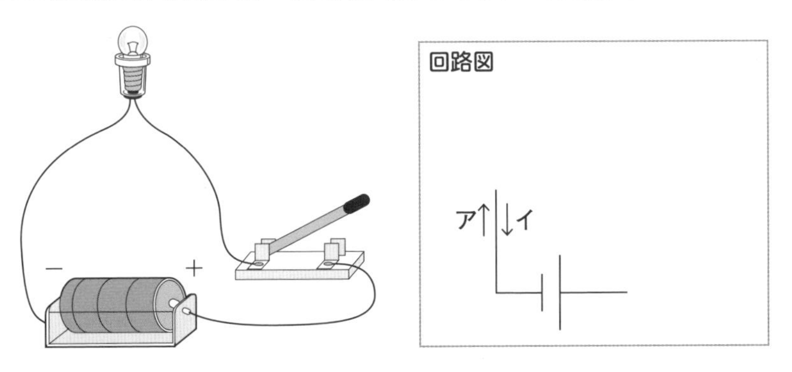

(3) (2)の回路図で，電流の向きは**ア**，**イ**のどちらですか。

〔　　　　〕

ミス注意 電池の電気用図記号をかくときは，＋と－の向きに注意しよう。

39 電流の表し方

電流

電流の大きさを表す単位は**アンペア(A)**です。もっと小さい量は，**ミリアンペア(mA)**という単位で表します。

電流の単位　A（アンペア）　1 A＝1000 mA

電流は，水の流れに置きかえるとイメージしやすいです。川の水の流れと同じように，電流の量は途中でふえたり減ったりしません。

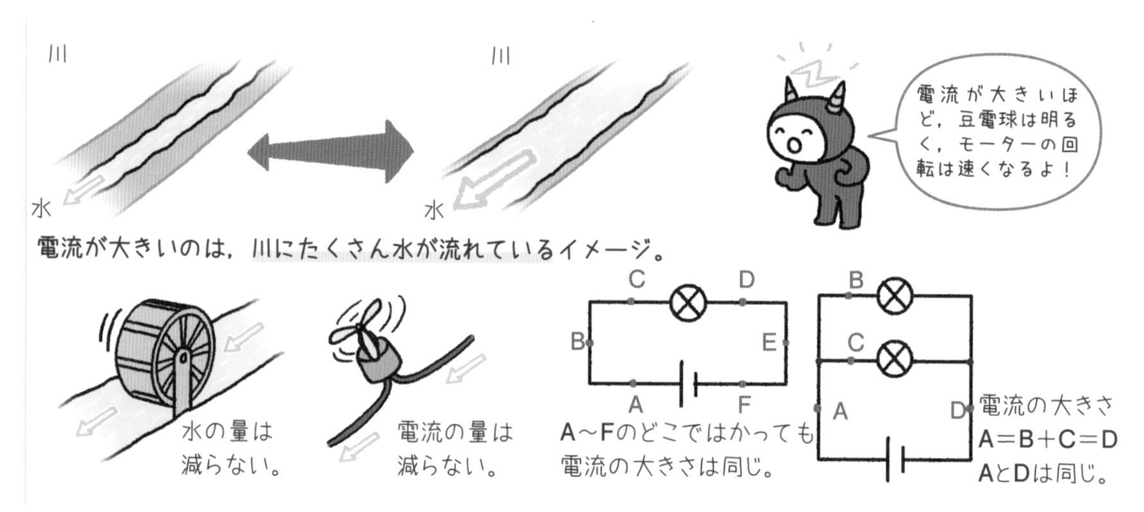

電流の大きさをはかるには**電流計**を使います。もし，川の水の量をはかるのであれば，川に水量をはかる装置を入れますね。同じように，電流の大きさをはかるときは，はかりたい場所にそのまま電流計をつなぎます。電流計は回路に直列につなぐのです。

【電流計の使い方】

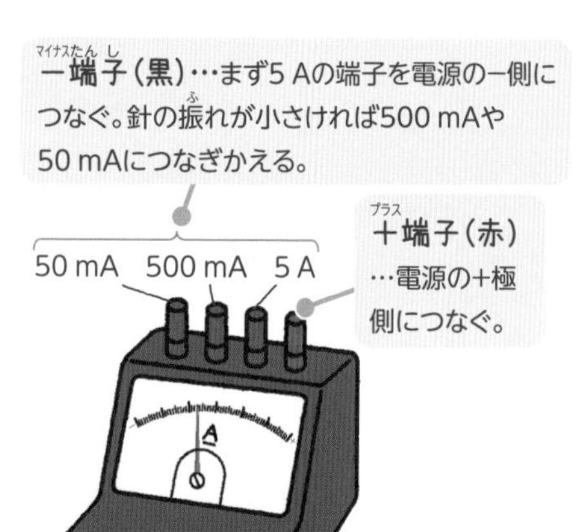

●目盛りの読み方

使用する端子	1目盛り	電流の大きさ
5 A	0.1 A	1.30 A
500 mA	10 mA	130 mA
50 mA	1 mA	13.0 mA

●電流計のつなぎ方

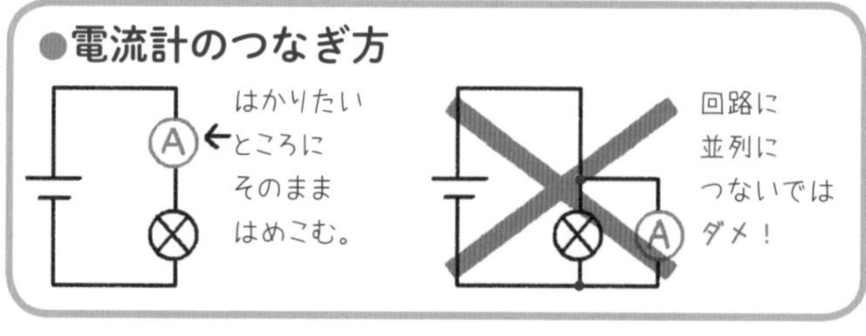

基本練習

答えは別冊12ページ

1 次の文中の〔　　〕にあてはまる語句や数値を書きましょう。

電流の単位はAで，〔　　　　　〕と読む。もっと小さい量を表す単位にはmAがあり，1 A=〔　　　　　〕mAの関係がある。

枝分かれのない回路の場合，回路を流れる電流の大きさは，回路のどこでも〔　　　　　〕である。

2 図1，2の回路について，次の問いに答えましょう。

(1) **図1**で，A点を流れる電流の大きさは0.3 Aでした。B点，C点を流れる電流の大きさはそれぞれ何Aですか。

図1

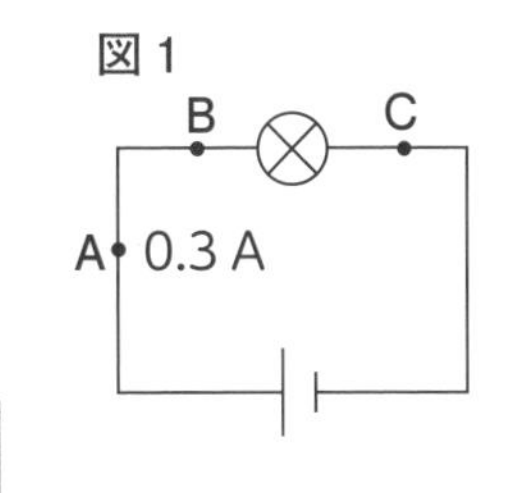

図2

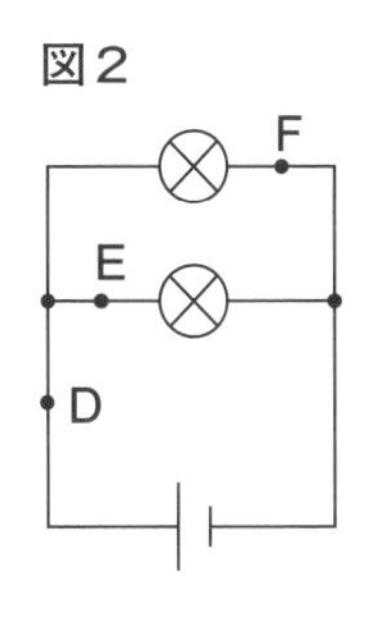

B点〔　　　　　〕

C点〔　　　　　〕

(2) **図1**で，A点を流れる電流の大きさをはかるとき，電流計のつなぎ方として正しいものはどれですか。

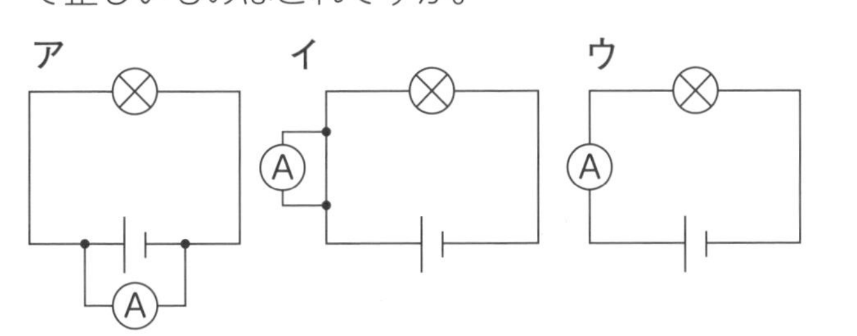

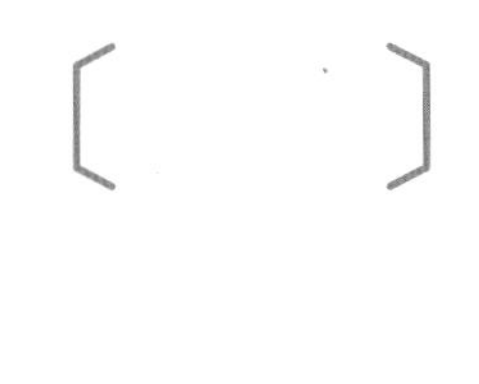

〔　　　　　〕

(3) **図2**で，D～F点の電流の大きさの関係をア～ウから選びましょう。

ア　D=E=F　　イ　D=E+F　　ウ　D>E+F

〔　　　　　〕

ミス注意 電流計は，はかりたい場所に直列につなぐよ。

40 電圧と電流ってどうちがうの？

電圧

電圧とは，電流を流そうとするはたらきの大きさのことです。電圧の大きさを表す単位は**ボルト(V)**です。

電圧の単位　V　　1 V＝1000 mV

電池が１つの回路と２つの電池を直列つなぎにした回路に豆電球をつなぐと，電池が２つの回路の方が豆電球は明るく光ります。これは，電池が２つの回路の方が電流を流そうとするはたらき(＝**電圧**)が大きいからです。電圧は，電源(電池)でつくられます。

電圧が大きいのは，
川の高低差が大きく，川の流れる力が強いイメージ。

電圧の大きさをはかるには**電圧計**を使います。もし，滝の落差をはかるのであれば，滝の上と下にメジャーをあてますね。同じように，電圧の大きさをはかるときは，はかりたいところに沿うように電圧計を２点でつなぎます。電圧計は回路に並列につなぐのです。

【電圧計の使い方】

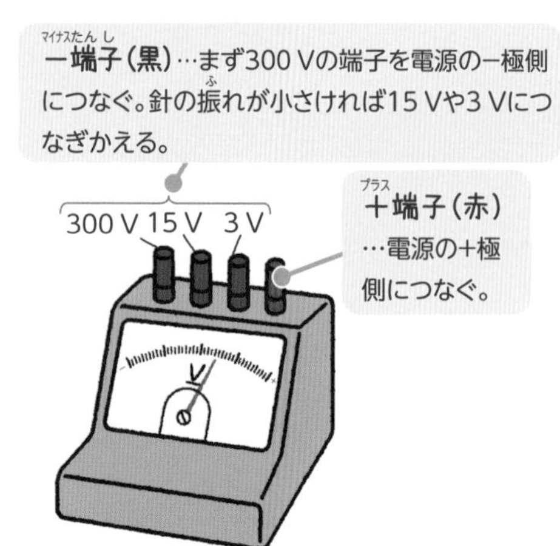

●目盛りの読み方

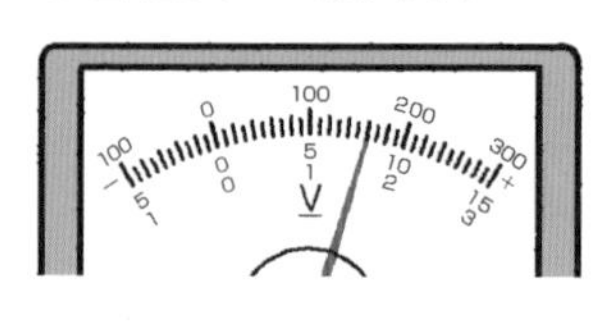

使用する端子	1目盛り	電圧の大きさ
300 V	10 V	160 V
15 V	0.5 V	8.00 V
3 V	0.1 V	1.60 V

●電圧計のつなぎ方

基本練習

答えは別冊12ページ

1 次の文中の〔　　〕にあてはまる語句を書きましょう。

電圧は〔　　　　〕を流そうとするはたらきの大きさで，単位は〔　　　〕と書き，〔　　　　〕と読む。

2 電圧計の使い方について，次の問いに答えましょう。

(1) 豆電球の両端の電圧をはかるとき，電圧計のつなぎ方として正しいものはどれですか。〔　　　　〕

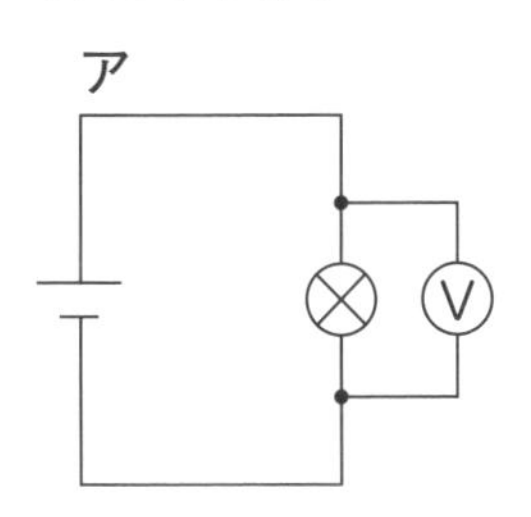

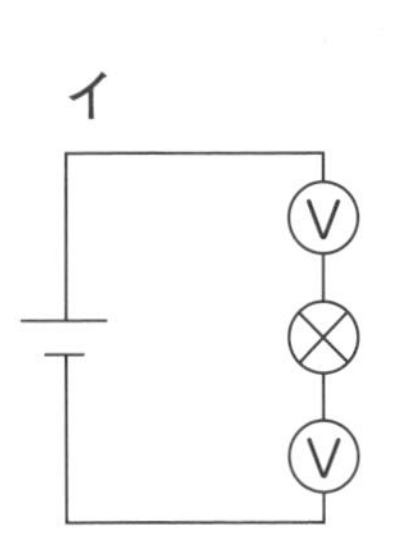

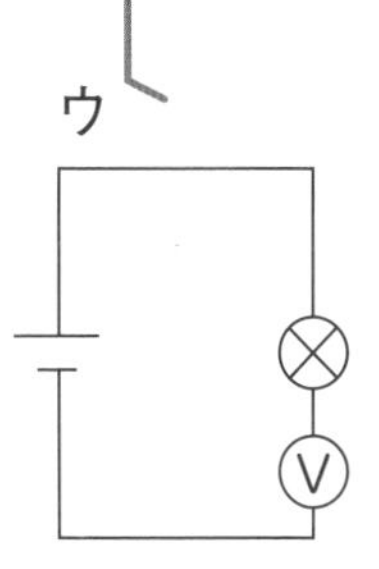

(2) 電圧計の端子と導線のつなぎ方として，正しいものをア～ウから選びましょう。

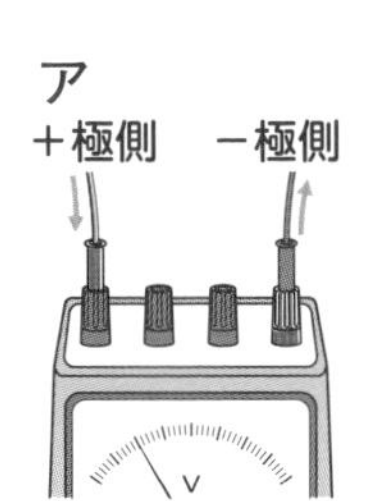

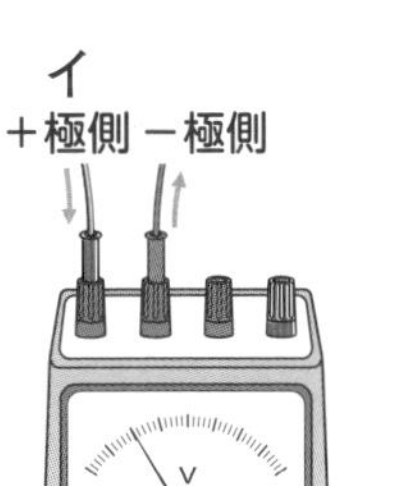

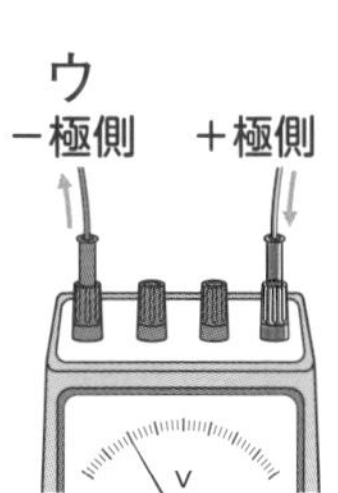

(3) それぞれの電圧計の目盛りを読みとり，電圧の大きさを答えましょう。

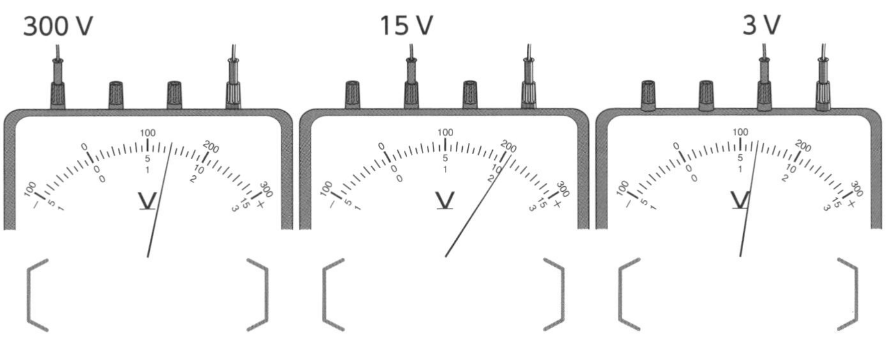

〔　　　　〕〔　　　　〕〔　　　　〕

ミス注意 電圧計は，回路に並列につなぐよ。電流計のつなぎ方とのちがいをおさえておこう。

41 抵抗 オームの法則

2つの異なる電熱線を使って，電流や電圧がどう変わるか調べてみましょう。

【実験】

① 下のような回路をつくり，電圧を変化させたときの電流の大きさを測定する。

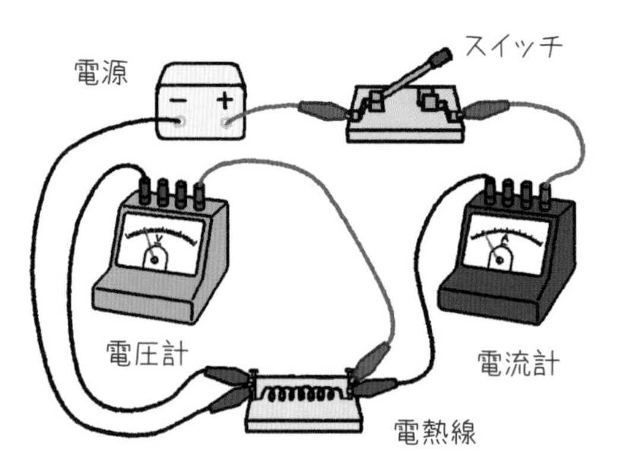

② 電熱線を変えて，①と同じように電圧と電流の関係を調べる。

【結果】

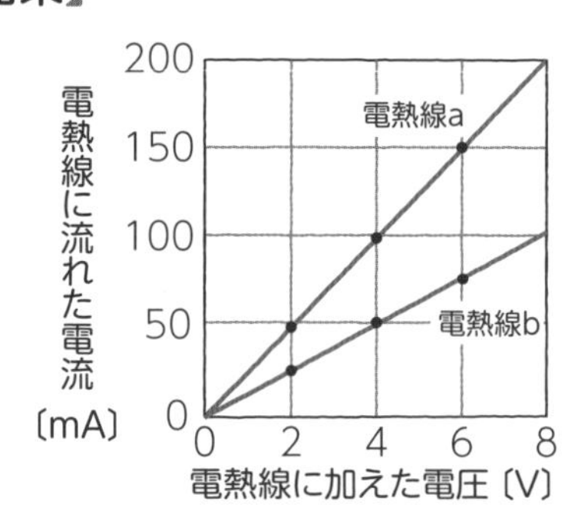

・電流の大きさは電圧に比例する。
・同じ電圧でも電熱線によって，流れる電流の大きさが変わる。
➡電流の流れにくさがちがう！

電流の流れにくさを表す量を**抵抗(電気抵抗)**といいます。
電気抵抗の大きさを表す単位は**オーム(Ω)**です。

抵抗の単位 Ω

上の実験からわかるように，抵抗器や電熱線を流れる電流は，電圧の大きさに比例します。これを**オームの法則**といいます。この式を変形して，電圧を求める式や電流を求める式もつくることができます。

【オームの法則】

$$抵抗\ R〔Ω〕=\frac{電圧\ V〔V〕}{電流\ I〔A〕}$$

$$電圧\ V〔V〕=抵抗\ R〔Ω〕\times 電流\ I〔A〕$$

$$電流\ I〔A〕=\frac{電圧\ V〔V〕}{抵抗\ R〔Ω〕}$$

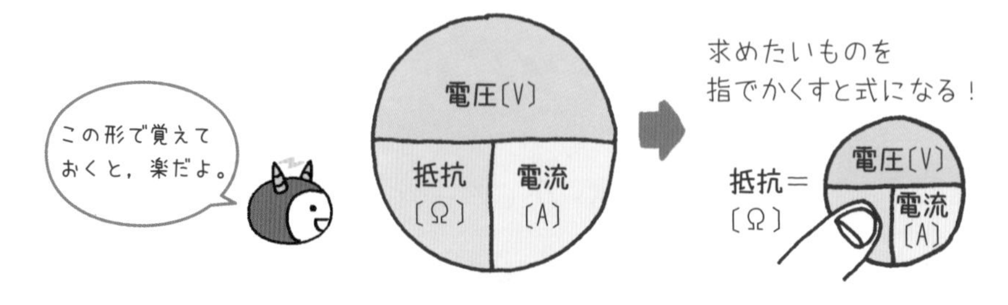

基本練習

答えは別冊13ページ

1 次の文中の〔　　〕にあてはまる語句を書きましょう。

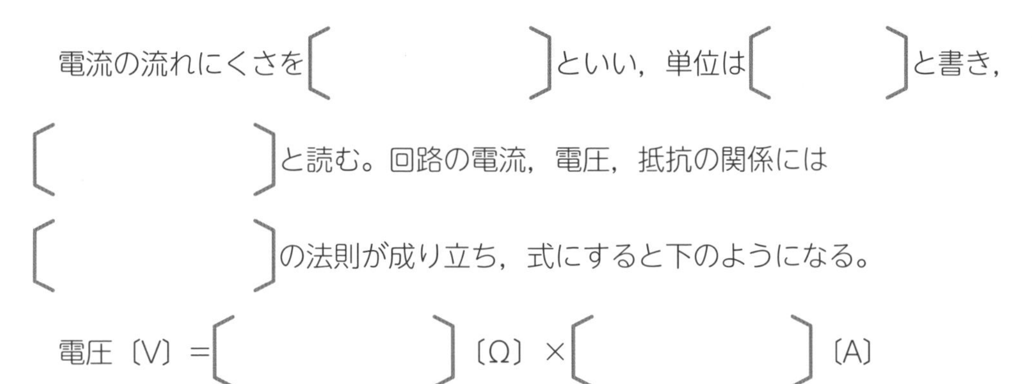

電流の流れにくさを〔　　　　〕といい，単位は〔　　　　〕と書き，〔　　　　〕と読む。回路の電流，電圧，抵抗の関係には〔　　　　〕の法則が成り立ち，式にすると下のようになる。

電圧〔V〕＝〔　　　　〕〔Ω〕×〔　　　　〕〔A〕

2 右のような回路をつくり，電圧を変化させたときの電流の大きさを測定しました。このときの電圧と電流をまとめた次の表について，空欄にあてはまる数値を書きましょう。

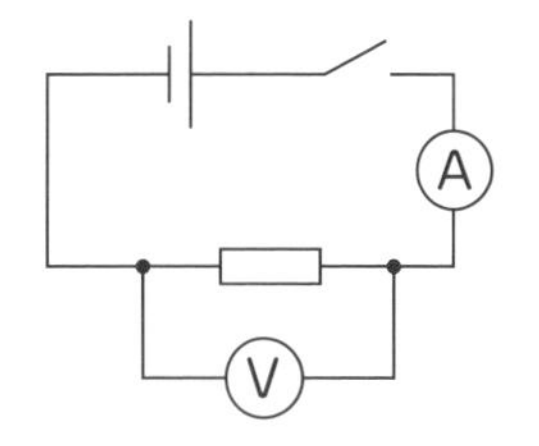

電圧〔V〕	1.0	2.0	3.0	4.0	5.0
電流〔A〕	0.2				

3 (1)〜(3)の回路で，電流，電圧，抵抗の大きさを求めましょう。

(1)　電流の大きさ

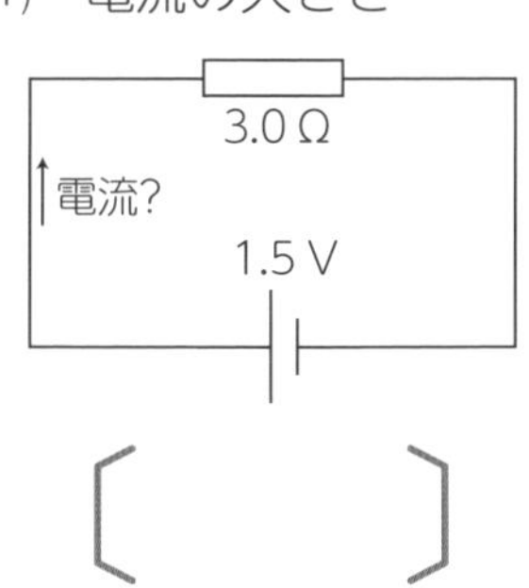

〔　　　〕

(2)　電圧の大きさ

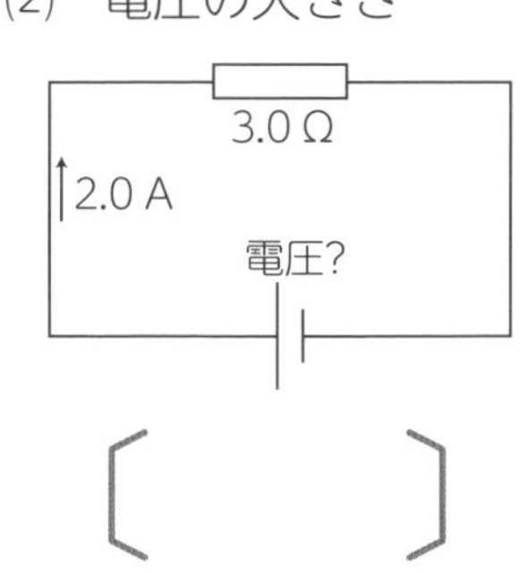

〔　　　〕

(3)　抵抗の大きさ

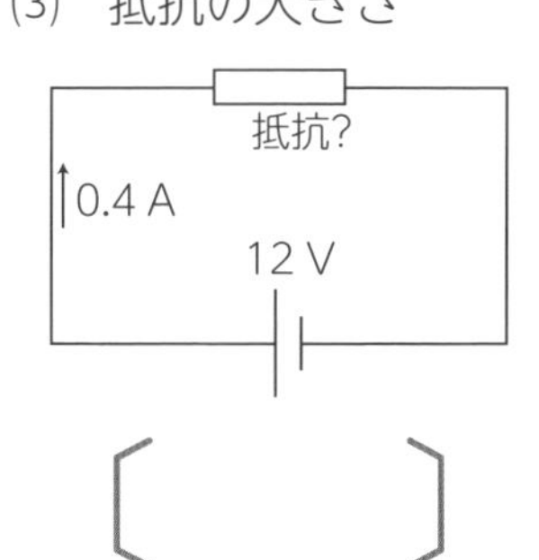

〔　　　〕

ポイント　オームの法則は，１つの式だけ覚えておいて，問題に合わせて変形して使うといいよ。

42 直列つなぎ

直列回路

2つの同じ抵抗器を直列につないだ回路では，回路のなかの電流・電圧・抵抗の大きさはどのようになっているでしょうか。

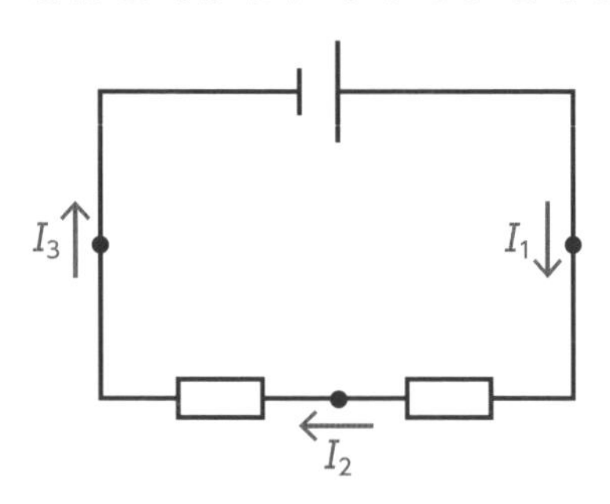

直列回路の電流の大きさは回路のどこでも同じです。

$$I_1=I_2=I_3$$

直列回路の各区間の電圧の大きさの和は，電源または回路全体の電圧と同じになります。

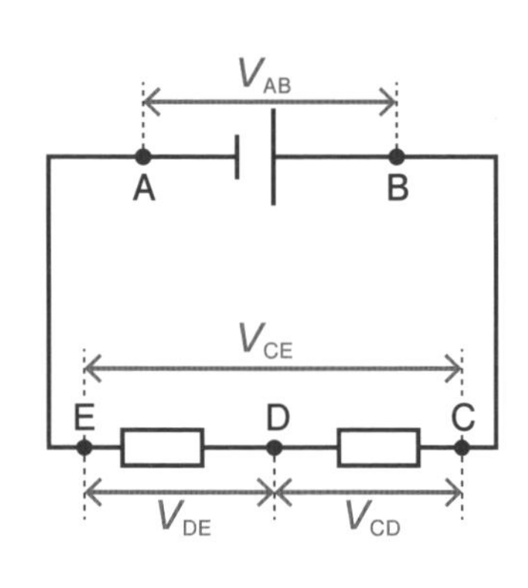

$$V_{AB}=V_{CD}+V_{DE}=V_{CE}$$

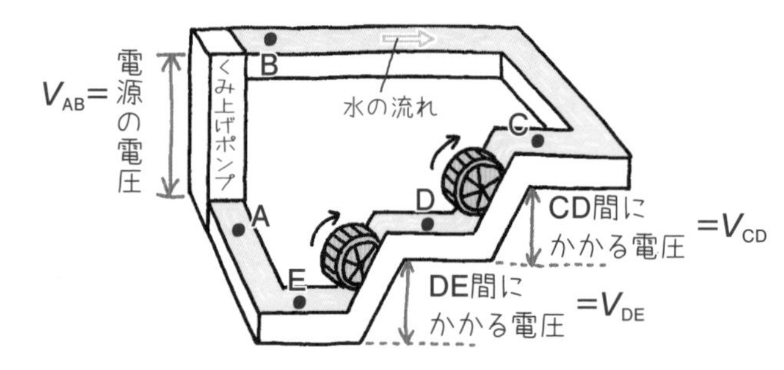

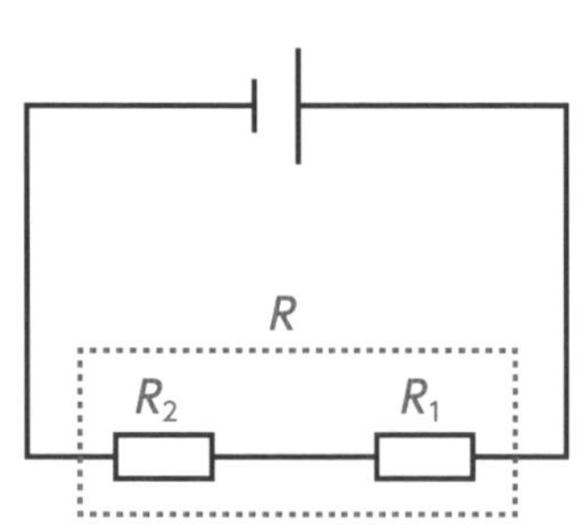

抵抗器2つを大きなひとかたまりとみて，回路全体の抵抗Rとするとき，これを合成抵抗とよびます。直列回路では，合成抵抗の大きさは各抵抗の和と等しくなります。

$$R=R_1+R_2$$

抵抗とは，電流の流れにくさのことです。回路のなかの抵抗をせまいトンネルにたとえると，直列につないだ抵抗器は，せまいトンネルが「長くなった」イメージです。抵抗器が1つのときよりも電流は流れにくくなります。

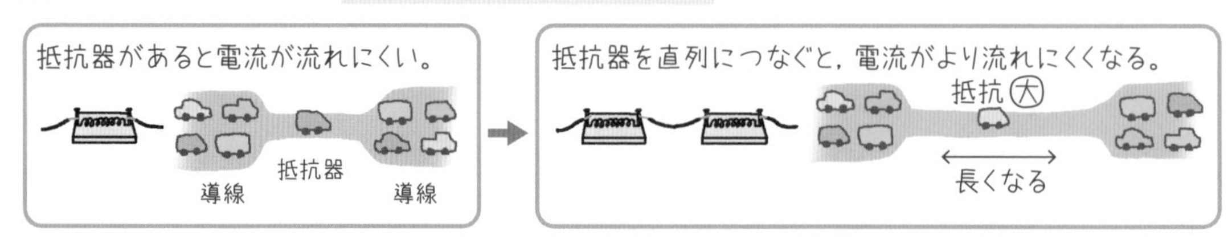

基本練習

答えは別冊13ページ

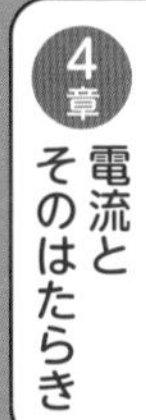

1 次の文中の〔　　〕にあてはまる語句を書きましょう。

抵抗器２つの直列回路を流れる電流は，どこも〔　　　　　〕大きさである。2つの抵抗器にかかる電圧の和は，回路全体または〔　　　　　〕の電圧と同じ大きさになる。

直列回路で抵抗器が複数あるとき，回路全体の抵抗の大きさは，各抵抗器の抵抗の大きさの〔　　　　　〕になる。

2 抵抗の異なる電熱線 a， b の直列回路について，電流，電圧を調べました。次の問いに答えましょう。

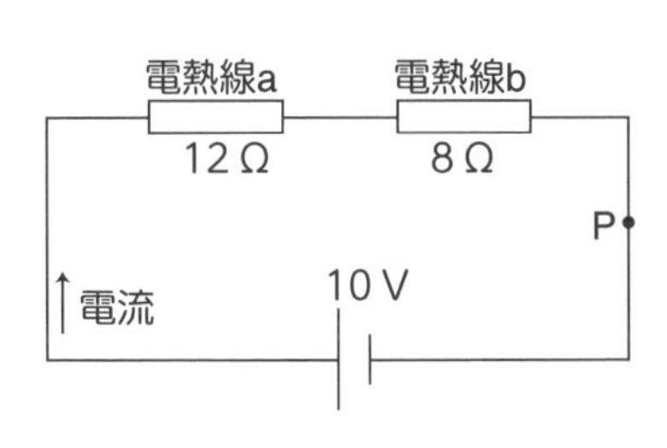

(1)　電熱線 a にかかる電圧は6 Vです。電熱線 b にかかる電圧は何Vですか。

(2)　電熱線 a， b とP点を流れる電流の大きさはそれぞれ何Aですか。

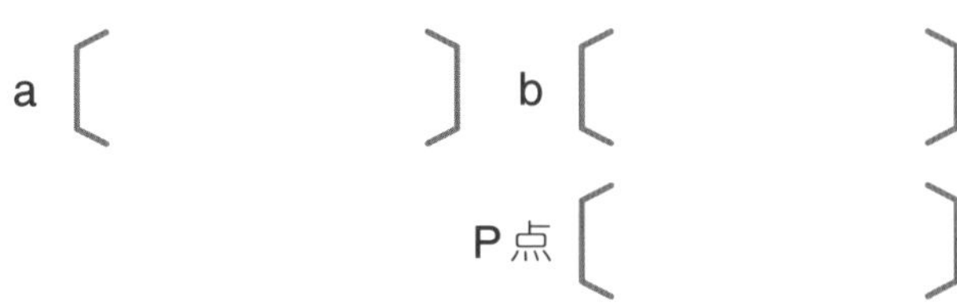

(3)　回路全体の抵抗の大きさは何Ωですか。

ミス注意　直列回路では，電流はどこでも同じ大きさだね。電圧は，各区間の電圧を足し合わせたものが，全体の電圧と等しいよ。抵抗は，各抵抗を足し合わせたものが全体の抵抗と等しいよ。

43 並列つなぎ

並列回路

2つの同じ抵抗器を並列につないだ回路では，回路のなかの電流・電圧・抵抗はどのようになっているでしょうか。

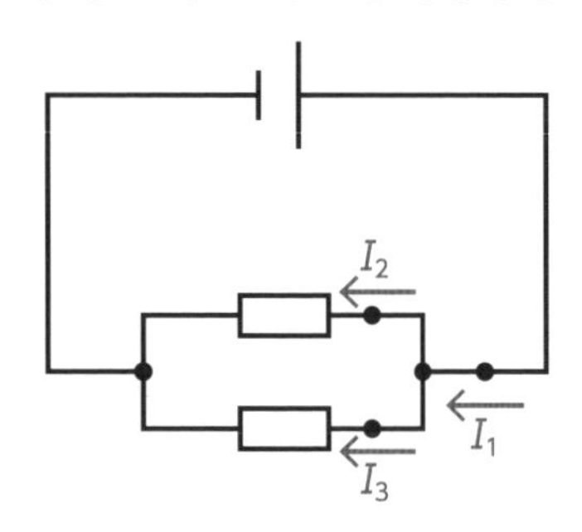

並列回路では，枝分かれする前の電流と，枝分かれした後の電流の和が同じになります。

$$I_1=I_2+I_3$$

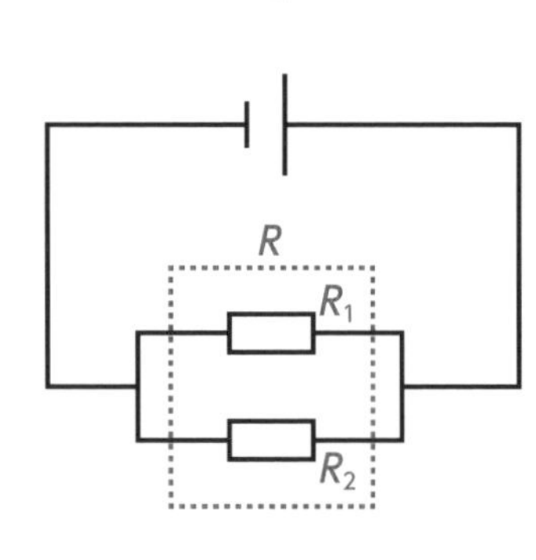

並列回路の各区間の電圧の大きさは，電源または回路全体の電圧の大きさと同じになります。

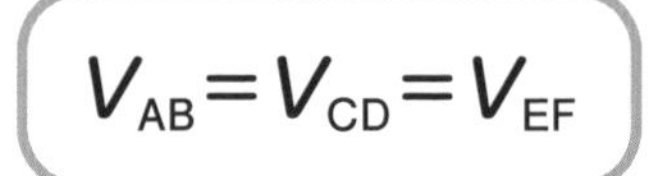

$$V_{AB}=V_{CD}=V_{EF}$$

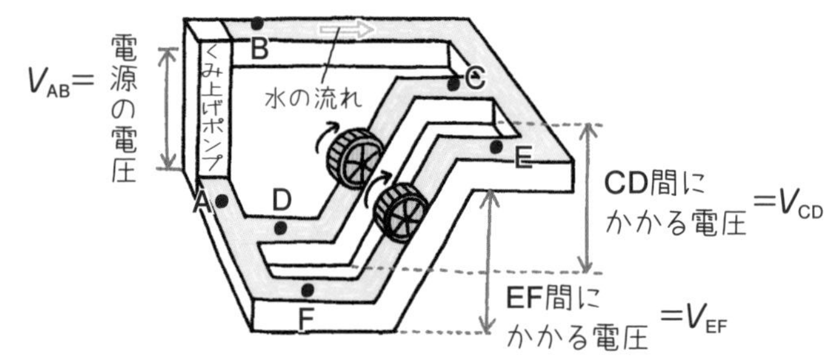

並列回路では，合成抵抗の大きさは下の式で表されます。合成抵抗の大きさは各抵抗の大きさより小さくなります。

R R_1 R_2

$$\frac{1}{R}=\frac{1}{R_1}+\frac{1}{R_2}$$

回路のなかの抵抗を，せまいトンネルにたとえると，並列につないだ抵抗器は，せまいトンネルが「長さは同じまま太くなった」イメージです。抵抗器が1つのときよりも電流が流れやすくなります。

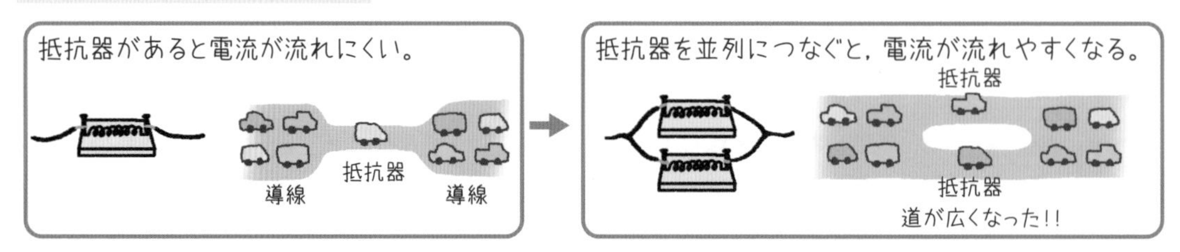

基本練習

答えは別冊13ページ

1 **次の文中の〔　　〕にあてはまる語句を書きましょう。**

抵抗器２つの並列回路では，各抵抗器に流れる電流の〔　　　　〕は，電源から出た電流の大きさと同じである。各抵抗器にかかる電圧は，回路全体または〔　　　　〕の電圧と同じ大きさである。

抵抗器２つの並列回路全体の抵抗の大きさは，各抵抗の大きさよりも

〔　　　　〕。

2 **抵抗の異なる電熱線ａ，ｂの並列回路について，電流，電圧を調べました。次の問いに答えましょう。**

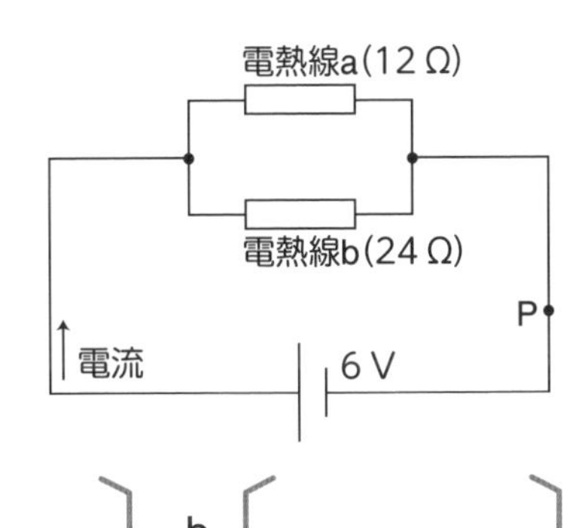

(1)　電熱線ａ，ｂにかかる電圧はそれぞれ何Ｖですか。

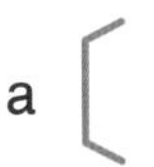
a〔　　　　〕　b〔　　　　〕

(2)　電熱線ａ，ｂとＰ点を流れる電流の大きさはそれぞれ何Ａですか。

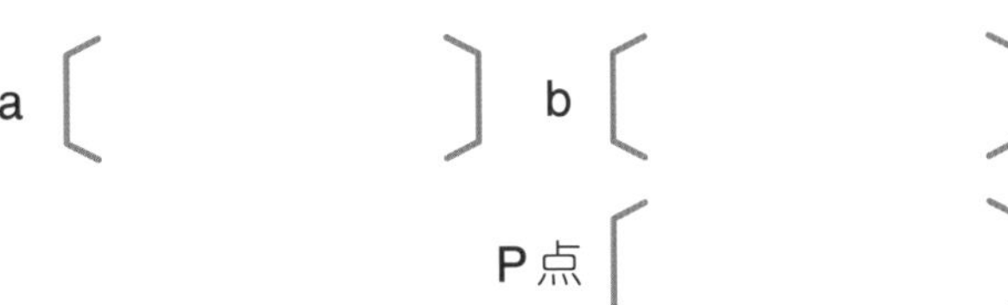
a〔　　　　〕　b〔　　　　〕

Ｐ点〔　　　　〕

(3)　回路全体の抵抗の大きさは何Ωですか。

〔　　　　〕

ミス注意　並列回路では，電流は枝分かれした各区間の電流を足し合わせたものが，全体の電流の大きさと等しいよ。電圧は各抵抗にかかる電圧と全体（電源）の電圧がすべて同じ大きさだね。

44 電流の計算 電流の問題の解き方

今まで学習してきた回路の性質をふまえて，電流に関する問題を解いてみましょう。

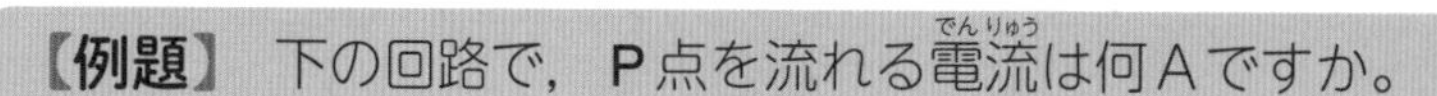

【例題】 下の回路で，P点を流れる電流は何Aですか。

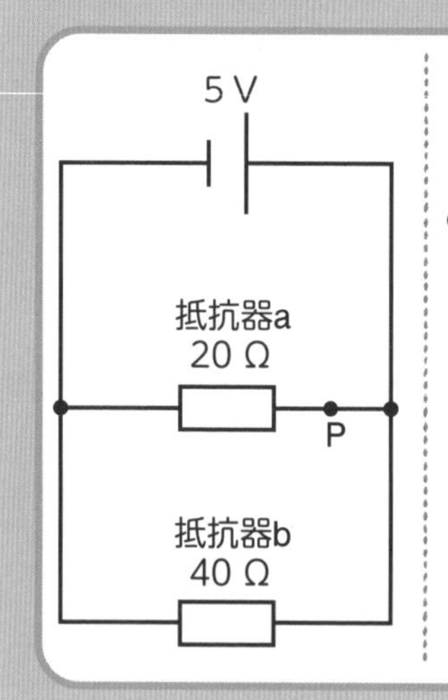

【解き方】

並列回路なので，２つの抵抗器にかかる電圧はともに❶［　　　］V。P点を流れる電流の大きさは，抵抗器 a に流れる電流と同じである。オームの法則より，抵抗器 a に流れる電流は，次のようになる。

電流〔A〕＝ ❷［　　　］〔V〕／❸［　　　］〔Ω〕＝❹［　　　］〔A〕

【答え】❶ 5　❷ 5　❸ 20　❹ 0.25

【例題】 下の回路で，抵抗器 a にかかる電圧は何Vですか。

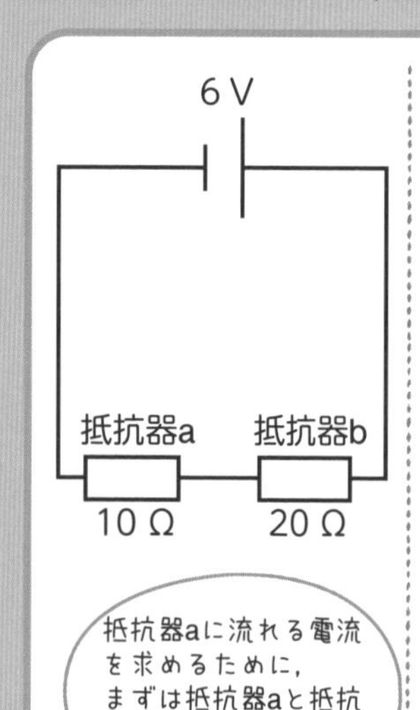

【解き方】

直列回路なので，抵抗器 a と抵抗器 b の合成抵抗は，
10〔Ω〕＋20〔Ω〕＝30〔Ω〕である。
また，電源の電圧は６Vなので，オームの法則より，合成抵抗に流れる電流は，次のようになる。

電流〔A〕＝ ❶［　　　］〔V〕／❷［　　　］〔Ω〕＝❸［　　　］〔A〕

直列回路の場合，電流の大きさはどこでも同じなので，抵抗器 a に流れる電流も0.2 Aである。よって，オームの法則より，抵抗器 a にかかる電圧は次のようになる。

電圧〔V〕＝❹［　　　］〔Ω〕×❺［　　　］〔A〕
＝❻［　　　］〔V〕

【答え】❶ 6　❷ 30　❸ 0.2　❹ 10　❺ 0.2　❻ 2

基本練習

答えは別冊13ページ

1 **図1～3の回路について，次の問いに答えましょう。**

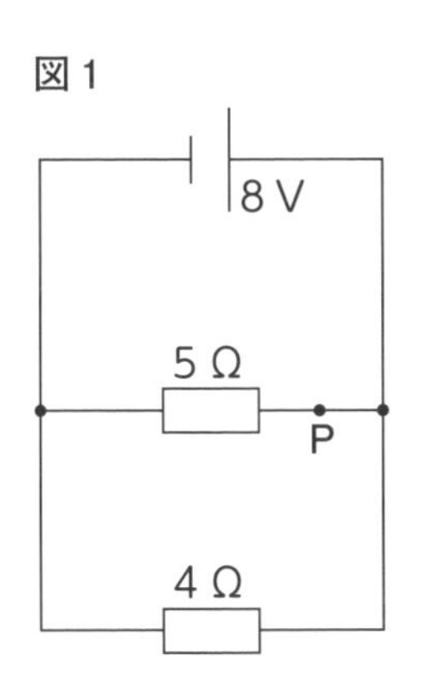

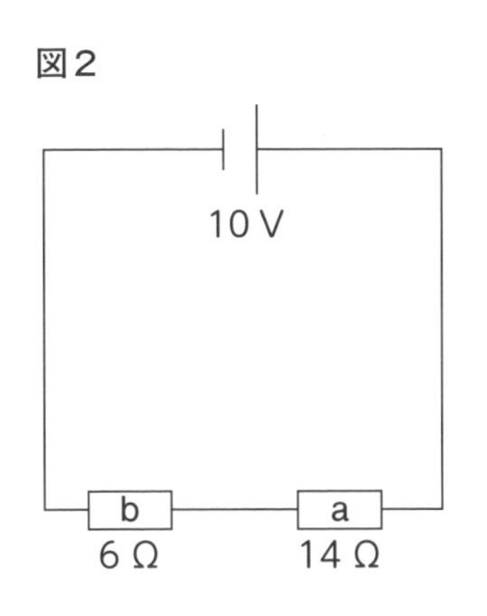

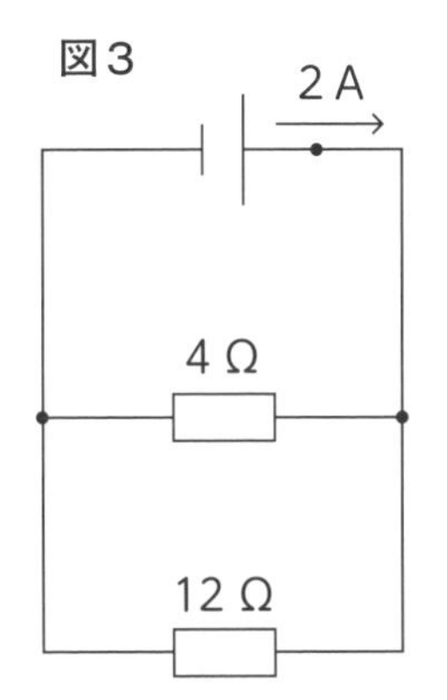

(1) **図1**で，P点を流れる電流の大きさは何Aですか。〔　　　　〕

(2) **図2**で，抵抗器**a**に流れる電流の大きさは何Aですか。〔　　　　〕

(3) **図2**で，抵抗器**a**にかかる電圧は何Vですか。〔　　　　〕

(4) **図3**で，2つの抵抗器を1つの大きな抵抗器とみたとき，その抵抗の大きさは何Ωですか。〔　　　　〕

(5) **図3**で，電源の電圧は何Vですか。〔　　　　〕

ミス注意 **オームの法則の公式を使う前に，単位をA(アンペア)，V(ボルト)，Ω(オーム)にそろえるよ。**

45 電力 電力って何？

電流は，電球を光らせたりヒーターをあたためたりすることができますね。身近な電気器具はこのはたらきを活用したものです。電流がもっているこのようなはたらきを，**電気エネルギー**といいます。

1秒間あたりに使われる**電気エネルギー**の大きさは**電力**とよばれ，**ワット(W)**という単位で表します。1 Wは，1 Vの電圧を加えて1 Aの電流を流したときの電力です。

電力の単位　W（ワット）
電力〔W〕＝電圧〔V〕×電流〔A〕

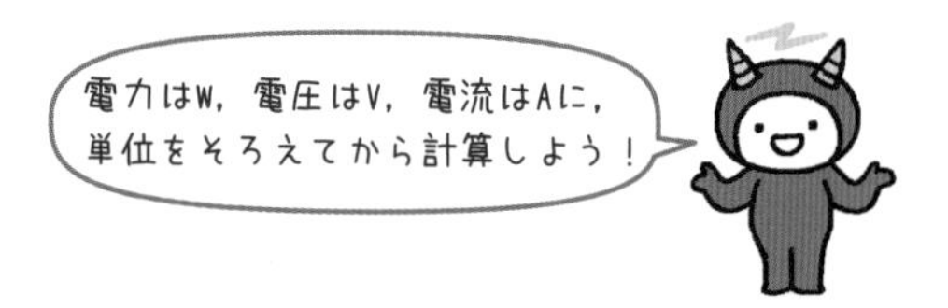

【例題】 左の図の電熱線の電力は，何Wですか。

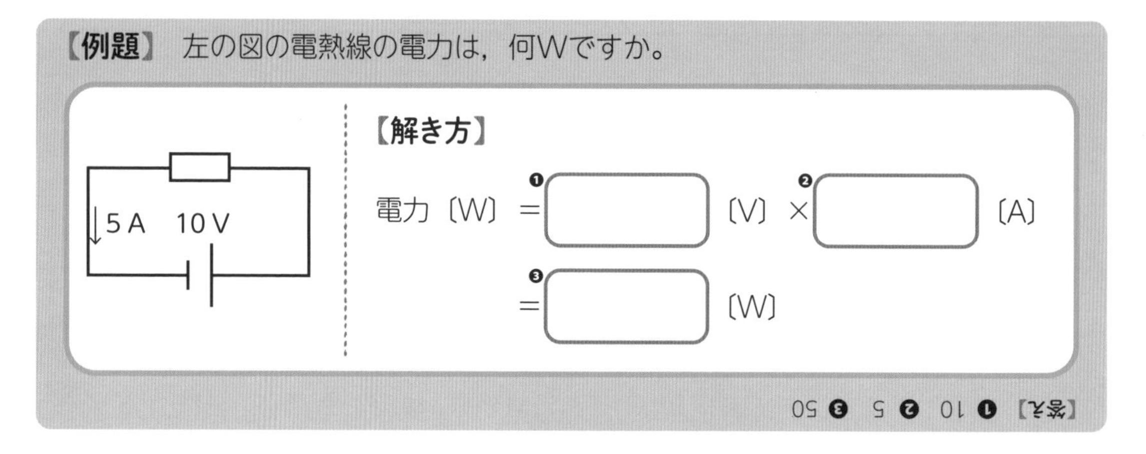

【解き方】

電力〔W〕＝❶□〔V〕×❷□〔A〕
＝❸□〔W〕

【答え】❶10 ❷5 ❸50

家の中にある電気器具を思い浮かべてみましょう。明かりをつけるLEDライト，電気ケトル，ドライヤー，パソコンなどいろいろありますね。よく見ると，これらには電圧と電力の表示があります。電力の表示は，その器具が消費する電力のことで，これを**消費電力**といいます。

電気器具の電力表示

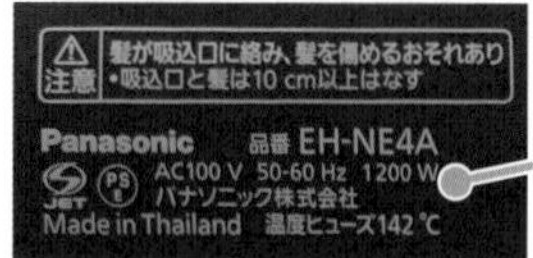

©パナソニック株式会社

消費電力
100 V-1200 Wの表示なら，「100 Vの電圧で使用すると1200 Wの電力を消費する」という意味。

【いろいろな電気器具の消費電力の例】

ドライヤー
100 V−1200 W

電子レンジ
100 V−750 W

テレビ

100 V−85 W

基本練習

➔ 答えは別冊14ページ

1 次の文中の〔　　〕にあてはまる語句を書きましょう。

1秒間あたりに使われる電気エネルギーの大きさを〔　　　　　〕という。単位は〔　　　　〕と書いて，〔　　　　　〕と読む。電気器具の「100V-1200W」という表示は，電気器具に〔　　　　　〕Vの電圧をかけたとき，〔　　　　　〕Wの電力を消費することを表している。

電力は次の式で求める。

電力〔W〕=〔　　　　　〕〔V〕×〔　　　　　〕〔A〕

2 右の図のような電気器具があります。次の問いに答えましょう。

A(電気ストーブ)

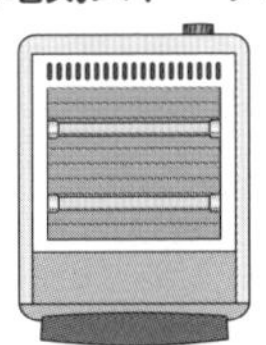

100V-300W

B(テレビ)

100V-85W

C(ドライヤー)

100V-1200W

D(電子レンジ)

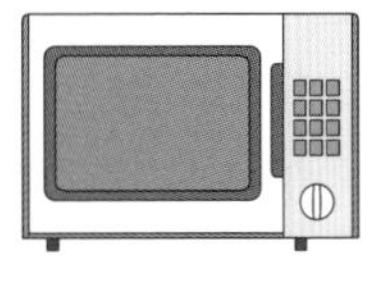

100V-750W

(1) 100 Vの電圧をかけたとき，電力を最も消費する器具はA～Dのどれですか。〔　　　　　〕

(2) Aの器具で，100 Vの電圧をかけたとき，器具には何Aの電流が流れますか。〔　　　　　〕

(3) ある電気器具に100 Vの電圧をかけたら，2 Aの電流が流れました。電力は何Wですか。〔　　　　　〕

ミス注意 電力〔W〕=電圧〔V〕×電流〔A〕だね。

46 熱量 電気でお湯を沸かすことはできる?

電熱線に電流を流すと熱が発生します。そのときの電力や電流を流した時間と，水の上昇温度の関係を実験で確かめてみましょう。

【実験】

① 下の図のような回路をつくり，電流を流し，1分ごとに水の温度を計測する。

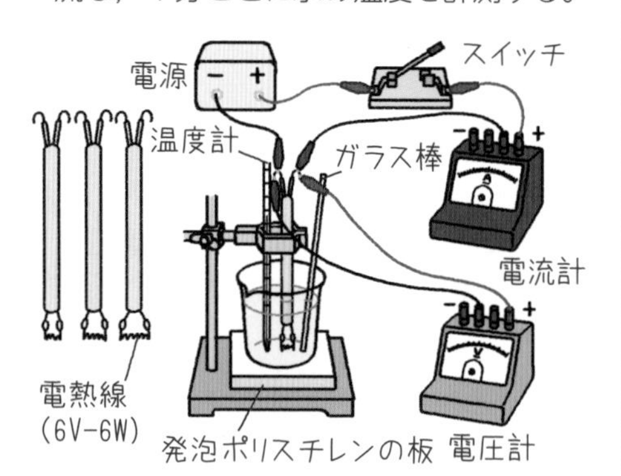

② 電熱線を6 V-9 W，6 V-15 Wのものに変えて，①と同じように計測する。

【結果】〔電圧6 V，水の質量100 g〕

時間〔分〕		0	1	2	3	4	5
水の上昇温度〔℃〕	6 W	0	0.8	1.6	2.5	3.3	4.1
	9 W	0	1.2	2.4	3.6	4.9	6.0
	15 W	0	2.1	4.0	6.0	7.9	10.0

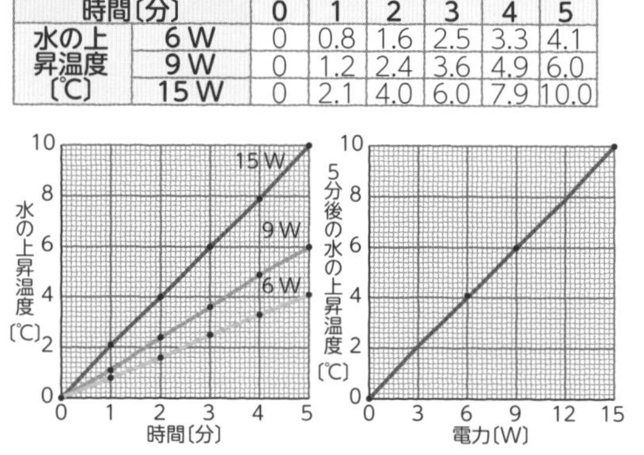

・水の上昇温度は電流を流す時間に比例する。

・水の上昇温度は電力に比例する。

➡時間と熱量，電力と熱量は比例する!

電熱線に電流を流したときに発生する熱の量を**熱量**といい，**ジュール(J)**という単位で表します。1 Wの電力で1秒間電流を流したときに発生する熱量は1 Jです。

熱量〔J〕=電力〔W〕×時間〔s〕

熱を発生しない電気器具でも電気エネルギーは消費されています。電気器具が電流によって消費した電気エネルギーの量を**電力量**といいます。電力量の単位は，熱量と同じジュール（J）です。

電力量〔J〕=電力〔W〕×時間〔s〕

電気料金は，キロワット時をもとに決められているんだよ。

また，1 Wの電力を1時間使ったときの電力量を1**ワット時(Wh)**，その1000倍を1**キロワット時**といいます。

電力量〔Wh〕=電力〔W〕×時間〔h〕　1 kWh=1000 Wh

基本練習

答えは別冊14ページ

1 **次の文中の〔　　〕にあてはまる語句を書きましょう。**

電熱線で発生する熱の量を〔　　　　〕といい，単位は〔　　〕と書いて，〔　　　　〕と読む。熱量は以下の式で表される。

熱量〔J〕＝〔　　　　〕〔W〕×〔　　　　〕〔s〕

電気器具が電流によって消費した電気エネルギーの量を〔　　　　〕という。

2 **電熱線 a (3 Ω)を使って，右の図のような回路をつくり，6 Vの電圧を加えて電流を流しました。また同じ実験を，電熱線 b (5 Ω)を使って行いました。次の問いに答えましょう。**

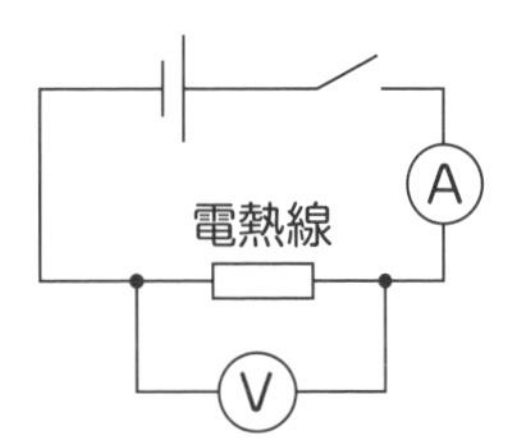

(1) 電熱線 a (3 Ω)の電力は何Wですか。〔　　　　〕

(2) 電熱線 a が1分間に発生する熱量は何Jですか。〔　　　　〕

(3) 電熱線 b を使うと，(2)と同じ熱量を発生させるのに何秒かかりますか。〔　　　　〕

(4) 5分間電流を流したとき，発生する熱量が大きいのは電熱線 a， b のどちらですか。〔　　　　〕

ミス注意 熱量の計算に使う時間の単位は秒だよ。計算の前に，単位をそろえるのを忘れないようにしよう。

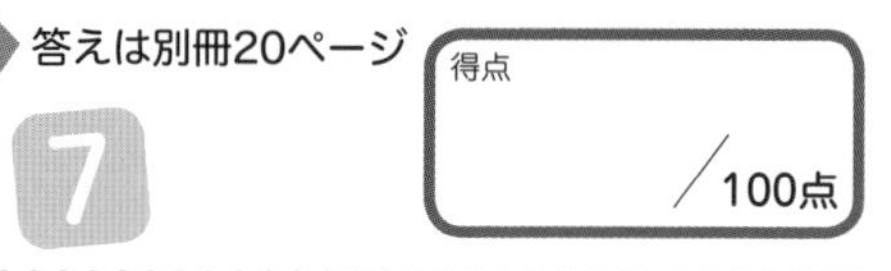

➔答えは別冊20ページ

得点 ／100点

4章 電流とそのはたらき

1

右の回路について，次の問いに答えましょう。

【各4点　計20点】

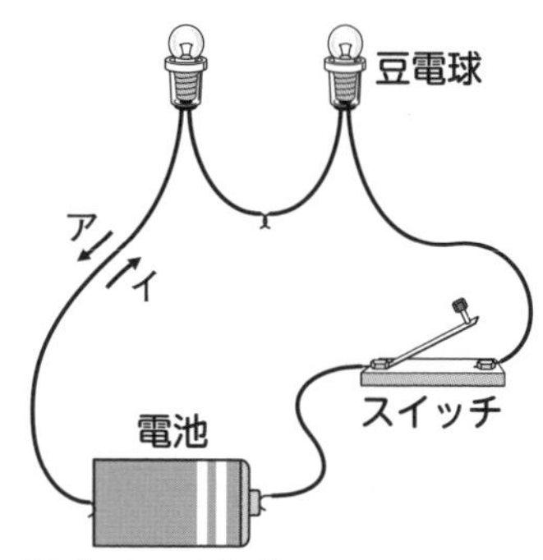

(1) 豆電球，電池を回路図に表すときの記号を書きましょう。　豆電球［　　　］電池［　　　］

(2) 図のように，豆電球を2個枝分かれなくつないだ回路を何といいますか。［　　　］

(3) スイッチを入れたとき，電流の流れる向きは，**ア**，**イ**のどちらですか。［　　　］

(4) 図の回路をつなぎ直して豆電球を1つにすると，豆電球の明るさはどうなりますか。［　　　］

2

右の**図1**，**2**のように，電熱線が1本と2本の回路をつくりました。次の問いに答えましょう。

【各5点　計30点】

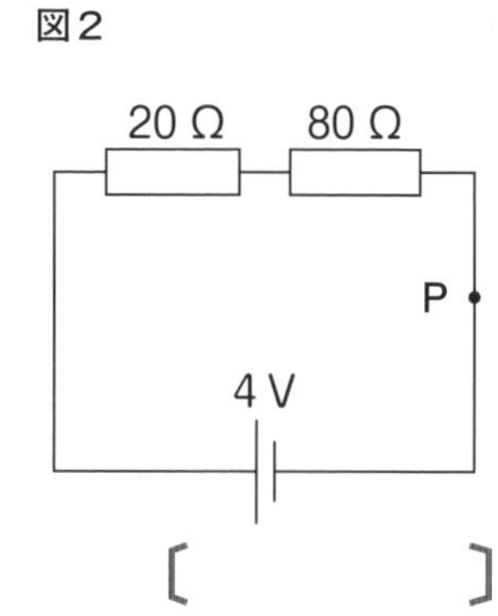

(1) **図1**の電熱線を流れる電流は何mAですか。［　　　］

(2) **図2**の回路で，全体の抵抗は何Ωですか。［　　　］

(3) **図2**の回路で，**P**点に流れる電流は何mAですか。［　　　］

(4) **図2**の回路で，80 Ωの電熱線にかかる電圧は何Vですか。［　　　］

(5) **図2**の回路で，80 Ωの電熱線が消費する電力は何Wですか。［　　　］

(6) **図2**の回路で，消費する電力の大きさはどのようになりますか。

ア　20 Ωの電熱線の方が大きい。　**イ**　80 Ωの電熱線の方が大きい。

ウ　どちらも同じ。　［　　　］

3

右の図のように，電熱線を２本使って回路をつくりました。次の問いに答えましょう。

【各４点　計20点】

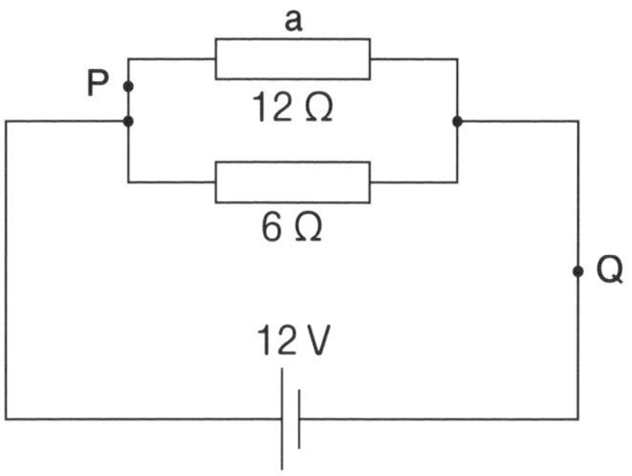

a
P
12 Ω
6 Ω
Q
12 V

(1) 図のように枝分かれしている回路を何といいますか。 [　　　　]

(2) 電熱線 a にかかる電圧は何Vですか。 [　　　　]

(3) 回路のＰ点，Ｑ点を流れる電流はそれぞれ何Aですか。

Ｐ点 [　　　　]　Ｑ点 [　　　　]

(4) 回路全体の抵抗の大きさは，何Ωですか。 [　　　　]

4

右の図のような電気器具A，Bがあります。次の問いに答えましょう。

【各５点　計15点】

A 電子レンジ 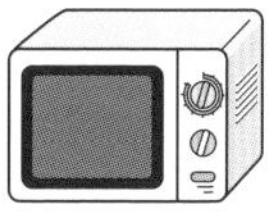
100V–830W

B エアコン 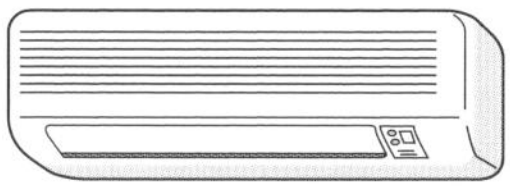
100V–970W

(1) A，Bの器具を電源につないで，100 Vの電圧をかけたとき，消費する電力が大きい器具はどちらですか。 [　　　　]

(2) Aの器具を100 Vの電源につなぎました。器具に流れた電流は何Aですか。 [　　　　]

(3) 100 Vで5 Aの電流が流れる電気器具の電力の大きさは何Wですか。 [　　　　]

5

「100 V－750 W」のトースターを100 Vのコンセントにつないでパンを焼きました。次の問いに答えましょう。

【各５点　計15点】

(1) トースターに流れた電流は何Aですか。 [　　　　]

(2) トースターを１分間使用すると，発生する熱量(ねつりょう)は何Ｊですか。 [　　　　]

(3) トースターを２分間使用すると，発生する熱量は，(2)のときと比べてどうなりますか。 [　　　　]

47 静電気はなぜ起こるの？

静電気

ドアノブにふれた瞬間に，**静電気**（せいでんき）でバチっと痛い思いをしたことがあるのではないでしょうか。ものをこすり合わせること(摩擦（まさつ）)によって発生する電気を静電気といいます。

では，静電気はどのようにして生じるのでしょうか。

ドアを開けようとしたとき

セーターをぬいだとき

【静電気が生じるしくみ】

すべての物体は＋（プラス）の電気を帯びた粒と－（マイナス）の電気を帯びた粒を同じ数だけもっている。

＋と－が同じ数ずつあるので，電気的には０　。

➡

物体と物体をこすり合わせると，－の粒が移動して＋と－の数にかたよりができる。→電気を帯びる。

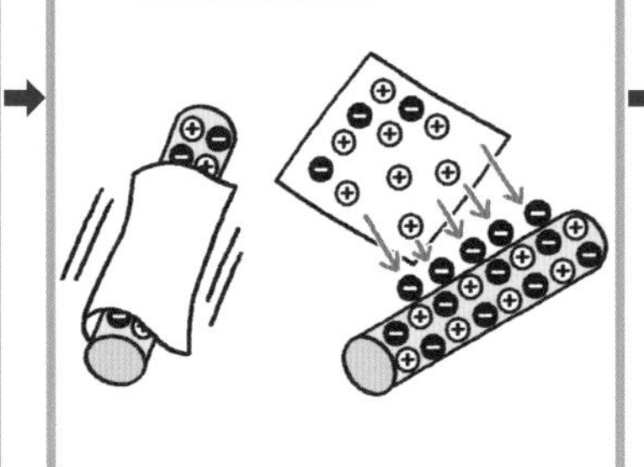

➡

電気を帯びた物体に手でさわると，手と物体の間で－の粒が移動する。これを**放電**（ほうでん）という。

このように，電気には＋と－の２種類があります。同じ種類の電気どうしは**しりぞけ合う力**がはたらき，ちがう種類の電気どうしは**引き合う力**がはたらきます。ちょうど，磁石のＮ極とＳ極のようですね。

電気の間ではたらく力を**電気の力**（でんきのちから）（**電気力**（でんきりょく））といいます。

【静電気によってはたらく力】

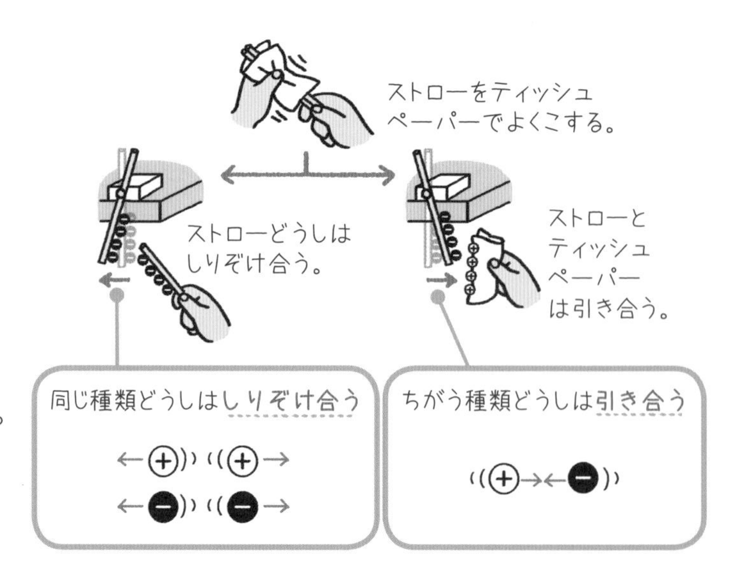

基本練習

答えは別冊14ページ

1 **(1)は〔　　〕にあてはまる語句を書き，(2)は正しいものを○で囲みましょう。**

(1)　２種類の物体をこすり合わせたときにできる電気を〔　　　　〕という。こすり合わせた一方の物体は＋の電気を帯び，もう一方の物体は〔　　　　〕の電気を帯びる。

(2)　同じ種類の電気が帯びたものどうしは〔　引き合う・しりぞけ合う　〕力がはたらき，ちがう種類の電気が帯びたものどうしは〔　引き合う・しりぞけ合う　〕力がはたらく。

2 **右の図の物体Ａ～Ｃを使って静電気の性質を調べるために，ＡとＢ，ＢとＣをそれぞれ摩擦しました。その後，ＡとＢを近づけると引き合い，ＡとＣを近づけるとしりぞけ合いました。次の問いに答えましょう。**

Ａ 細かくさいたポリエチレンのひも

Ｂ ティッシュペーパー

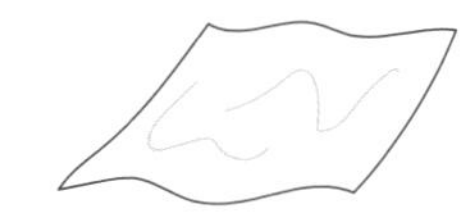

Ｃ ポリ塩化ビニルの管

(1)　Ａと同じ種類の電気を帯びているのは，ＢとＣのどちらですか。〔　　　　〕

(2)　Ａが－の電気を帯びているとき，Ｂ，Ｃはそれぞれどんな種類の電気を帯びていますか。＋か－で答えましょう。

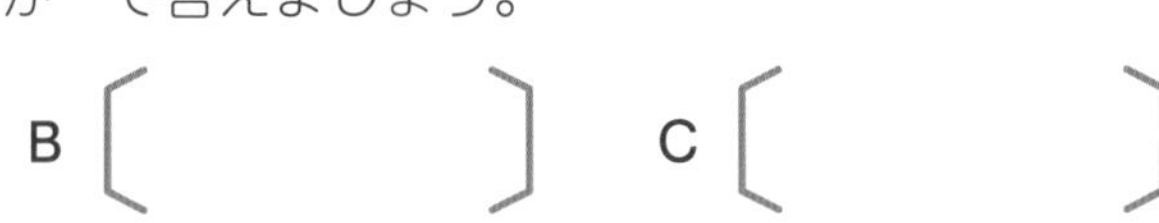

Ｂ〔　　　　〕　Ｃ〔　　　　〕

(3)　ＢとＣを近づけるとどうなりますか。〔　　　　〕

ミス注意　同じ種類の電気どうしはしりぞけ合い，ちがう種類の電気どうしは引き合うよ。磁石のＮ極・Ｓ極に似ているね。

48 電子 電流の正体は何？

たまった電気が流れ出たり，気体中を電流が流れたりする現象を**放電**といいます。雷も放電のひとつです。放電管など圧力を低くした気体の中を電流が流れることを**真空放電**といいます。

下の図のような放電管を利用すると，－極から＋極へ流れる光のすじが見えます。のちに，この正体は**－極から＋極へ**向かう**－の電気を帯びたとても小さな粒**だとわかりました。この粒を**電子**といいます。

この実験で，－極から＋極へ流れる光のすじは当初，**陰極線**とよばれていました。その後，その正体が電子であるとわかったので今では**電子線**とよばれることが多いです。

【蛍光板入り放電管を使った実験】

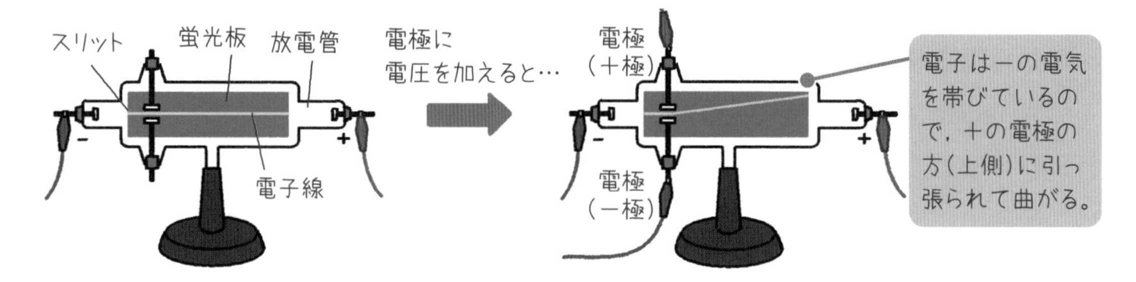

【十字板入りの放電管を使った実験】

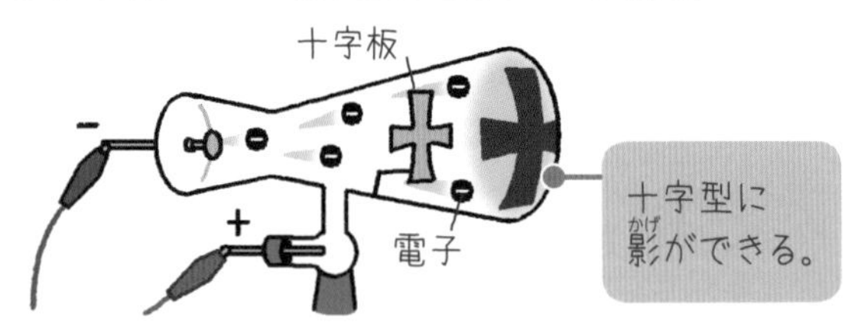

電流の正体は電子の移動です。しかし，その正体が明らかになるよりずっと前に，当時の科学者は電流の向きを「＋極から－極へ」と決めました。そのため，電流の向きと，電子が移動する向きが逆になってしまったのです。

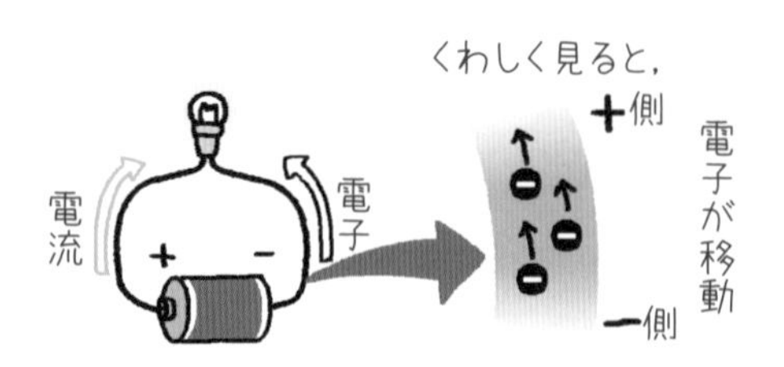

基本練習

➡ 答えは別冊14ページ

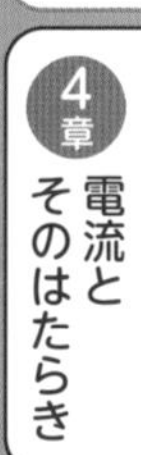

1 次の文中の〔　　〕にあてはまる語句を書きましょう。

たまった電気が流れ出たり，気体中を電流が流れたりする現象を〔　　　　〕といい，圧力を低くした気体の中を電流が流れることを〔　　　　〕という。

電流の正体は，－の電気を帯びた小さな粒である〔　　　　〕の移動で，〔　　　〕極から〔　　　〕極に向かう移動である。

2 次の図は，蛍光板入りの放電管に大きな電圧を加えたときに起こった放電のようすです。次の問いに答えましょう。

(1)　蛍光板の上に現れた光のすじのことを何といいますか。

〔　　　　　　〕

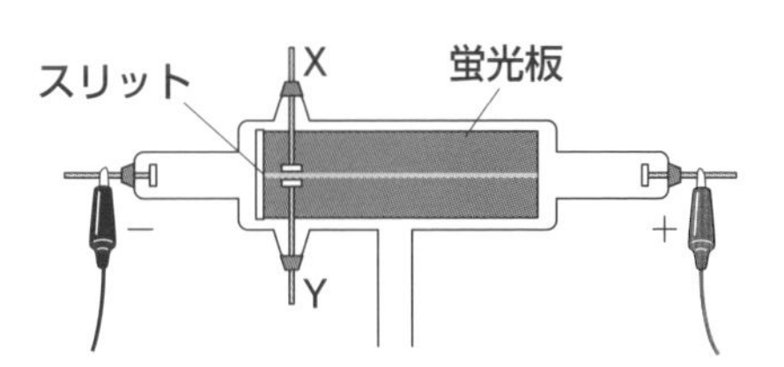

(2)　電極Xを＋極側，電極Yを－極側につなげて電圧を加えると，(1)のすじはどうなりますか。

ア　上に曲がる。　　イ　下に曲がる。　　ウ　2本に分かれる。

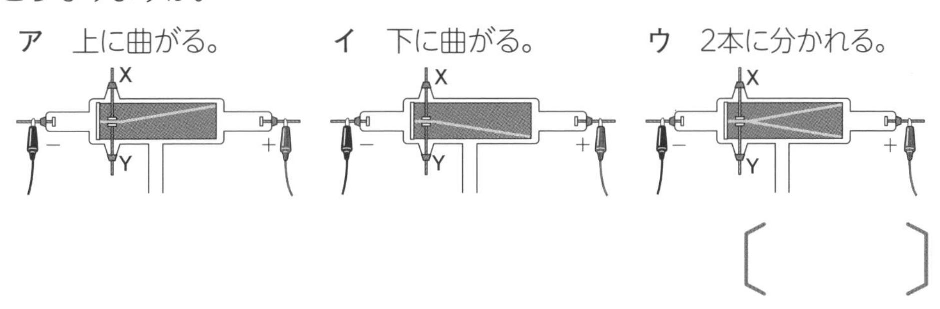

〔　　　〕

ミス注意　電流は－の電気を帯びた電子の移動だから，＋極の方へ引き寄せられていく性質があるよ。

49 放射線

放射線って何？

放射線には**α線**，**β線**，**γ線**，**X線**などがあります。放射線は物質を通り抜けることができ，その性質を活用してX線撮影などさまざまな場面で利用されています。

【放射線の利用】

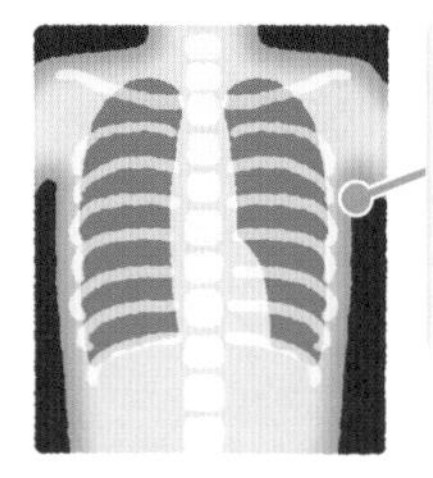

X線撮影(レントゲン撮影)
X線が皮膚や筋肉を通り抜け，骨は通り抜けにくいという性質を利用したもの。

【放射線の特徴】
- 目に見えない。
- 物質を通り抜けることができる。
- 物質の性質を変える。
- 殺菌作用がある。

農作物の品種改良
細胞を変化させる性質が，品種改良に利用されている。さまざまな色の花をつくり出したり，病気に強い果実を開発したりしている。

医療器具の滅菌
放射線は加熱したり薬品を使ったりすることなく殺菌できるため，医療器具の滅菌に利用される。

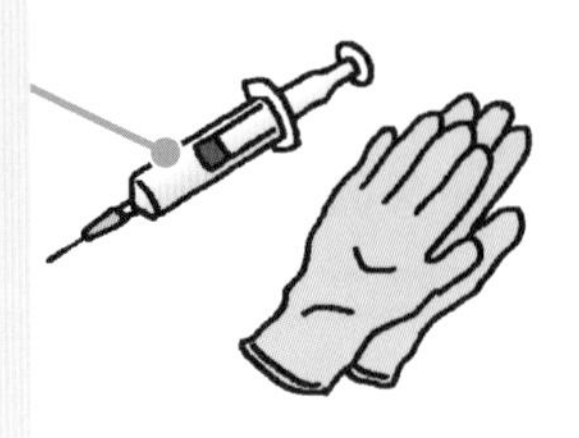

放射線を出す物質を**放射性物質**といい，放射性物質が放射線を出す能力のことを**放射能**といいます。

【放射性物質の例】
ウラン，放射性カリウム，ラドンなど

放射線は自然界にも存在するため，わたしたちは生活の中で放射線を受けています。自然界に存在する放射線を自然放射線といいます。また，医療や産業で活用されている放射線は人工的につくられたものです。これを人工放射線といいます。

【自然界に存在する放射線】

放射線は実際にわたしたちの暮らしに役立っている反面，生物に悪影響を及ぼすこともあるため，利用には正しい知識が必要です。

基本練習

答えは別冊15ページ

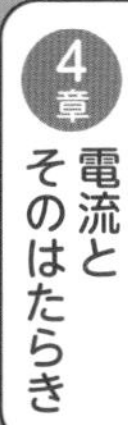

1 次の文中の〔　　〕にあてはまる語句を書きましょう。

放射線にはα線，β線，γ線，X線などの種類があり，物質を通り抜けることができる。放射線を出す物質を〔　　　　　〕といい，それらが放射線を出す能力のことを〔　　　　　〕という。

2 放射線について，次の問いに答えましょう。

(1) 次のうち，放射線について正しく述べているものをすべて選びましょう。

ア　放射線はすべての物質を通り抜けることができる。
イ　放射線は，自然界に存在する。
ウ　ウランは，放射線を出す物質の１つである。
エ　放射線をいくら受けても，人体には悪影響がない。
オ　医療現場で使われるX線撮影は，自然界に存在する放射線を利用している。

(2) 放射線の利用例には，①X線撮影，②農作物の品種改良，③医療器具の滅菌などがあります。これらは，放射線のどのような性質を利用していますか。次の**ア**～**ウ**からそれぞれ選びましょう。

ア　殺菌作用　　**イ**　物質を通り抜ける性質　　**ウ**　細胞を変化させる性質

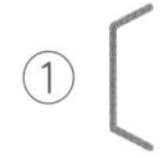  

ミス注意　放射線，放射性物質，放射能のことばのちがいをおさえよう。

50 磁界 磁界へようこそ！

棒磁石の上にプラスチックの透明な板を置いて鉄粉をまくと，棒磁石のまわりに右の図のような模様ができます。この模様は，磁石の力によって鉄粉が並んでできているのです。

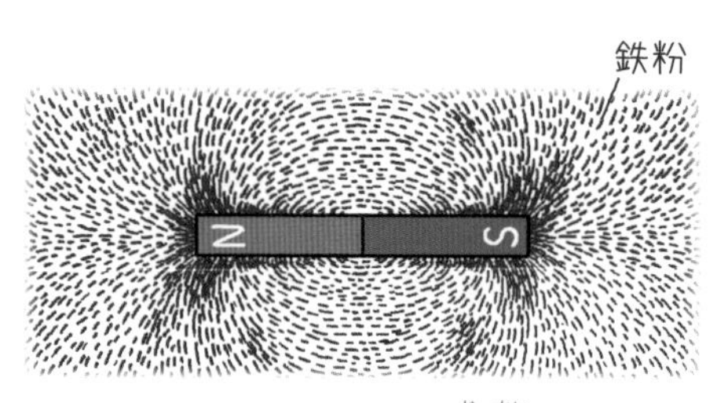

このような磁石による力を**磁力**といい，磁力がはたらいている空間には**磁界**があるといいます。磁界には向きがあり，その場所に方位磁針を置いた時にN極が指す向きが**磁界の向き**になります。磁界の向きをつないでできる，N極からS極に向かう曲線を**磁力線**といいます。

【棒磁石のまわりの磁界】

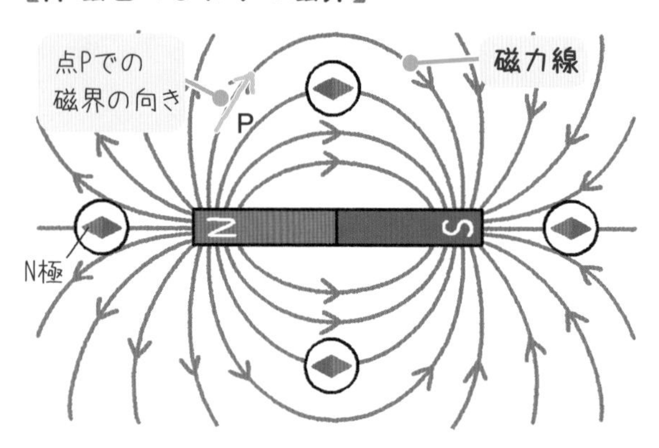

●磁力線の特徴

- N極から出てS極に入る向きに矢印で表す。
- 磁力線の間隔がせまいほど磁界が強く，磁力が大きい。
- 磁力線は枝分かれしたり交わったりしない。

２つの磁石を近づけたとき，ちがう極どうしは引き合い，同じ極どうしはしりぞけ合いますね。このとき，磁力線は下の図のようになっています。

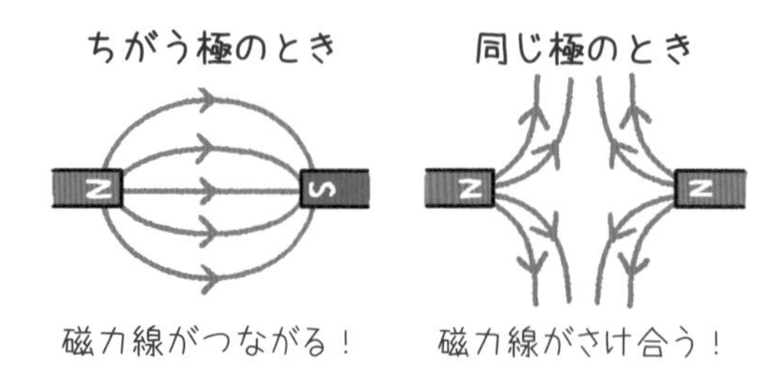

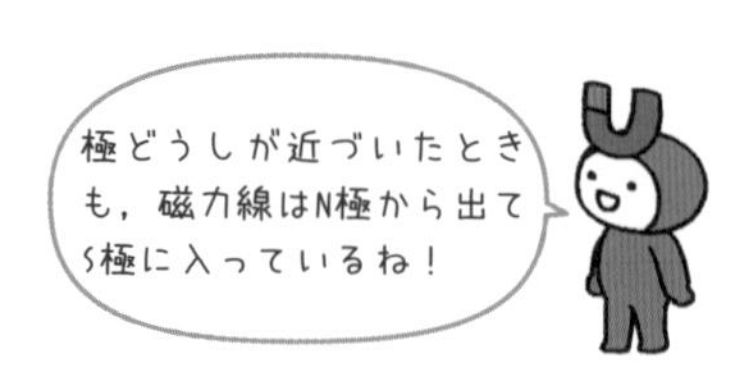

基本練習

答えは別冊15ページ

1 次の文中の〔　　〕にあてはまる語句を書きましょう。

磁石による力を(1)〔　　　　　　〕といい，(1)がはたらいている空間には(2)〔　　　　　　〕があるという。(2)に方位磁針を置いたときにN極が指す向きを(3)〔　　　　　　〕という。このとき，方位磁針を各点に置いて，その向きを結んでできた曲線を(4)〔　　　　　　〕という。

2 右の図は棒磁石のまわりの磁界のようすです。

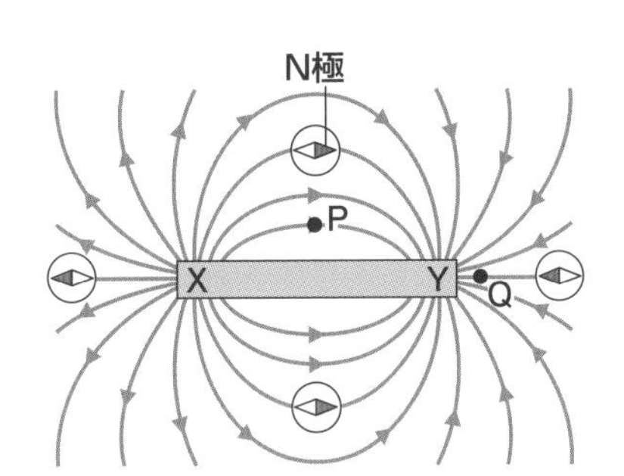

(1)　磁界が強いのは，点PとQのどちらですか。〔　　　　〕

(2)　この棒磁石のN極は，XとYのどちらですか。〔　　　　〕

3 次の図のように，2つの磁石を近づけました。それぞれについて，磁力線のようすを正しく書いているのはどちらですか。

(1)　N極とS極を近づける

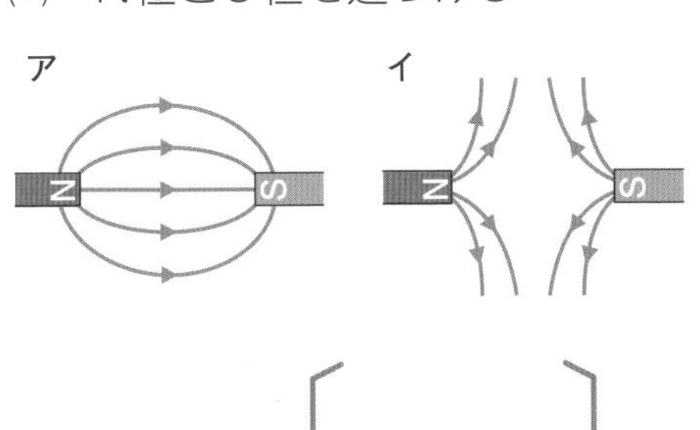

〔　　　　〕

(2)　N極とN極を近づける

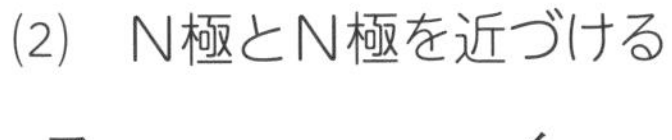
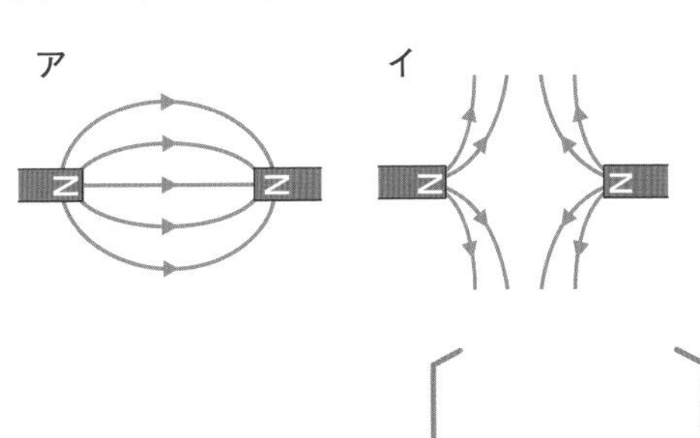

〔　　　　〕

ミス注意　磁石はちがう極どうしは引き合い，同じ極どうしはしりぞけ合うね。そこから磁力線のようすをイメージしてみよう。

51 電流がつくる磁界
電気で磁石ができる！

磁界(じかい)をつくるのは磁石だけではありません。磁界は電流(でんりゅう)によってもつくられるのです。まっすぐな導線に電流を流すと，導線を中心とした同心円状の磁力線(じりょくせん)で表される磁界ができます。このときの磁界の向きは，右ねじや右手を使って確かめることができます。

【1本の導線がつくる磁界】

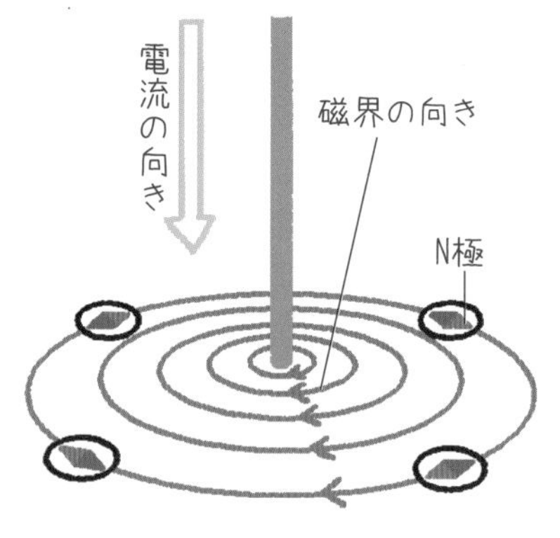

・同心円状に磁界ができる。
・導線に近いほど磁界が強い。
・磁界の向きは電流の向きで決まる。

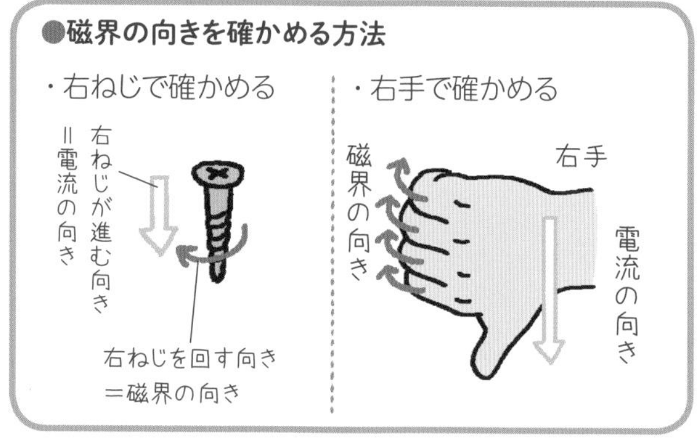

導線をたくさん巻いたものであるコイルに電流を流すと，コイルの内側ではコイルの軸に平行な磁界ができ，コイルの外側では棒磁石のつくる磁界とよく似た磁界ができます。これは，各導線のまわりの磁界が合成されてコイルを貫くような磁界が強まるためです。

【コイルがつくる磁界】

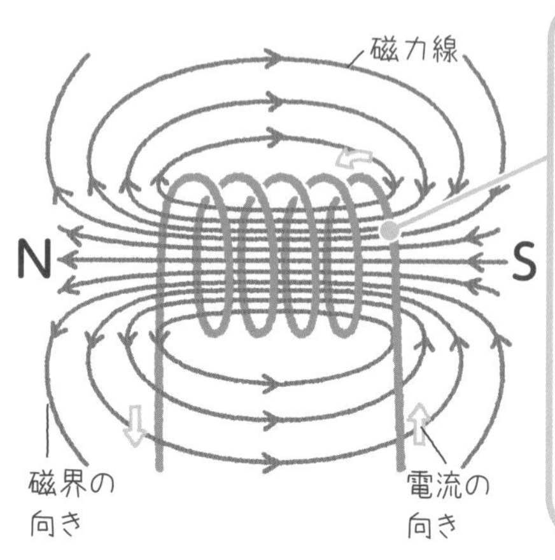

基本練習

答えは別冊15ページ

1 **次の〔　〕にあてはまる語句を書きましょう。**

1本の導線に電流を流すと，導線のまわりに〔　　　　　〕状に磁界ができる。

コイルに電流を流すと，コイルの内側ではコイルの軸に〔　　　　　〕な磁界ができる。

2 **次の①～④について，それぞれの磁界の向きを，○の中に→を書いて表しましょう。**

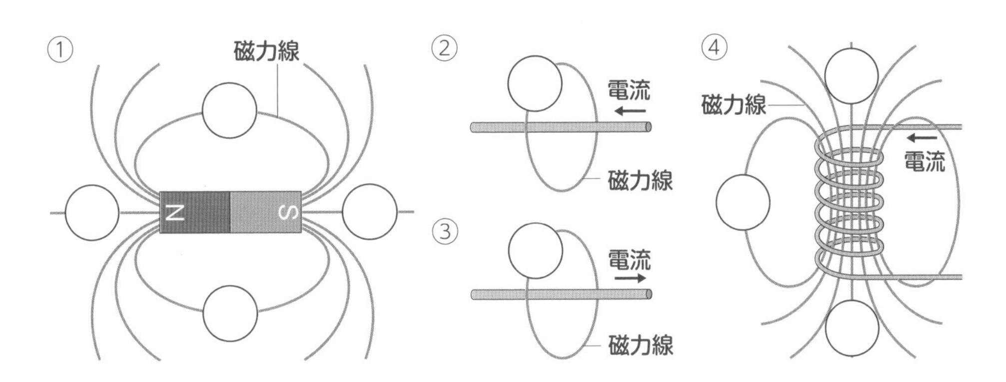

ポイント　コイルの内側の磁界の向きは右手で親指を立てて確認しよう。１本の導線のまわりにできる磁界の向きは，右ねじを回す向きと一緒だよ。

もっとくわしく

コイルのまわりの磁界を強くする方法

コイルのまわりの磁界を強くするためには，
①電流を大きくする。
②コイルの巻数を多くする。
③コイルに鉄心を入れる。
といった方法があります。

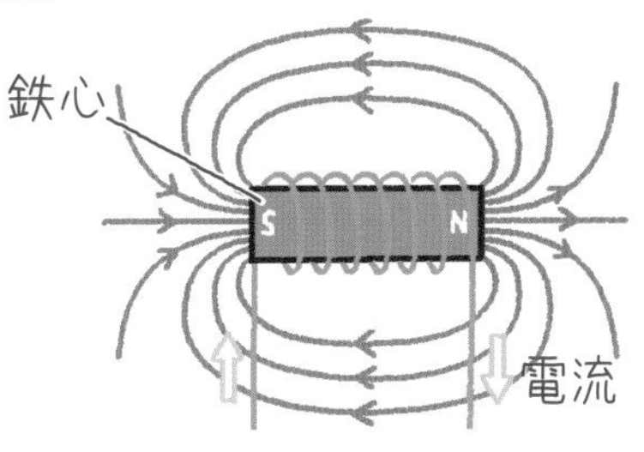

52 磁界の中の電流にはたらく力

電流は磁界から力を受ける！

磁石によって生じている磁界（じかい）の中に導線を置き，電流を流すと，導線は力を受けて動きます。このように，磁界の中を流れる電流は磁界から力を受けます。

電流が磁界から力を受けるとき，電流の向き，磁界の向き，力の向きは，互いに垂直です。つまり，磁界の中の導線は，磁界と電流の両方に垂直な向きに動きます。

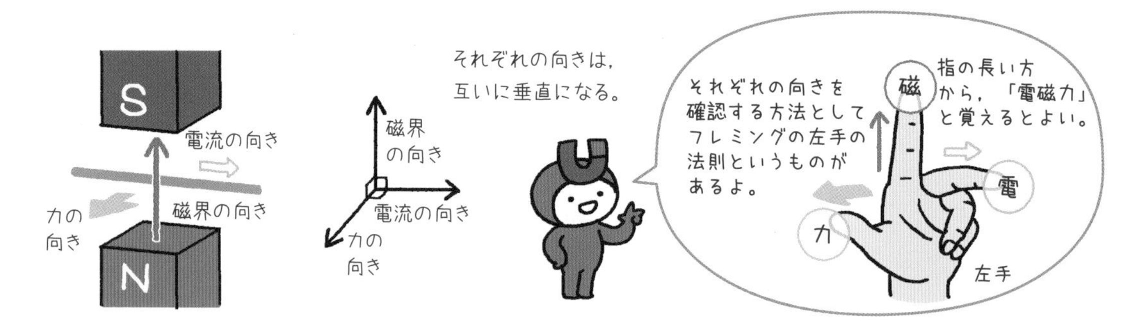

電流の向き，磁界の向き，力の向きには上のような関係があるため，電流の向きを変えたり磁界の向きを変えたりすると力の向きは変化します。

【電流が磁界から受ける力の向きの変化】

U字形磁石がつくる磁界の中の導線に電流を流すと，導線は手前に動いた。

①電流の向きを変えたとき

②磁界の向きを変えたとき

③電流を大きくしたとき

についても調べた。

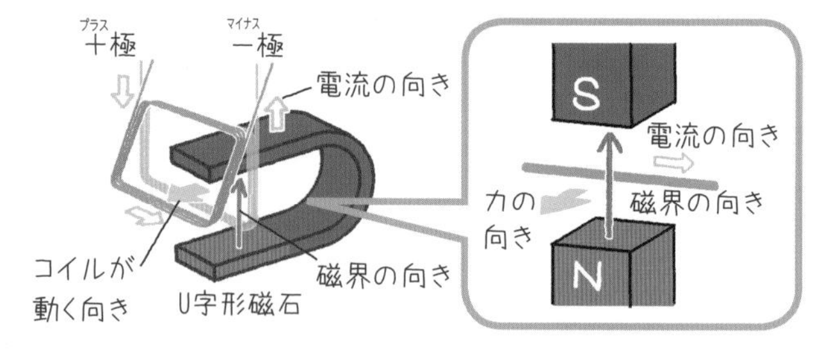

①

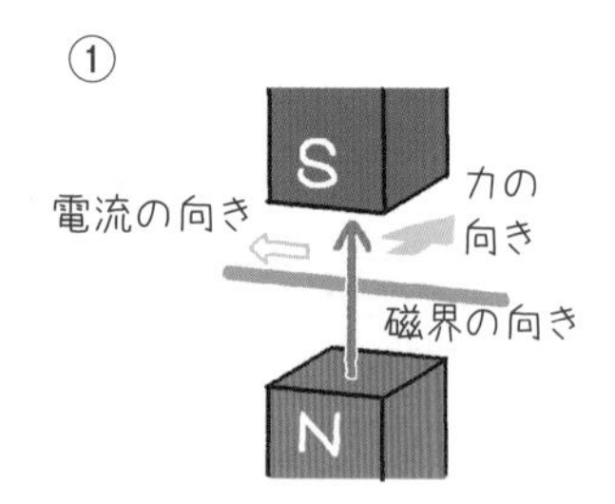

電流の向きを変えると，受ける**力の向きは逆**になる。

②

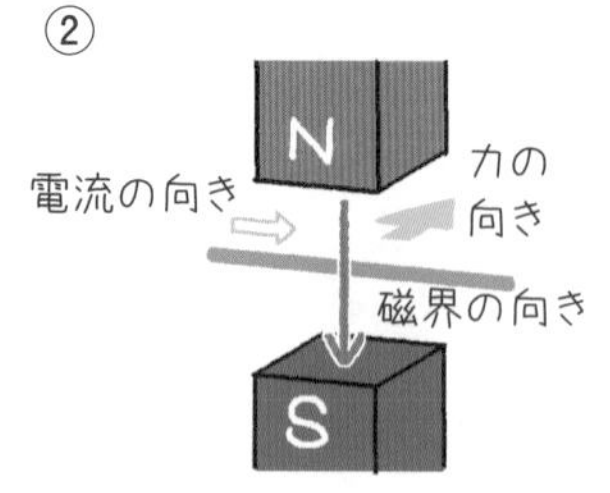

磁界の向きを変えると，受ける**力の向きは逆**になる。

③

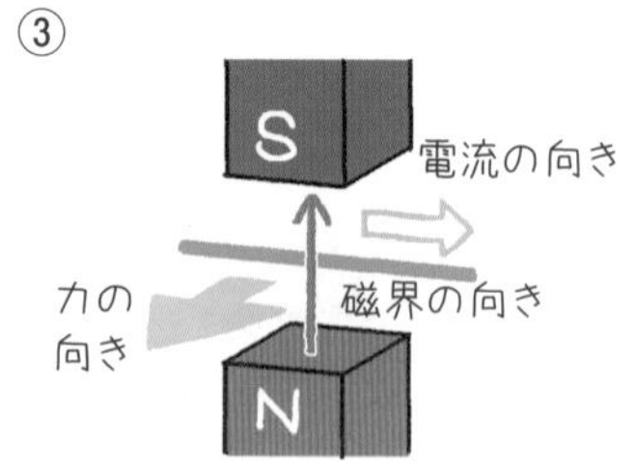

電流を大きくすると，受ける**力は大きく**なる。

電流と磁界の向きを両方とも変えると，力の向きは元と同じになるはずだね。

磁界を強くしても，電流が磁界から受ける力は大きくなるよ。

基本練習

答えは別冊15ページ

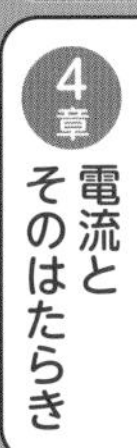

1 次の文中の〔　　〕にあてはまる語句を書きましょう。

電流が磁界から受ける力は，電流の向きと〔　　　　　　〕の向きに対して〔　　　　　　〕な向きにはたらく。電流の向きを変えると，電流が磁界から受ける力の向きは〔　　　　　　〕向きになる。

2 電流にはたらく力について，次の問いに答えましょう。

(1) 左下の図のように磁界の中の導線に電流を流したとき，導線は⇨の方向に動きました。次の①～③のとき，電流が磁界から受ける力の向きは，ア，イのどちらになりますか。

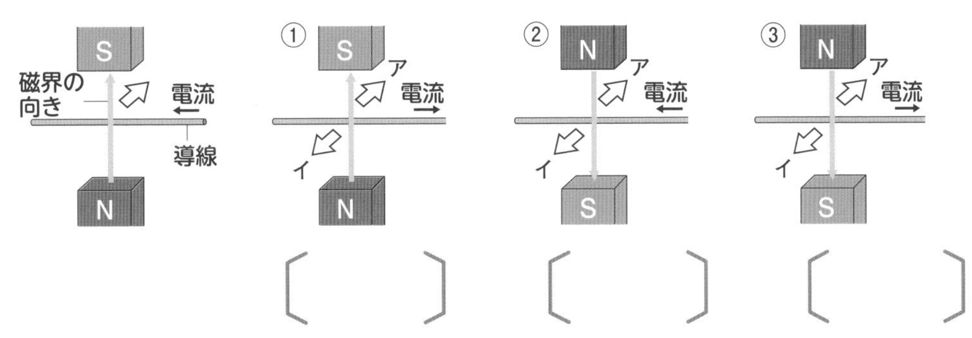

①〔　　　　〕　②〔　　　　〕　③〔　　　　〕

(2) 磁石の種類や位置を変えずに，電流が磁界から受ける力を大きくするには，どのようにすればよいですか。簡単に答えましょう。

〔　　　　　　　　　　　　　　〕

ポイント　電流の向きと磁界の向きの両方を逆にすると，電流が磁界から受ける力の向きは元と同じになるよ。

もっとくわしく

モーターのしくみ

モーターは，電流が磁界から受ける力によって，軸のまわりのコイルが回転しています。右の図では，電流がa→b→c→dの向きに流れていて，➡の向きに力がはたらきます。

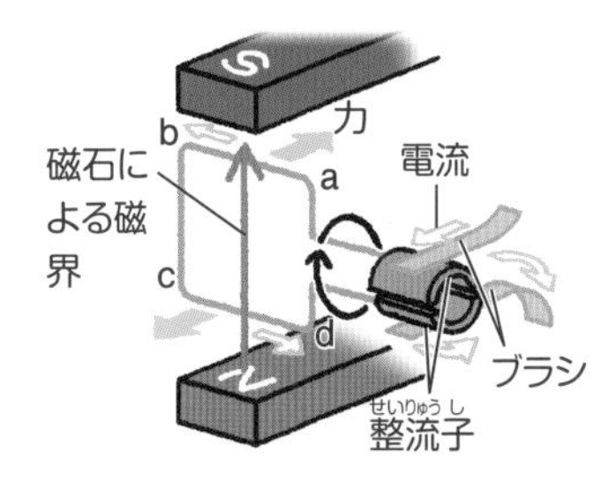

53 電磁誘導 電気をつくろう！

コイルと磁石が近づいたり遠ざかったりすると，コイルに電流が流れます。この現象を**電磁誘導**といいます。また，このとき流れる電流は**誘導電流**といいます。コイルに近づける極（磁界の向き）を変えたり磁石を動かす向きを変えたりすると，誘導電流の向きは逆になります。

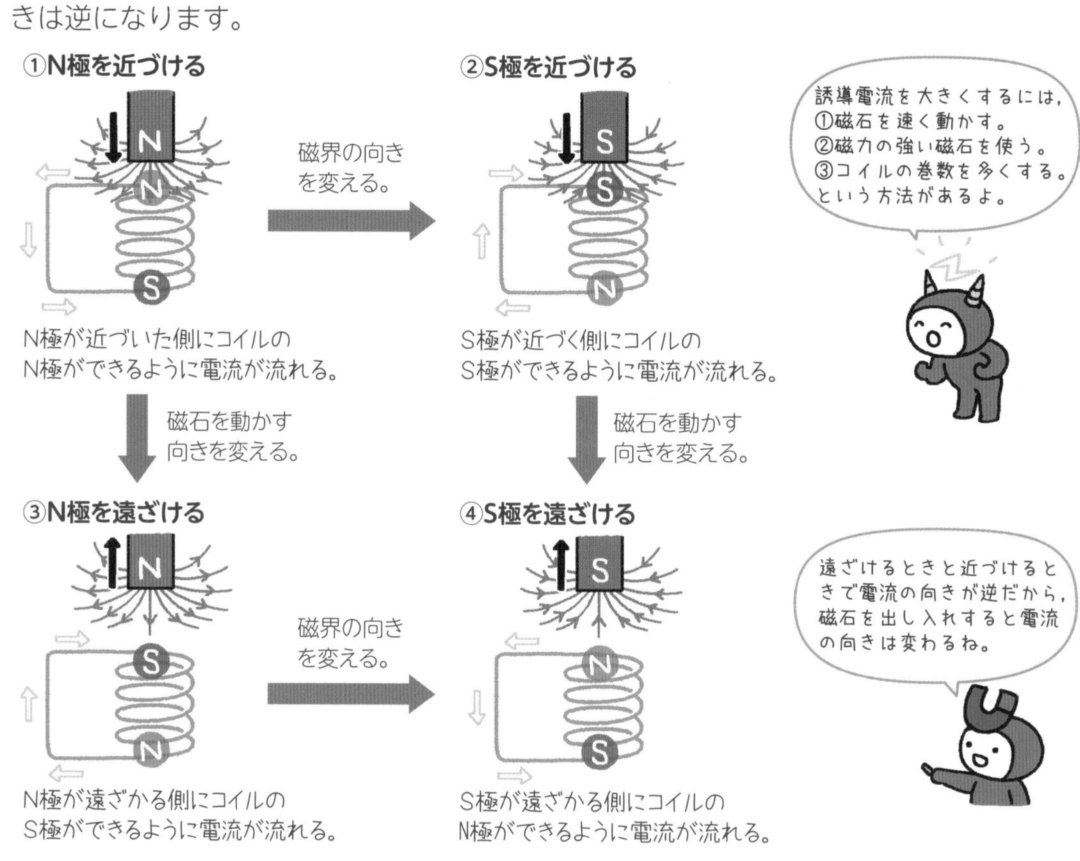

発電所では電磁誘導によって電気をつくっています。磁石を出し入れすると電流の向きが変わるように，わたしたちが家庭で使っている電気も，周期的に電流の向きが変わっているのです。このような電流を**交流**といいます。一方，向きが変わらない電流は**直流**といいます。

交流で，１秒間にくり返す電流の向きの変化の回数を交流の**周波数**といいます。周波数は**ヘルツ**（**Hz**）という単位で表します。

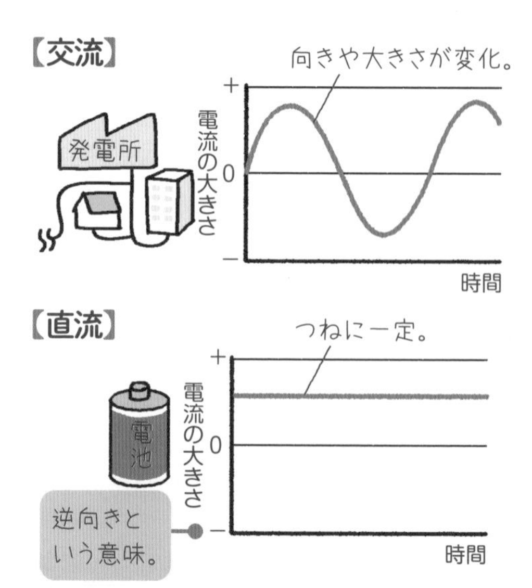

基本練習

答えは別冊16ページ

1 次の文中の〔　　〕にあてはまる語句を書きましょう。

コイルに磁石を近づけたり遠ざけたりして，〔　　　　　　〕を変化させることによってコイルに電流が流れることを〔　　　　　　〕といい，流れる電流を〔　　　　　　〕という。

周期的に向きが変わる電流を〔　　　　　　〕といい，発電所から家庭に送られる電流はこのタイプである。1秒間にくり返す電流の向きの変化の回数を〔　　　　　　〕といい，〔　　　　　　〕という単位を使って表す。一方，乾電池のように向きが変わらない電流は〔　　　　　　〕という。

2 コイルに棒磁石のN極を近づけると，右の図のような向きに電流が流れました。次の(1)～(3)のとき，コイルに流れる電流の向きは，ア，イのどちらになりますか。

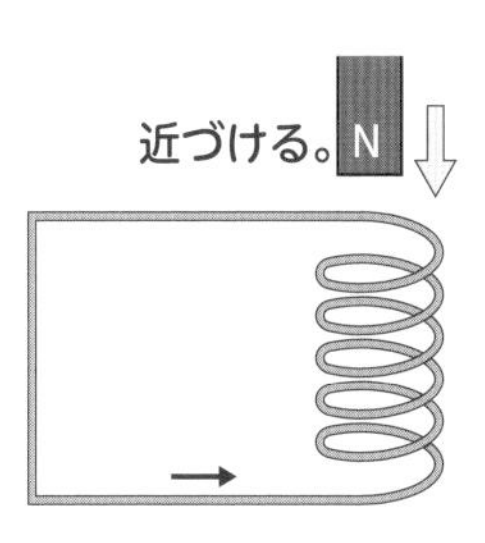

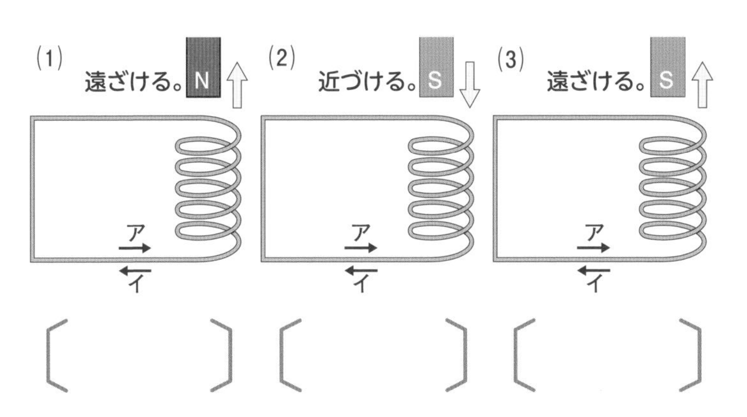

〔　　　　〕　〔　　　　〕　〔　　　　〕

ミス注意　電磁誘導では，磁石とコイルを近づけると反発し合う力がはたらくよ。反発し合うのは，同じ極どうしが近づくときだね。

復習テスト 8

➔ 答えは別冊20ページ

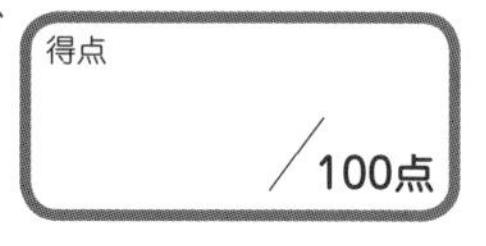

1

図1のように，ティッシュペーパーでこすった2本のストローを近づけたところ，ストローは反発するように動きました。次の問いに答えましょう。

【各5点　計20点】

図1

ティッシュペーパー
ストローA
ストローB

(1)　2種類の物体をこすり合わせたときに生じる電気を何といいますか。［　　　　］

(2)　図1で，ストローAとストローBはどのような電気を帯びていますか。次から選びましょう。［　　　　］

ア　同じ種類の電気を帯びている。

イ　ちがう種類の電気を帯びている。

(3)　図2のように，ストローAとティッシュペーパーを近づけると，ストローAはア，イのどちらに動きますか。［　　　　］

図2

ストローA
ティッシュペーパー
ア　イ

(4)　ティッシュペーパーが+(プラス)の電気を帯びたとすると，ストローAは+と−(マイナス)のどちらの電気を帯びましたか。［　　　　］

2

電流(でんりゅう)のまわりにできる磁界(じかい)について，次の問いに答えましょう。

【各5点　計30点】

図1

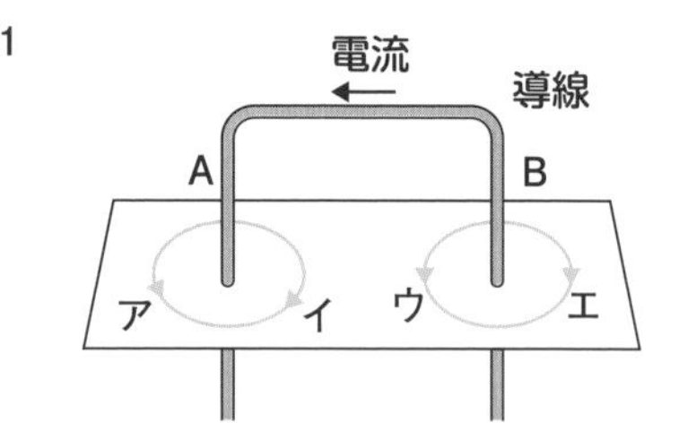

(1)　磁界の向きとは，方位磁針の何極が指す向きですか。［　　　　］

(2)　図1で，A，Bの導線のまわりにできる磁界の向きは，それぞれア・イ，ウ・エのどれですか。

A［　　　　］　B［　　　　］

図2

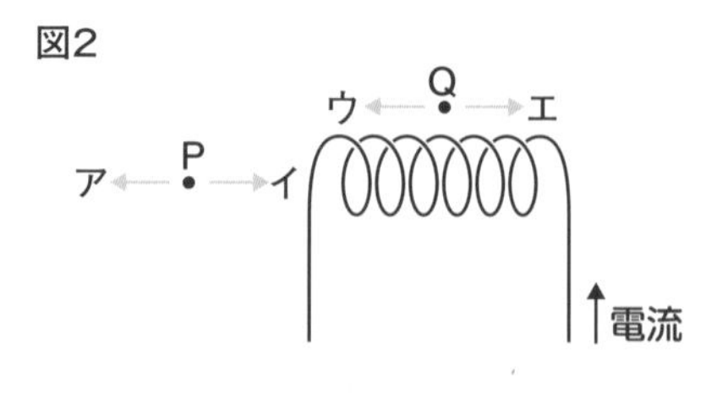

(3)　図2で，コイルのまわりのP点，Q点での磁界の向きは，それぞれア・イ，ウ・エのどれですか。

P［　　　　］　Q［　　　　］

(4)　図2で，コイルのまわりにできる磁界を強くするにはどのようにしたらよいですか。

［　　　　　　　　　　　　　　　　　　　　］

3

右の図の導線に→の向きに電流を流すと，導線はPの向きに動きました。次の問いに答えましょう。

【各4点　計20点】

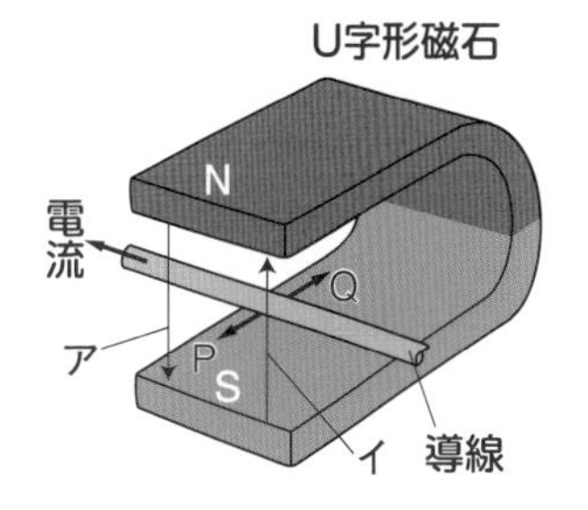

(1)　磁石の磁界の向きはア，イのどちらですか。　［　　　］

(2)　N極を下にしてU字形磁石を置くと，導線はP，Qのどちらの向きに動きますか。　［　　　］

(3)　N極を下にしてU字形磁石を置き，電流の向きを逆向きにすると，導線はP，Qのどちらの向きに動きますか。　［　　　］

(4)　導線に流れる電流を大きくすると，導線の動きはどうなりますか。
［　　　　　　　　　］

(5)　電流が磁界から受ける力を利用した装置は，次のどれですか。　［　　　］

ア　モーター　　イ　発電機　　ウ　電熱器　　エ　電磁石

4

右の図のように，コイルに棒磁石のN極を近づけると，アの向きにコイルに電流が流れました。次の問いに答えましょう。

【各5点　計30点】

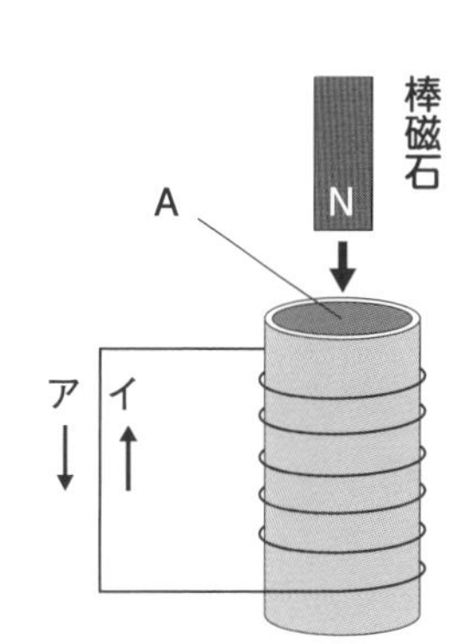

(1)　コイルに電流が流れる現象を何といいますか。
［　　　　　　］

(2)　図のとき，コイルのはしのAはN極，S極のどちらになりますか。　［　　　　　］

(3)　コイルに棒磁石のS極を近づけると，コイルに流れる電流の向きは，ア，イのどちらになりますか。　［　　　］

(4)　図の装置を使ってコイルに流れる電流を大きくするにはどのようにすればよいですか。簡単に答えましょう。

［　　　　　　　　　　　　　　　　　　　　　　　　　］

(5)　発電機は，(1)の現象を利用して電流を発生させています。このとき発生する電流は，次のうちどちらですか。　［　　　］

ア　直流（ちょくりゅう）　　イ　交流（こうりゅう）

(6)　(5)の電流の特徴（とくちょう）は次のどれですか。2つ選びましょう。　［　　　　　］

ア　大きさが変化する。　　イ　大きさが一定である。

ウ　電流の向きが変化する。　　エ　電流の向きは決まっている。

中2理科をひとつひとつわかりやすく。 改訂版

本書は，個人の特性にかかわらず，内容が伝わりやすい配色・デザインに配慮し，
メディア・ユニバーサル・デザインの認証を受けました。

執筆
化学分野（p.6～17，20～29）長谷川千穂
地学分野ほか（p.18，19，30，31，68～91）益永高之
生物分野・物理分野（p.32～67，p.92～127）半田智穂

カバーイラスト・シールイラスト
坂木浩子

本文イラスト・図版
（有）青橙舎（高品吹夕子）
（株）日本グラフィックス
青木隆

写真提供
写真そばに記載，記載のないものは編集部

ブックデザイン
山口秀昭（Studio Flavor）

メディア・ユニバーサル・デザイン監修
NPO法人メディア・ユニバーサル・デザイン協会　伊藤裕道

DTP
㈱四国写研

© Gakken

※本書の無断転載，複製，複写（コピー），翻訳を禁じます。
本書を代行業者等の第三者に依頼してスキャンやデジタル化することは，
たとえ個人や家庭内の利用であっても，著作権法上，認められておりません。

中2理科を
ひとつひとつわかりやすく。

［改訂版］

軽くのりづけされているので，
外して使いましょう。

Gakken

01 ものを細かくしていくとどうなる？

1 原子の性質について，次の問いに答えましょう。

(1) 物質をつくる最も小さい粒子を何といいますか。〔 原子 〕

(2) 物質を構成する原子の種類を何といいますか。〔 元素 〕

(3) 原子の性質として正しいものを，次の**ア**～**カ**から，すべて選びましょう。

〔 ウ，エ，カ 〕

ア 原子は，ばらばらに分けることができる。
イ 原子は，肉眼で観察することができる。
ウ 鉄の原子を金の原子に変えることはできない。
エ 原子は，新しくできたり，なくなったりしない。
オ 約120種類ある原子の中には，同じ大きさのものや同じ質量のものがある。
カ 約120種類ある原子は種類によって，大きさや質量が決まっている。

1 原子は肉眼では見ることができない。原子は，分かれたり，新しくできたり，なくなったりしない。

02 分子って何だろう？

1 次の文中の〔　　〕にあてはまる語句を書きましょう。

酸素や水素などの物質は，いくつかの原子が結びつき，物質特有の性質を示す最小の粒子である〔 分子 〕になって存在している。

物質には，純物質と〔 混合物 〕があり，純物質は，１種類の元素からできた〔 単体 〕と２種類以上の元素からできた化合物に分けられる。

2 次の物質ア～キを，分子をつくる物質と分子をつくらない物質に分け，記号で答えましょう。

ア 酸素　**イ** 銅　**ウ** 二酸化炭素
エ 鉄　**オ** 水　**カ** 水素
キ 塩化ナトリウム

分子をつくる物質〔 ア，ウ，オ，カ 〕

分子をつくらない物質〔 イ，エ，キ 〕

3 次の物質ア～カを，純物質と混合物に分けて記号で答えましょう。

ア 水　**イ** 水素　**ウ** 海水
エ 鉄　**オ** 石油　**カ** 酸素

純物質〔 ア，イ，エ，カ 〕　混合物〔 ウ，オ 〕

解説 **3** 混合物は，１つの化学式で表せない。海水は，NaClやH_2Oなどが混じり合っている。

03 物質を記号で表す方法

1 物質を表す記号について，次の問いに答えましょう。

(1) 元素記号を使って物質のつくりを表したものを何といいますか。

〔 化学式 〕

(2) 元素を原子番号の順に並べた表を何といいますか。〔 周期表 〕

(3) 次の元素の元素記号を書きましょう。

酸素〔 O 〕　硫黄〔 S 〕
窒素〔 N 〕　亜鉛〔 Zn 〕

(4) 次の元素記号が表している元素は何ですか。

C〔 炭素 〕　Cl〔 塩素 〕
Na〔 ナトリウム 〕　Fe〔 鉄 〕

(5) 次の物質の化学式を書きましょう。

二酸化炭素〔 CO_2 〕　水素〔 H_2 〕
塩化ナトリウム〔 NaCl 〕　銅〔 Cu 〕

解説 **1** (5) 二酸化炭素は，炭素原子１個と酸素原子２個が結びついた分子である。

04 化学変化ってどういうこと？

1 化学変化について，次の問いに答えましょう。

(1) もとの物質とはちがう物質ができる変化を何といいますか。

〔 化学変化（化学反応） 〕

(2) 水素と酸素が混じって爆発したあとに水ができたときの化学反応式について，〔　　〕にあてはまる化学式を書きましょう。

反応前後の物質名	水素	＋	酸素	→	水
それぞれの化学式	H_2		〔 O_2 〕		H_2O
化学反応式	$2H_2$	＋	〔 O_2 〕	→	〔 $2H_2O$ 〕

(3) 化学変化の前と後で，原子の種類は変化しますか，変化しませんか。

〔 変化しない。 〕

(4) 化学変化の前と後で，原子の数は変化しますか，変化しませんか。

〔 変化しない。 〕

解説 **1** (2) →の左右で原子の数をそろえる。→の左に水素原子が４つあるので，H_2Oの係数は２になる。

05 物質を熱で分解！

本文15ページ

1 次の問いに答えましょう。

(1) ある物質が２種類以上の別の物質に分かれる化学変化を何といいますか。

〔 分解 〕

(2) 次の文中の〔　　〕にあてはまる語句を答えましょう。

試験管で炭酸水素ナトリウムを加熱すると，〔 炭酸ナトリウム 〕という白い固体と〔 二酸化炭素 〕という気体と水に分かれる。このときの化学反応式は下のようになる。

順不同

$2NaHCO_3$ → 〔 Na_2CO_3 〕＋〔 CO_2 〕＋ H_2O

2 図のような装置で酸化銀を加熱しました。次の問いに答えましょう。

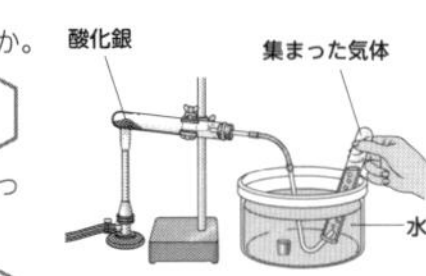

(1) 試験管の中に集まった気体は何ですか。

〔 酸素 〕

(2) 酸化銀を加熱したあと，試験管に残った物質の化学式を書きましょう。

〔 Ag 〕

解説 **2** 酸化銀(さんかぎん)を加熱すると，銀と酸素に分解される。集まった気体は酸素，試験管に残った物質は銀である。

06 水を電気で分解！

本文17ページ

1 水の電気分解について，次の問いに答えましょう。

(1) 次の文中の〔　　〕にあてはまる語句を答えましょう。

水にうすい水酸化ナトリウムをとかして電気分解すると，陽極には〔 酸素 〕が発生し，陰極には〔 水素 〕が発生する。

陽極と陰極で発生する気体の体積の比は〔 1 〕：〔 2 〕になる。

(2) 右の装置を使って，水に水酸化ナトリウムを少量とかし，電気分解をしました。これについて，次の問題に答えましょう。

① 陽極はA，Bのどちらですか。

〔 B 〕

② 陽極に3 cm^3の気体が発生しました。陰極には何cm^3の気体が発生しますか。

〔 6 cm^3 〕

③ 水の電気分解の化学反応式を書きましょう。

〔 $2H_2O \rightarrow 2H_2 + O_2$ 〕

解説 **1** (2)② 陽極(ようきょく)と陰極(いんきょく)で発生する気体の体積は１：２なので，$3\,(cm^3) \times \frac{2}{1} = 6\,(cm^3)$。

07「燃える」ってどういうこと？

本文21ページ

1 次の文中の〔　　〕にあてはまる語句を答えましょう。

物質が酸素と結びつく化学変化を〔 酸化 〕という。このうち，熱や光を出しながら酸素と結びつく化学変化を〔 燃焼 〕という。

逆に，酸化物が酸素を失う化学変化を〔 還元 〕という。

2 金属の酸化と還元について，次の問いに答えましょう。

(1) 下のア～ウで，酸化ではない化学変化を１つ選びましょう。

〔 ウ 〕

ア　銅 ＋ 酸素 → 酸化銅　　イ　炭素 ＋ 酸素 → 二酸化炭素

ウ　水 → 水素 ＋ 酸素

(2) マグネシウムリボンを2 g加熱したら，3.32 gの酸化マグネシウムができました。マグネシウムと結びついた酸素の質量は何gですか。

〔 1.32 g 〕

(3) 酸化銅に炭の粉を混ぜて加熱したときの化学反応式はどうなりますか。〔　　〕にあてはまる化学式を，係数もふくめて答えましょう。

順不同

2CuO ＋ C → 〔 2Cu 〕＋〔 CO_2 〕

(4) 酸素は，銅と炭素のどちらと結びつきやすいですか。〔 炭素 〕

(5) 次の化学変化で，還元された物質の名称は何ですか。〔 酸化銅 〕

CuO ＋ H_2 → Cu ＋ H_2O

解説 **2** (2) マグネシウム＋酸素→酸化マグネシウム　より，3.32〔g〕－2〔g〕＝1.32〔g〕

08 硫黄と結びつく反応

本文23ページ

1 硫黄と鉄が結びつく化学変化について，次の問いに答えましょう。

(1) 鉄粉と硫黄の粉をよく混ぜたものを試験管に入れて加熱すると，鉄粉と硫黄の粉が結びつきます。この化学変化では，鉄原子に対して硫黄原子は何対何の割合で結びつきますか。

〔 1：1 〕

(2) (1)のときの，鉄と硫黄の化学反応式(かがくはんのうしき)を書きましょう。

〔 Fe ＋ S → FeS 〕

(3) 鉄粉と硫黄の粉の混合物を加熱する前と加熱したあとの物質の性質を調べました。下の表中の〔　　〕の正しい方を○で囲みましょう。

	磁石に近づけたとき	うすい塩酸をかけたとき
鉄粉と硫黄の混合物	磁石に〔 (つく)・つかない 〕。	においの〔 ある・(ない) 〕気体が発生した。
加熱後の物質	磁石に〔 つく・(つかない) 〕。	においの〔 (ある)・ない 〕気体が発生した。

(4) 鉄粉と硫黄の粉は，加熱後に何という物質になりましたか。

〔 硫化鉄 〕

解説 (3) 鉄と硫黄(いおう)は，加熱すると硫化鉄(りゅうかてつ)に化学変化する。化学変化の前後で，物質の性質は変化する。

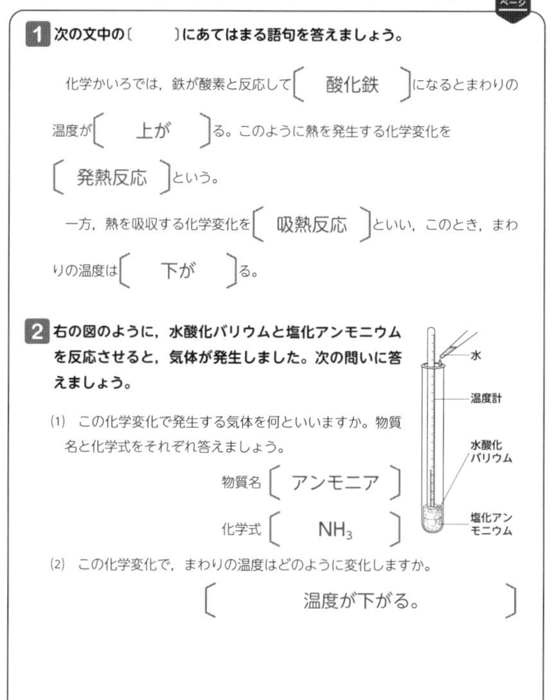

09「かいろ」があたたまるのはなぜ？　本文25ページ

1 次の文中の〔　　〕にあてはまる語句を答えましょう。

化学かいろでは，鉄が酸素と反応して〔 酸化鉄 〕になるとまわりの温度が〔 上が 〕る。このように熱を発生する化学変化を〔 発熱反応 〕という。

一方，熱を吸収する化学変化を〔 吸熱反応 〕といい，このとき，まわりの温度は〔 下が 〕る。

2 右の図のように，水酸化バリウムと塩化アンモニウムを反応させると，気体が発生しました。次の問いに答えましょう。

(1) この化学変化で発生する気体を何といいますか。物質名と化学式をそれぞれ答えましょう。

物質名〔 アンモニア 〕

化学式〔 NH_3 〕

(2) この化学変化で，まわりの温度はどのように変化しますか。

〔 温度が下がる。 〕

解説 2 (1) 水酸化バリウムと塩化アンモニウムが反応すると，アンモニア，塩化バリウム，水が発生する。

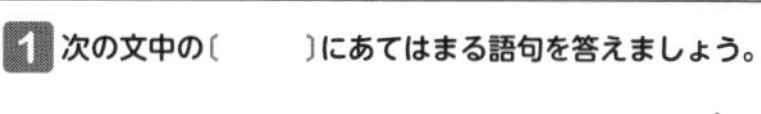

10 化学変化のきまり　本文27ページ

1 次の文中の〔　　〕にあてはまる語句を答えましょう。

化学変化の反応前の物質全体と反応後の物質全体の〔 質量 〕は変わらない。この法則のことを〔 質量保存の法則 〕という。

2 いろいろな化学変化について，次の問いに答えましょう。

(1) 鉄粉7 g と硫黄(いおう)4 g は過不足なく反応して硫化鉄(りゅうかてつ)ができました。このときにできた硫化鉄の質量は何 g ですか。

〔 11 g 〕

(2) 鉄14 g を燃焼(ねんしょう)させると，酸化鉄(さんかてつ)が20 g できました。このときに鉄と反応した酸素の質量は何 g ですか。

〔 6 g 〕

(3) 右のグラフは，金属A，Bと反応する酸素の質量の関係を表したものです。

①1.2 g の金属Aと反応する酸素の質量は何gですか。〔 0.8 g 〕

②3.0 g の金属Bと反応する酸素の質量は何gですか。〔 0.75 g 〕

③金属A，Bのうち，1 g の酸素と多く反応するものはどちらですか。

〔 金属 B 〕

解説 2 (2) 鉄＋酸素→酸化鉄　より，酸素の質量は 20〔g〕－14〔g〕=6〔g〕

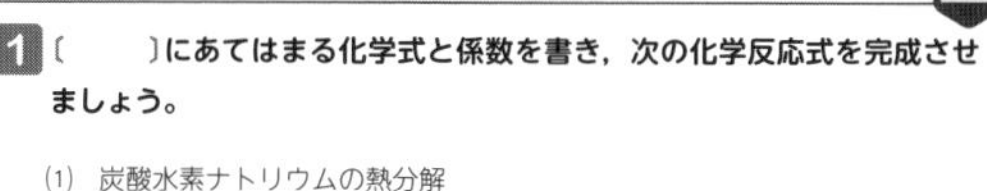

11 化学反応式，書けるかな？　本文29ページ

1〔　　〕にあてはまる化学式と係数を書き，次の化学反応式を完成させましょう。

(1) 炭酸水素ナトリウムの熱分解

〔 $2NaHCO_3$ 〕→〔 Na_2CO_3 〕＋ CO_2 ＋ H_2O

(2) 水の電気分解

〔 $2H_2O$ 〕→〔 $2H_2$ 〕＋ O_2

(3) 酸化銀の熱分解

〔 $2Ag_2O$ 〕→〔 $4Ag$ 〕＋ O_2

(4) 酸化銅の還元

〔 $2CuO$ 〕＋ C → 2Cu ＋〔 CO_2 〕

(5) 炭素の燃焼

C ＋〔 O_2 〕→〔 CO_2 〕

(6) 水素の燃焼

〔 $2H_2$ 〕＋ O_2 →〔 $2H_2O$ 〕

(7) マグネシウムの燃焼

〔 2Mg 〕＋ O_2 →〔 2MgO 〕

(8) メタンの燃焼

CH_4 ＋〔 $2O_2$ 〕→ CO_2 ＋〔 $2H_2O$ 〕

(9) 鉄と硫黄が結びつく反応

Fe ＋〔 S 〕→〔 FeS 〕

解説 1 元素記号(げんそきごう)が1文字のときは，アルファベットの大文字を使う。

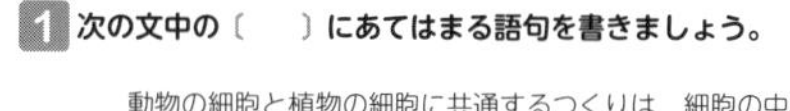

12 細胞を見てみよう！　本文33ページ

1 次の文中の〔　　〕にあてはまる語句を書きましょう。

動物の細胞と植物の細胞に共通するつくりは，細胞の中心付近に1個ある〔 核 〕と細胞質のいちばん外側にある〔 細胞膜 〕である。

植物の細胞には，さらに〔 細胞壁 〕や液胞，葉緑体などがある。

からだが1つの細胞でできている生物を〔 単細胞生物 〕，からだがたくさんの細胞でできている生物を〔 多細胞生物 〕という。

2 次の図は，植物の細胞と動物の細胞のつくりを模式的に示しています。次の問いに答えましょう。

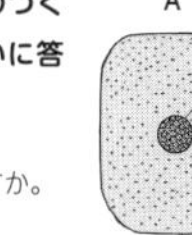
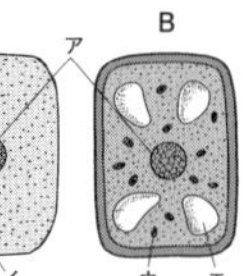

(1) ア〜エの部分をそれぞれ何といいますか。

ア〔 核 〕

イ〔 細胞膜 〕

ウ〔 葉緑体 〕　エ〔 液胞 〕

(2) 動物の細胞を表しているのは，AとBのどちらですか。

〔 A 〕

(3) 1つの器官を構成する，同じはたらきの細胞の集まりを何といいますか。

〔 組織 〕

解説 2 (2) 植物の細胞に見られるつくりは大きな液胞(えきほう)，葉緑体(ようりょくたい)，細胞壁(さいぼうへき)など。Bが植物とわかるので，動物はA。

13 顕微鏡の使い方

本文35ページ

1 次の文中の〔　〕にあてはまる語句を書きましょう。

顕微鏡で観察するときは，観察したいものをスライドガラスにのせて〔 プレパラート 〕をつくる。細胞を観察するときは，酢酸カーミン溶液などの〔 染色液 〕を数滴たらすと，細胞の〔 核 〕が色づき，観察しやすくなる。

2 顕微鏡について，次の問いに答えましょう。

(1) 右の図で，A～Dをそれぞれ何といいますか。

A〔 接眼レンズ 〕
B〔 レボルバー 〕
C〔 対物レンズ 〕
D〔 反射鏡 〕

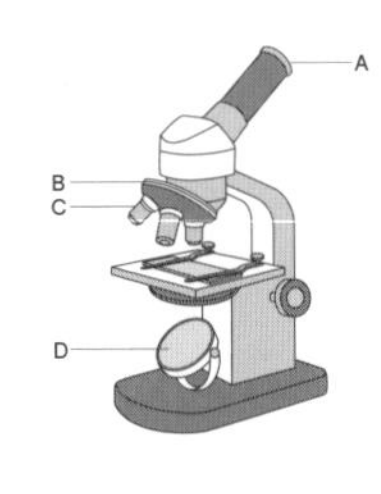

(2) 顕微鏡で細胞を観察する方法として，まちがっているものをすべて選びましょう。

ア　プレパラートをつくるときは，空気の泡ができないよう注意する。
イ　染色液は，葉緑体を観察しやすくするために使う。
ウ　細胞を見つけやすくするために，最初は高倍率で観察する。
エ　顕微鏡のピントを合わせるときは，横から直接見て対物レンズとプレパラートをなるべく近づけ，接眼レンズをのぞきながら少しずつ離していく。

〔 イ，ウ 〕

解説 2 (2) 染色液を使うと見やすくなるのは核。細胞を見つけるには，視野の広い低倍率のレンズを使う。

14 葉緑体は「デンプン工場」！

本文37ページ

1 次の文中の〔　〕にあてはまる語句を書きましょう。

太陽の〔 光 〕をエネルギーにして，植物が水と二酸化炭素から〔 デンプン 〕などの栄養分をつくるはたらきを〔 光合成 〕という。このはたらきは，葉の細胞にある〔 葉緑体 〕で行われる。

2 右の図は，光合成のしくみを表しています。A～Dにあてはまる物質の名前を書きましょう。

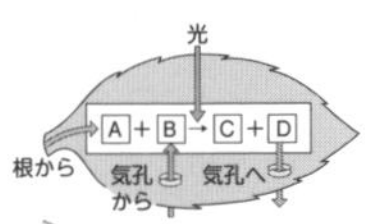

A〔 水 〕　B〔 二酸化炭素 〕
C〔 デンプン 〕　D〔 酸素 〕

3 右の図のようにツユクサの葉を入れた試験管Aと，何も入れない試験管Bを用意し，それぞれに息をふきこんでゴム栓をし，日光に当てました。次の問いに答えましょう。

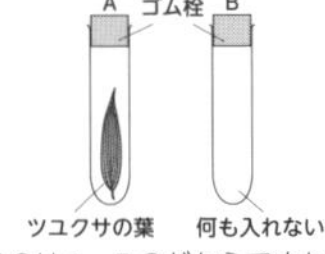

(1) 30分後石灰水を入れて振ると，より白くにごるのはA，Bのどちらですか。

〔 B 〕

(2) (1)のようにちがう結果になったのはなぜですか。次の文中の〔　〕にあてはまる語句を書きましょう。

Aでは光合成で試験管内の〔 二酸化炭素 〕が使われて減ったため。

解説 3 息をふきこんだ試験管内には二酸化炭素が多く存在するが，葉を入れておくと光合成によって減る。

15 植物だって「息」をしている！

本文39ページ

1 右の図は，植物が行うはたらきと気体の出入りを表しています。次の問いに答えましょう。

(1) A，Bにあてはまるはたらきを何といいますか。

A〔 光合成 〕
B〔 呼吸 〕

(2) X，Yにあてはまる気体は何ですか。

X〔 酸素 〕　Y〔 二酸化炭素 〕

2 植物の呼吸や光合成の説明としてまちがっているものを，次のア～オから2つ選びましょう。

ア　植物は光合成をするとき，光が必要である。
イ　植物は夜間，暗いところでは光合成をしない。
ウ　植物は夜間のみ呼吸を行う。
エ　植物は昼間，呼吸と光合成を行う。
オ　植物は光合成をしている間は呼吸をしない。

〔 ウ，オ 〕

解説 2 呼吸は昼夜かかわらずつねに行われている。光合成は光がある場合にのみ行われる。

16 水蒸気が出ていくところ

本文41ページ

1 次の文中の〔　〕にあてはまる語句を書きましょう。

植物の体内の水が水蒸気になって外に出ていくことを〔 蒸散 〕という。これは，おもに気体の出入り口である〔 気孔 〕で行われる。

2 右の図のようにして一定時間おいたとき，試験管の水の量の変化は表のようになりました。次の問いに答えましょう。

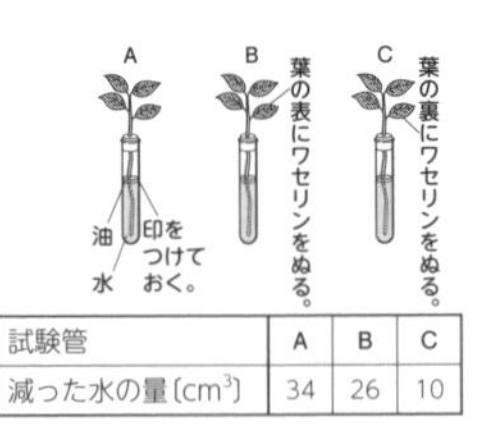

試験管	A	B	C
減った水の量〔cm^3〕	34	26	10

(1) この実験における葉の表側の蒸散量を，計算で求めましょう。

〔 $8\ cm^3$ 〕

(2) この実験における葉の裏側の蒸散量を，計算で求めましょう。

〔 $24\ cm^3$ 〕

(3) この実験における茎の蒸散量を，計算で求めましょう。

〔 $2\ cm^3$ 〕

(4) この実験結果から，水を出すところは，葉の表側，葉の裏側，茎のうち，どこに多いことがわかりますか。

〔 葉の裏側 〕

(5) この実験において，試験管の水の上に油を入れたのはなぜですか。

〔 水面からの水の蒸発を防ぐため。 〕

解説 2 (1) A－B＝(葉の表＋裏＋茎の蒸散量)－(葉の裏＋茎の蒸散量)＝葉の表の蒸散量＝8〔cm^3〕

17 水の通り道はどこ？

本文 43 ページ

1 次の文中の〔　〕にあてはまる語句を書きましょう。

根から吸収した水や肥料分を運ぶ管を〔　道管　〕といい，葉でつくられた栄養分を運ぶ管を〔　師管　〕という。これらが集まり，束のようになった部分を〔　維管束　〕という。葉の中では，水や肥料分を運ぶ管は〔　表　〕側にある。

植物の根の表面にある細かい毛のようなものを〔　根毛　〕という。

2 下の図のア～オの各部分の名称を答えましょう。

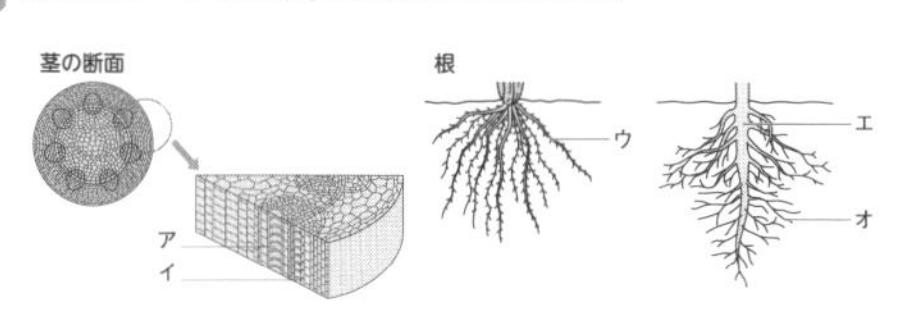

ア〔　道管　〕　イ〔　師管　〕　ウ〔　ひげ根　〕

エ〔　主根　〕　オ〔　側根　〕

解説　2 茎の維管束で，内側にあるのが道管，外側にあるのが師管である。

18 食べたものはどうなるの？

本文 47 ページ

1 次の文中の〔　〕にあてはまる語句を書きましょう。

食べ物をからだに吸収されやすい物質に変えるはたらきを〔　消化　〕という。例えば，口の中では〔　だ液　〕によってごはんのデンプンが分解され麦芽糖などに変化する。

2 右のように，試験管Aにはデンプン溶液とだ液を，試験管Bにはデンプン溶液と水を入れ，お湯に10分ほどひたしました。次の問いに答えましょう。

(1)　試験管A，Bから液体を少量とり出し，ベネジクト液を加えて加熱しました。液体が赤褐色に変化するのは試験管A，Bのどちらからとり出した液体ですか。

試験管〔　A　〕

(2)　試験管A，Bから液体を少量とり出し，ヨウ素液を加えました。液体が青紫色に変化するのは試験管A，Bのどちらからとり出した液体ですか。また，ヨウ素液が青紫色に変化するのは何という物質があるときですか。

試験管〔　B　〕　物質〔　デンプン　〕

(3)　この実験から，だ液にはどのようなはたらきがあると考えられますか。簡潔に答えましょう。

〔　デンプンを麦芽糖などに変えるはたらき。　〕

解説　2 (1) (2) 試験管Aではだ液によってデンプンが分解され，麦芽糖などに変化している。

19 養分を消化酵素で分解！

本文 49 ページ

1 次の文中の〔　〕にあてはまる語句を書きましょう。

口から肛門までつながる食べ物の通り道を〔　消化管　〕といい，食物の養分をからだにとり入れるはたらきをする部分を〔　消化器官　〕といいます。消化液にふくまれている〔　消化酵素　〕のはたらきによって，養分が分解される。

栄養素には，米やパンなどに多くふくまれる〔　炭水化物　〕，肉やとうふなどに多くふくまれる〔　タンパク質　〕，バターなどに多くふくまれる脂肪などがある。

2 右の図は，養分の消化を模式的に表したものです。次の問いに答えましょう。

デンプン　タンパク質　脂肪
だ液中の消化酵素
Aの中の消化酵素
胆汁
Bの中の消化酵素　Bの中の消化酵素　Bの中の消化酵素
小腸の壁の消化酵素　小腸の壁の消化酵素
X　Y　脂肪酸とモノグリセリド

(1)　A，Bは，それぞれ何という消化液ですか。

A〔　胃液　〕

B〔　すい液　〕

(2)　X，Yの物質をそれぞれ何といいますか。

X〔　ブドウ糖　〕　Y〔　アミノ酸　〕

解説　2 (2) デンプンはブドウ糖に，タンパク質はアミノ酸になって体内に吸収される。

20 養分はどこで吸収されるの？

本文 51 ページ

1 次の文中の〔　〕にあてはまる語句を書きましょう。

消化された養分は(1)〔　小腸　〕の壁から吸収される。(1)の壁には多くのひだがあり，その表面は(2)〔　柔毛　〕とよばれる小さな突起でおおわれている。ブドウ糖とアミノ酸は，(2)の中の〔　毛細血管　〕に吸収される。

2 右の図は，ヒトの小腸にある小さな突起の断面のようすを模式的に表したものです。次の問いに答えましょう。

a　b　A

(1)　Aのような小さな突起を何といいますか。

〔　柔毛　〕

(2)　(1)がたくさんあることは，どのような点で都合がよいですか。「養分」ということばを使って簡潔に答えましょう。

〔　小腸の表面積が増え，養分を効率よく吸収できる点。　〕

(3)　Aの中にあるa，bの管はそれぞれ何ですか。

a〔　毛細血管　〕　b〔　リンパ管　〕

(4)　aの管に吸収される養分を，次のア～オからすべて選びましょう。

ア　脂肪　イ　アミノ酸　ウ　脂肪酸　エ　モノグリセリド　オ　ブドウ糖

〔　イ，オ　〕

解説　2 (2) 小腸の壁は，多数の柔毛があることで表面積が増し，その広さはテニスコート1面分にもなる。

21 息をするしくみ

本文 53 ページ

1 次の文中の〔　〕にあてはまる語句を書きましょう。

わたしたちはたえず息を吸ったりはいたりして〔 呼吸 〕している。はき出した空気は，吸った空気と比べて酸素が少なく，〔 二酸化炭素 〕が多い。

肺は，〔 肺胞 〕という小さな袋が無数に集まり，そのまわりを〔 毛細血管 〕がとり囲んでいる。

肺では，空気中の酸素が血液中の赤血球にとりこまれ，血液中の〔 二酸化炭素 〕がはく息とともにからだの外に出される。

2 右の図は，ヒトの肺のつくりを模式的に表したものです。次の問いに答えましょう。

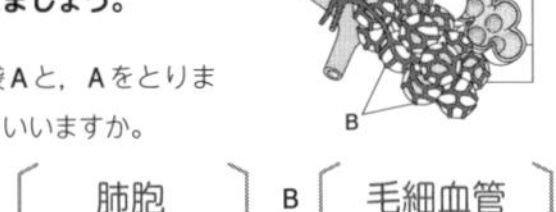

(1) 気管支の先にある小さな袋Aと，Aをとりまく細い血管Bをそれぞれ何といいますか。

A〔 肺胞 〕　B〔 毛細血管 〕

(2) AからBの中にとりこまれる気体aと，BからAの中に出される気体bはそれぞれ何ですか。

a〔 酸素 〕　b〔 二酸化炭素 〕

解説 2 (2) 肺胞では酸素を毛細血管の血液にとりこみ，毛細血管の血液中の二酸化炭素を肺胞に出している。

22 血液はなぜ必要なの？

本文 55 ページ

1 次の文中の〔　〕にあてはまる語句を書きましょう。

血液は，透明な液体の成分である〔 血しょう 〕に，固体の成分である〔 赤血球 〕や白血球，血小板などがふくまれている。

2 右の図は，ヒトの血液の成分を示したものです。次の問いに答えましょう。

(1) A，Bの固体の成分をそれぞれ何といいますか。

A〔 白血球 〕

B〔 赤血球 〕

(2) Bにふくまれ，酸素と結びつく性質のある物質を何といいますか。

〔 ヘモグロビン 〕

(3) 出血したとき，血液が固まることに関係している成分はA～Cのどれですか。また，何といいますか。

記号〔 C 〕　名称〔 血小板 〕

(4) ブドウ糖やアミノ酸，二酸化炭素などをとかしている成分はA～Dのどれですか。また，何といいますか。

記号〔 D 〕　名称〔 血しょう 〕

解説 2 (2) ヘモグロビンが酸素と結びつくことで，酸素を運ぶ役割をしている。

23 心臓と血管のはたらき

本文 57 ページ

1 次の文中の〔　〕にあてはまる語句を書きましょう。

血液を全身に送り出すポンプのはたらきをする器官は(1)〔 心臓 〕である。(1)から送り出される血液が通る血管を(2)〔 動脈 〕といい，心臓にもどる血液が通る血管を(3)〔 静脈 〕という。(2)と(3)をつないでいる，非常に細い血管を〔 毛細血管 〕という。

2 右の図は，ヒトの血管のようすです。次の問いに答えましょう。

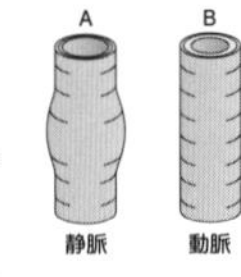

(1) 筋肉が多く，弾力がある血管はA，Bのどちらですか。

記号〔 B 〕

(2) 血液の逆流を防ぐ弁があるのはA，Bのどちらですか。

記号〔 A 〕

解説 2 (1) 動脈は心臓から送り出される血液が流れており，勢いにたえられるようなじょうぶなつくりである。

24 からだをめぐる酸素や養分

本文 59 ページ

1 次の文中の〔　〕にあてはまる語句を書きましょう。

肺循環では，肺で二酸化炭素が出され，〔 酸素 〕をとり入れる。体循環では，細胞に酸素や養分がわたされ，細胞で生じた〔 二酸化炭素 〕やアンモニアなどの不要な物質を受けとる。

細胞呼吸でできるアンモニアは，肝臓で〔 尿素 〕につくり変えられ，〔 腎臓 〕でこしとられたあと，尿として排出される。

2 右の図は，ヒトの血液の循環を表したものです。次の問いに答えましょう。

肺 / 心臓 / からだの各部分 / a / b / c / d / A / B

(1) A，Bの血液の循環をそれぞれ何といいますか。

A〔 肺循環 〕　B〔 体循環 〕

(2) a～dのうち，動脈はどれですか。すべて選びましょう。

〔 a，d 〕

(3) 酸素を最も多くふくんでいる血液が流れている静脈はどれですか。

〔 b 〕

(4) からだの各部分の細胞から，血液中にとり入れられる物質は次のどれですか。

ア　二酸化炭素　　イ　酸素　　ウ　養分

〔 ア 〕

解説 2 (3) 肺で酸素をとり入れるため，bの肺静脈が最も酸素を多くふくんでいる。

25 目や耳のつくり

本文61ページ

1 右の図は，ヒトの目の断面のようすです。次の部分の位置をA～Eから選び，名称（めいしょう）を答えましょう。

(1) 光の刺激を受けとる細胞がある部分

位置〔 C 〕 名称〔 網膜 〕

(2) のび縮みして，目に入る光の量を調節する部分

位置〔 A 〕 名称〔 虹彩 〕

2 右の図は，ヒトの耳の断面のようすです。次の部分の位置をA～Cから選び，名称を答えましょう。

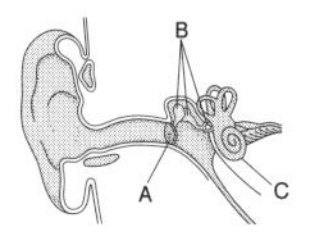

(1) 音の刺激を神経に伝える部分

位置〔 C 〕 名称〔 うずまき管 〕

(2) 空気の振動（音）によって振動する部分

位置〔 A 〕 名称〔 鼓膜 〕

解説 1 (2) 光が多い場所では，虹彩（こうさい）が伸びてひとみが小さくなる。

26 脳や神経のはたらき

本文63ページ

1 次の文中の〔　〕にあてはまる語句を書きましょう。

感覚器官が受けとった刺激は信号に変えられ，〔 感覚神経 〕を通って脳や脊髄に伝わる。信号を受けとった脳が命令を出すと，〔 運動神経 〕を通って運動器官に伝わる。

熱いものにうっかりさわったとき，無意識に手を引っこめるような反応を〔 反射 〕という。この反応は〔 脳 〕を経由しないので，反応するまでの時間が〔 短い 〕。

2 右の図は，反応のしくみを模式的に表したものです。次の問いに答えましょう。

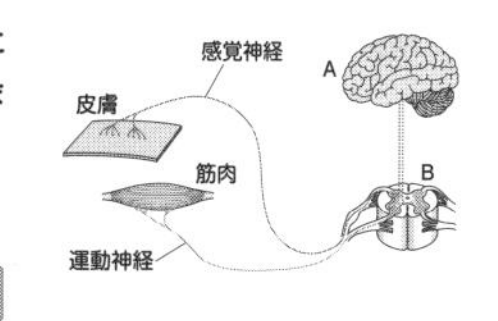

(1) 背骨にあるBを何といいますか。〔 脊髄 〕

(2) 熱いものにうっかりさわったとき，「無意識に手を引っこめる」反応の命令は，A，Bのどちらから出たものですか。〔 B 〕

(3) 熱いものにうっかりさわったとき，「熱い」と感じるのは，信号がA，Bのどちらに伝わったときですか。〔 A 〕

解説 2 (2) 反射（はんしゃ）は，信号が脳（のう）に伝わるより先に脊髄（せきずい）から命令が出る反応である。

27 骨や筋肉のはたらき

本文65ページ

1 次の文中の〔　〕にあてはまる語句を書きましょう。

ヒトのからだはたくさんの骨が組み合わさって骨格をつくっている。ヒトのように，からだの内部にある骨格を(1)〔 内骨格 〕という。

骨と骨がつながっている部分を(2)〔 関節 〕といい，この部分では骨についた筋肉の(3)〔 けん 〕が(2)をへだてた２つの骨をつなぐようについている。

2 右の図は，うでを曲げるときの骨と筋肉のようすを表したものです。次の問いに答えましょう。

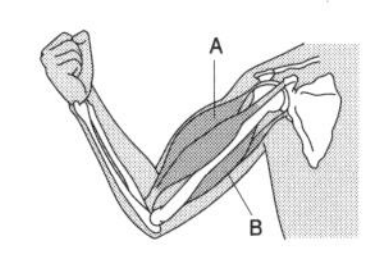

(1) うでを曲げたとき，縮んでいる筋肉はA，Bのどちらですか。〔 A 〕

(2) 曲げたうでをのばすとき，縮んでいる筋肉はA，Bのどちらですか。〔 B 〕

解説 2 うでを曲げると力こぶができる。これは，うでを曲げることによってAの筋肉（きんにく）が縮んだからである。

28 天気は何によって決まるの？

本文69ページ

1 (1)は〔　〕にあてはまる語句を書き，(2)は正しいものを○で囲みましょう。

(1) 空全体を10としたときに雲がおおっている割合を㋐〔 雲量 〕という。㋐が１のときの天気は〔 快晴 〕，㋐が９のときの天気は〔 くもり 〕である。

(2) 気温は直射日光の当たらない地上〔 1.0・(1.5)・2.0 〕mの高さではかり，乾湿計の〔 (乾球)・湿球 〕の温度を読みとる。

2 (1)は天気図記号が表す天気，風向，風力を答えましょう。(2)は天気図記号をかきましょう。

(1) 天気〔 雨 〕 風向〔 南西 〕 風力〔 2 〕

解説 2 (1) 風向（ふうこう）は南と西の中間の方位なので南西，風力（ふうりょく）は矢ばねの数が２本なので２。

29 気圧って何？

本文 71 ページ

1 (1)は〔　　〕にあてはまる語句を書き，(2)は正しいものを○で囲みましょう。

(1) 圧力〔Pa〕＝力の大きさ〔N〕／力がはたらく〔 面積 〕〔m²〕

(2) 大気圧は，物体に〔 垂直な方向・(あらゆる方向) 〕からはたらく。また，高いところにいくほど〔 (小さく)・大きく 〕なる。海面での大気圧の大きさが〔 0気圧・(1気圧) 〕で，約〔 1000hPa・(1013hPa) 〕である。

2 質量60kgのブロックを図のように床（ゆか）に置いたときに床にはたらく圧力を求めます。〔　　〕にあてはまる数を書きましょう。100gの物体にはたらく重力の大きさを1Nとします。

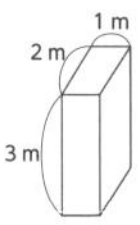

ブロックの底面積は，　順不同

〔 2 〕〔m〕×〔 1 〕〔m〕＝〔 2 〕〔m²〕

ブロックにはたらく重力の大きさは〔 600 〕〔N〕なので，

圧力は，〔 600 〕〔N〕／〔 2 〕〔m²〕＝〔 300 〕〔Pa〕となる。

3 質量30kgで大きさのちがうブロックがあります。それぞれ図のように床に置いたとき，床にはたらく圧力は何Paになりますか。100gの物体にはたらく重力の大きさを1Nとします。

(1)

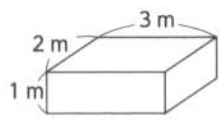

〔 50Pa 〕

(2)

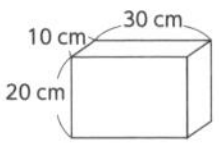

〔 10000Pa 〕

解説 **3** (1) 300〔N〕÷6〔m²〕＝50〔Pa〕　(2) 0.1×0.3＝0.03〔m²〕　300〔N〕÷0.03〔m²〕＝10000〔Pa〕

30 風はどうしてふくの？

本文 73 ページ

1 (1)，(2)は〔　　〕にあてはまる語句を書き，(3)～(5)は正しいものを○で囲みましょう。

(1) まわりよりも気圧が高いところを〔 高気圧 〕という。

(2) まわりよりも気圧が低いところを〔 低気圧 〕という。

(3) (1)では，風が〔 (時計回り)・反時計回り 〕に〔 中心に・(外に) 〕向かってふいている。中心付近では〔 上昇気流・(下降気流) 〕が起こっている。

(4) (2)では，風が〔 時計回り・(反時計回り) 〕に〔 (中心に)・外に 〕向かってふいている。中心付近では〔 (上昇気流)・下降気流 〕が起こっている。

(5) 風は，気圧の〔 低い方から高い方へ・(高い方から低い方へ) 〕ふく。

2 右の図は，天気図の一部です。次の問いに答えましょう。

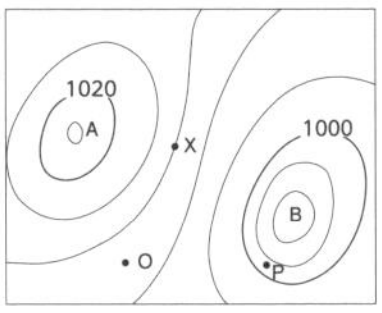

(1) 図の曲線を何といいますか。

〔 等圧線 〕

(2) Xの地点の気圧は何hPaですか。

〔 1012hPa 〕

(3) 低気圧はA，Bのどちらですか。　〔 B 〕

(4) 地点O，Pで，風が強いのはどちらですか。　〔 P 〕

(5) AとBで，雲がなく天気がよいと思われるのはどちらですか。

〔 A 〕

解説 **2** (2) 1000hPaから3本目の線なので，1000〔hPa〕＋4〔hPa〕×3＝1012〔hPa〕

31 窓ガラスに水滴がつくのはなぜ？

本文 75 ページ

1 (1)，(2)は〔　　〕にあてはまる語句を書き，(3)は正しいものを○で囲みましょう。

(1) 気体の水蒸気が液体の水滴に変わる現象を〔 凝結 〕といい，空気中の水蒸気が水滴に変わり始める温度を〔 露点 〕という。

(2) 1m³の空気に最大限ふくむことができる水蒸気の量を

〔 飽和水蒸気量 〕という。

(3) (2)は，気温が高いほど〔 (大きく)・小さく 〕なる。

2 図のように，気温25℃，1m³中に17.3gの水蒸気をふくむ空気Aがあります。次の問いに答えましょう。

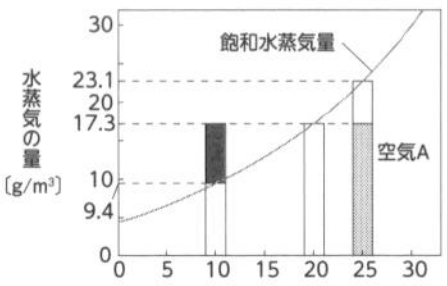

(1) 空気Aの露点は何℃ですか。

〔 20℃ 〕

(2) 空気Aは，1m³中にあと何gの水蒸気をふくむことができますか。

〔 5.8g 〕

(3) 空気Aを冷やして，気温を10℃にしたとき，水蒸気が水滴に変わる量を表しているのは，棒グラフのどの部分ですか。黒くぬりましょう。

(4) 空気Aで満たされた80m³の部屋があります。この部屋の温度を10℃まで下げると，何gの水滴が出てきますか。　〔 632g 〕

解説 **2** (2) 23.1－17.3＝5.8〔g〕
(4) (17.3－9.4)〔g/m³〕×80〔m³〕＝632〔g〕

32 湿度って何？

本文 77 ページ

1 〔　　〕にあてはまる語句を書きましょう。

(1) 空気のしめりぐあいを表したものを〔 湿度 〕という。

(2) 湿度〔%〕＝空気1m³中にふくまれている水蒸気の量〔g/m³〕／その気温での〔 飽和水蒸気量 〕〔g/m³〕×100

2 気温25℃の空気に，14.2g/m³の水蒸気がふくまれているとき，この空気の湿度は何%ですか。小数第1位を四捨五入して整数で求めましょう。ただし，気温25℃での飽和水蒸気量は23.1g/m³とします。

14.2÷23.1×100＝61.4…〔%〕　〔 61% 〕

3 図は，空気A，Bがふくんでいる水蒸気の量を表したグラフです。次の問いに答えましょう。

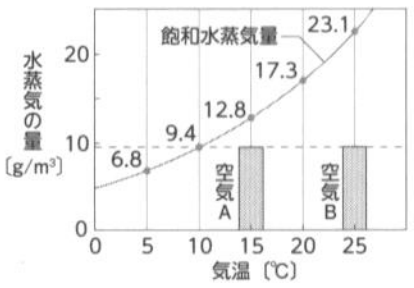

(1) 気温15℃の飽和水蒸気量は何g/m³ですか。　〔 12.8g/m³ 〕

(2) 空気Aの湿度は何%ですか。小数第1位を四捨五入して整数で求めましょう。　〔 73% 〕

(3) 空気AとBで，湿度が高いのはどちらですか。　〔 A 〕

(4) 空気AとBを10℃に冷やしたときの湿度は，それぞれ何%になりますか。

A〔 100% 〕　B〔 100% 〕

解説 **3** (2) 9.4÷12.8×100＝73.4…〔%〕　(4) A，Bともにちょうど露点（ろてん）となる。

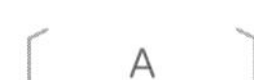

33 雨や雪はどうして降るの？

本文 79 ページ

1 〔　　〕の中の正しいものを○で囲みましょう。

上空ほど気圧が〔 **低い**・高い 〕ので，上昇した空気は〔 圧縮(あっしゅく)・**膨張** 〕して温度が〔 **下がる**・上がる 〕。露点以下になると，空気中の〔 酸素・**水蒸気** 〕が〔 **水滴**・雪の結晶 〕に変わり，雲ができる。

2 図は，雲ができるようすです。PとQは，水滴または氷の粒のどちらかを表しています。次の問いに答えましょう。

0℃　Q　X　P　上昇　水蒸気をふくむ空気

(1) 雲ができ始めるXの温度を何といいますか。

〔 露点 〕

(2) P，Qはそれぞれ水滴または氷の粒のどちらですか。

P〔 水滴 〕　Q〔 氷の粒 〕

(3) PやQが地上に落ちてきたものをまとめて何といいますか。

〔 降水 〕

解説 **2** (1) Xは水蒸気がPの水滴(すいてき)に変化する温度。
(2) Qは0℃でできるので氷の粒。

34 前線って何？

本文 83 ページ

1 〔　　〕にあてはまる語句を書きましょう。

(1) 暖気が寒気の上にはい上がりながら進む前線を〔 温暖前線 〕，寒気が暖気を押し上げながら進む前線を〔 寒冷前線 〕という。

(2) ▼▼▼ で表されるのは〔 寒冷 〕前線，▲▼▲▼ で表されるのは〔 停滞 〕前線である。

2 図は，前線のつくりを表したもので，⇨は空気の動きを表しています。次の問いに答えましょう。

A　前線の進む向き→　B　→前線の進む向き

(1) A，Bの前線のつくりはそれぞれ何前線を表していますか。

A〔 寒冷前線 〕　B〔 温暖前線 〕

(2) Aの前線近くで最も発達する雲は，積乱雲と乱層雲のどちらですか。

〔 積乱雲 〕

(3) Bの前線の通過後の気温はどうなりますか。

〔 上がる。 〕

解説 **2** 冷たい寒気(かんき)は暖気(だんき)よりも下側にある。Aは寒気が押(お)している寒冷前線(かんれいぜんせん)，Bは暖気が押している温暖前線(おんだんぜんせん)。

35 季節で風の向きが変わる理由

本文 85 ページ

1 (1)は正しいものを○で囲み，(2)は〔　　〕にあてはまる語句を書きましょう。

(1) 陸と海では，昼間あたたまりやすいのは，〔 **陸**・海 〕である。そのため，陸上では〔 **上昇気流**・下降気流 〕が起き，気圧が〔 **低く**・高く 〕なる。
風は気圧の〔 低い方から高い方・**高い方から低い方** 〕へふくので，昼間にふく風は〔 陸風・**海風** 〕である。

(2) 季節によってふく特徴(とくちょう)的な風を〔 季節風 〕という。冬には，大陸にできる〔 シベリア 〕高気圧から風向が〔 北西 〕の風がふき出す。夏には，海洋にできる〔 太平洋 〕高気圧から風向が〔 南東 〕の風がふき出す。

2 図は，大陸と海洋にできる季節に特有の大規模(きぼ)な高気圧を表しています。次の問いに答えましょう。

ユーラシア大陸　A　B　太平洋

(1) 冬の季節風がふき出す高気圧はA，Bのどちらですか。またその風向を答えましょう。

高気圧〔 A 〕　風向〔 北西 〕

(2) Bの高気圧を何といいますか。また，Bからふき出す季節風の季節はいつですか。

高気圧〔 太平洋高気圧 〕　季節〔 夏 〕

解説 **2** Aは日本列島の北西にできるシベリア高気圧(こうきあつ)，Bは南東にできる太平洋高気圧。

36 日本のまわりにできる気団

本文 87 ページ

1 〔　　〕にあてはまる語句を書きましょう。

(1) 太平洋高気圧にできる気団を〔 小笠原気団 〕という。

(2) 日本列島の上空を1年中ふいている強い西風を〔 偏西風 〕という。

(3) 日本付近を西から東へ移動する高気圧を〔 移動性高気圧 〕という。

2 図のA～Cは，日本付近にできる3つの気団です。次の(1)～(3)にあてはまる気団をA～Cからすべて選びましょう。

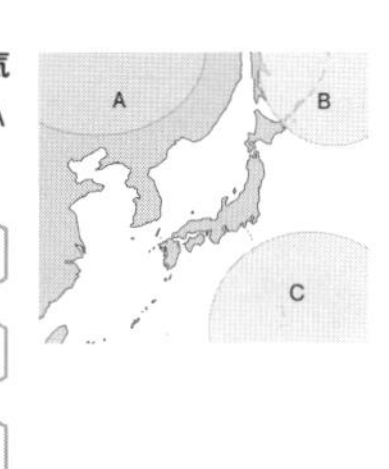

(1) 夏に発達する気団　〔 C 〕

(2) 冷たい気団　〔 A，B 〕

(3) しめっている気団　〔 B，C 〕

解説 **2** Aはシベリア気団(きだん)，Bはオホーツク海気団(かいきだん)，Cは小笠原気団(おがさわらきだん)である。

37 日本の天気の特徴

本文89ページ

1 〔　　〕にあてはまる語句を書きましょう。

熱帯低気圧が発達して，最大風速が17.2m/s 以上になったものを〔 台風 〕といい，北上して日本に近づくと，〔 偏西風 〕に流されて進路を東寄りに変える。

2 図のA，Bは，日本の春・夏・秋・冬のいずれかの天気図です。次の問題に答えましょう。

(1) A，Bの季節はいつですか。

A〔 夏 〕 B〔 冬 〕

(2) Aで発達している気団Xを何といいますか。

〔 小笠原気団 〕

(3) Bに見られる季節に特徴的な気圧配置を何といいますか。

〔 西高東低 〕

解説 2 Aは太平洋に小笠原気団が発達した夏，Bは大陸にシベリア気団が発達した冬の気圧配置。

38 電流の通り道

本文93ページ

1 次の文中の〔　　〕にあてはまる語句を書きましょう。

電気の流れる道すじを〔 回路 〕といい，その道すじを流れる電流は，電池の〔 ＋ 〕極から出て〔 － 〕極へと流れる。

この電気の道すじで，途中で枝分かれするものを〔 並列回路 〕，枝分かれのないものを〔 直列回路 〕という。

2 次の電気用図記号や回路をかきましょう。

(1) 電気用図記号をかきましょう。

電球	電源（電池）	スイッチ	抵抗器
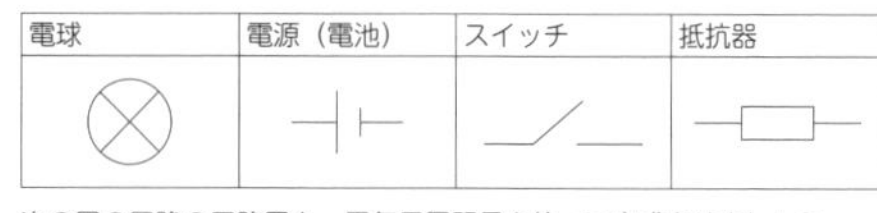			

(2) 次の図の回路の回路図を，電気用図記号を使って完成させましょう。

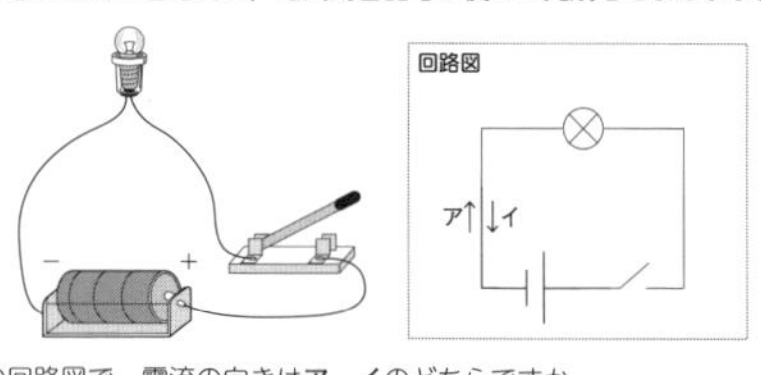

(3) (2)の回路図で，電流の向きはア，イのどちらですか。

〔 イ 〕

解説 2 (2) 電池，豆電球，スイッチの配置を決めてかいてから導線でつなぐとよい。

39 電流の表し方

本文95ページ

1 次の文中の〔　　〕にあてはまる語句や数値を書きましょう。

電流の単位はAで，〔 アンペア 〕と読む。もっと小さい量を表す単位にはmAがあり，1A=〔 1000 〕mAの関係がある。

枝分かれのない回路の場合，回路を流れる電流の大きさは，回路のどこでも〔 同じ 〕である。

2 図1，2の回路について，次の問いに答えましょう。

(1) 図1で，A点を流れる電流の大きさは0.3Aでした。B点，C点を流れる電流の大きさはそれぞれ何Aですか。

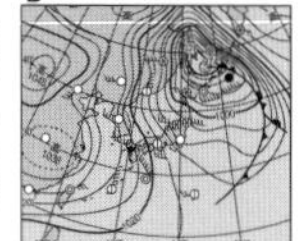

B点〔 0.3 A 〕

C点〔 0.3 A 〕

(2) 図1で，A点を流れる電流の大きさをはかるとき，電流計のつなぎ方として正しいものはどれですか。

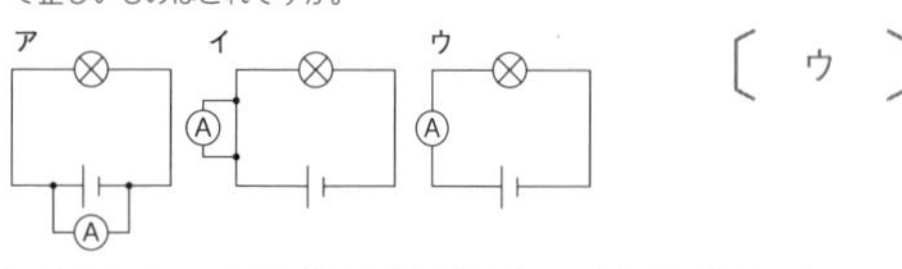

〔 ウ 〕

(3) 図2で，D～F点の電流の大きさの関係をア～ウから選びましょう。

ア D=E=F　イ D=E+F　ウ D>E+F

〔 イ 〕

解説 2 (2) 電流計は回路に直列につなぐ。 (3) 並列回路では，枝分かれ前と枝分かれ後の電流の和は同じ。

40 電圧と電流ってどうちがうの？

本文97ページ

1 次の文中の〔　　〕にあてはまる語句を書きましょう。

電圧は〔 電流 〕を流そうとするはたらきの大きさで，単位は〔 V 〕と書き，〔 ボルト 〕と読む。

2 電圧計の使い方について，次の問いに答えましょう。

(1) 豆電球の両端の電圧をはかるとき，電圧計のつなぎ方として正しいものはどれですか。

〔 ア 〕

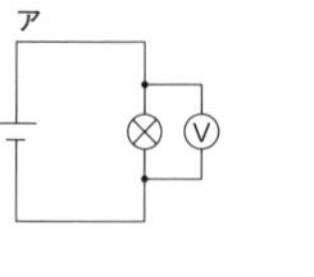
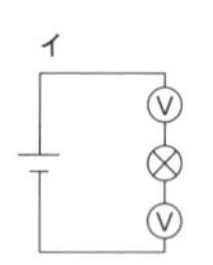
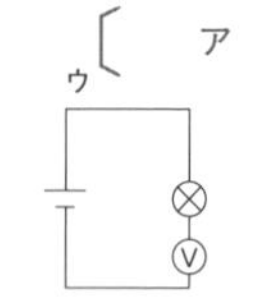

(2) 電圧計の端子と導線のつなぎ方として，正しいものをア～ウから選びましょう。

〔 ウ 〕

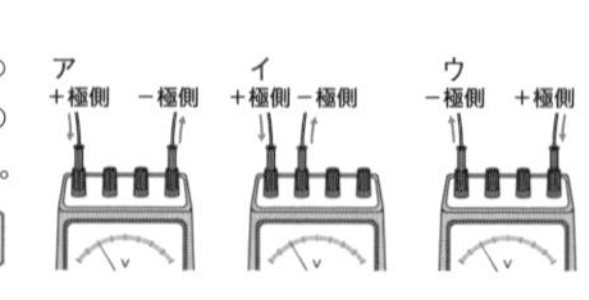

(3) それぞれの電圧計の目盛りを読みとり，電圧の大きさを答えましょう。

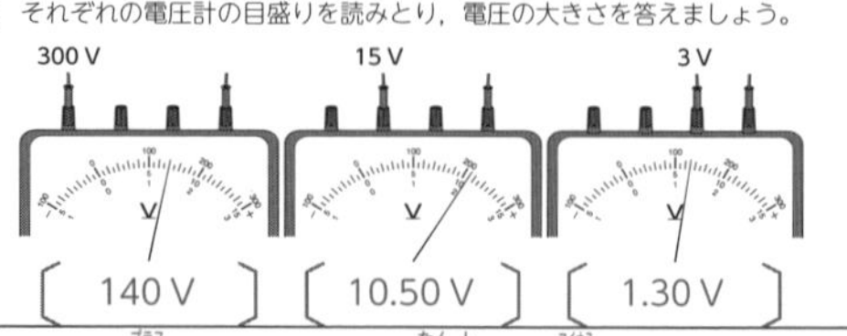

〔 140 V 〕〔 10.50 V 〕〔 1.30 V 〕

解説 2 (2) ＋極側の導線と＋端子を，－極側の導線と－端子をつなぐ。 (3) －端子の種類に注意する。

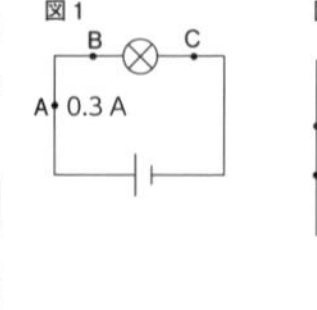
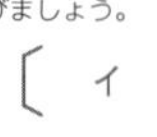

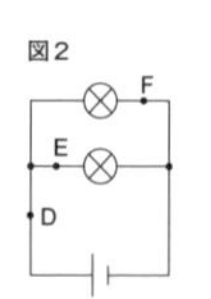

41 オームの法則

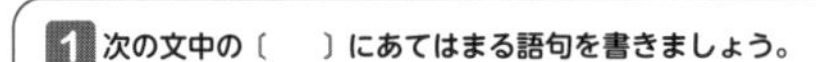

1 次の文中の〔　〕にあてはまる語句を書きましょう。

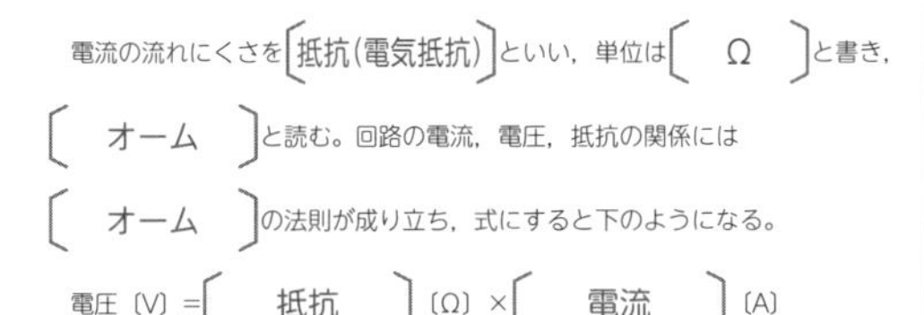

電流の流れにくさを〔抵抗(電気抵抗)〕といい，単位は〔Ω〕と書き，〔オーム〕と読む。回路の電流，電圧，抵抗の関係には〔オーム〕の法則が成り立ち，式にすると下のようになる。

電圧〔V〕＝〔抵抗〕〔Ω〕×〔電流〕〔A〕

2 右のような回路をつくり，電圧を変化させたときの電流の大きさを測定しました。このときの電圧と電流をまとめた次の表について，空欄にあてはまる数値を書きましょう。

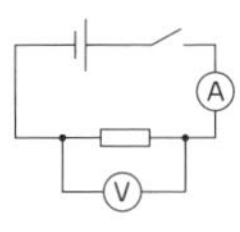

電圧〔V〕	1.0	2.0	3.0	4.0	5.0
電流〔A〕	0.2	0.4	0.6	0.8	1.0

3 (1)～(3)の回路で，電流，電圧，抵抗の大きさを求めましょう。

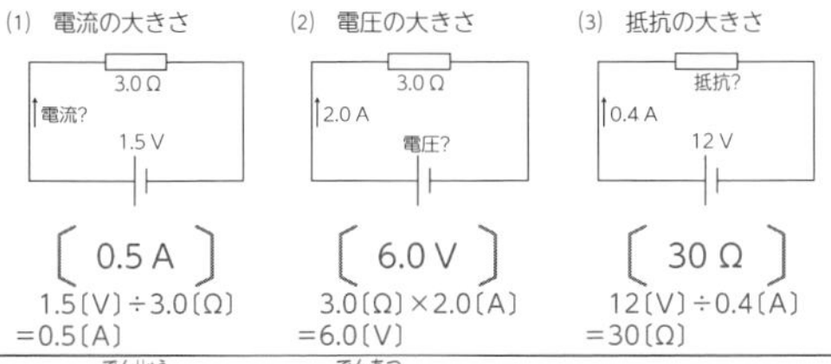

(1)〔0.5 A〕 1.5〔V〕÷3.0〔Ω〕＝0.5〔A〕

(2)〔6.0 V〕 3.0〔Ω〕×2.0〔A〕＝6.0〔V〕

(3)〔30 Ω〕 12〔V〕÷0.4〔A〕＝30〔Ω〕

解説 **2** 電流の大きさは電圧に比例する。 **3** オームの法則を変形して計算する。

42 直列つなぎ

本文 101 ページ

1 次の文中の〔　〕にあてはまる語句を書きましょう。

抵抗器2つの直列回路を流れる電流は，どこも〔同じ〕大きさである。2つの抵抗器にかかる電圧の和は，回路全体または〔電源〕の電圧と同じ大きさになる。

直列回路で抵抗器が複数あるとき，回路全体の抵抗の大きさは，各抵抗器の抵抗の大きさの〔和〕になる。

2 抵抗の異なる電熱線 a，b の直列回路について，電流，電圧を調べました。次の問いに答えましょう。

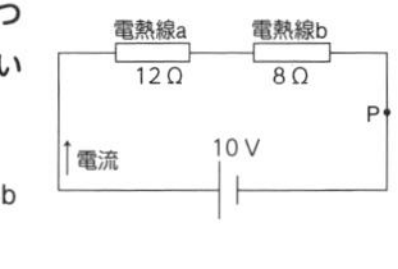

(1) 電熱線 a にかかる電圧は6 Vです。電熱線 b にかかる電圧は何Vですか。

〔4 V〕

(2) 電熱線 a，b と P点を流れる電流の大きさはそれぞれ何Aですか。

a〔0.5 A〕 b〔0.5 A〕

P点〔0.5 A〕

(3) 回路全体の抵抗の大きさは何Ωですか。

12〔Ω〕＋8〔Ω〕＝20〔Ω〕

〔20 Ω〕

解説 **2** (1) 電熱線aとbそれぞれにかかる電圧の和が電源の電圧と等しい。10〔V〕－6〔V〕＝4〔V〕

43 並列つなぎ

1 次の文中の〔　〕にあてはまる語句を書きましょう。

抵抗器2つの並列回路では，各抵抗器に流れる電流の〔和〕は，電源から出た電流の大きさと同じである。各抵抗器にかかる電圧は，回路全体または〔電源〕の電圧と同じ大きさである。

抵抗器2つの並列回路全体の抵抗の大きさは，各抵抗の大きさよりも〔小さい〕。

2 抵抗の異なる電熱線 a，b の並列回路について，電流，電圧を調べました。次の問いに答えましょう。

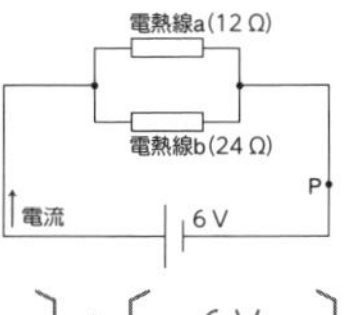

(1) 電熱線 a，b にかかる電圧はそれぞれ何Vですか。

a〔6 V〕 b〔6 V〕

(2) 電熱線 a，b と P点を流れる電流の大きさはそれぞれ何Aですか。

a〔0.5 A〕 b〔0.25 A〕

P点〔0.75 A〕

(3) 回路全体の抵抗の大きさは何Ωですか。

回路全体の抵抗をRとすると，

$\frac{1}{R}=\frac{1}{12}+\frac{1}{24}=\frac{1}{8}$，$R=8$

または，6〔V〕÷0.75〔A〕＝8〔Ω〕

〔8 Ω〕

解説 **2** (2) a 6〔V〕÷12〔Ω〕＝0.5〔A〕，b 6〔V〕÷24〔Ω〕＝0.25〔A〕，**P点** 0.5〔A〕＋0.25〔A〕＝0.75〔A〕

44 電流の問題の解き方

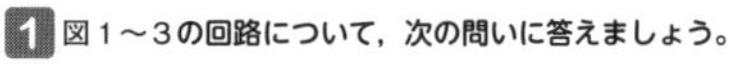

1 図1～3の回路について，次の問いに答えましょう。

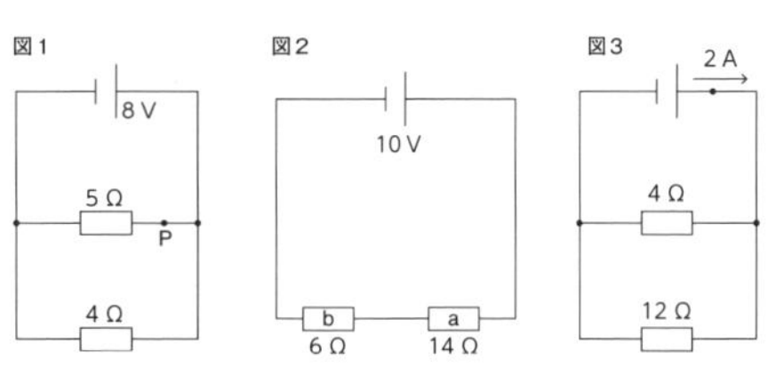

(1) **図1**で，P点を流れる電流の大きさは何Aですか。

$\frac{8〔V〕}{5〔Ω〕}$＝1.6〔A〕

〔1.6 A〕

(2) **図2**で，抵抗器 a に流れる電流の大きさは何Aですか。

$\frac{10〔V〕}{6〔Ω〕+14〔Ω〕}$＝0.5〔A〕

〔0.5 A〕

(3) **図2**で，抵抗器 a にかかる電圧は何Vですか。

14〔Ω〕×0.5〔A〕＝7〔V〕

〔7 V〕

(4) **図3**で，2つの抵抗器を1つの大きな抵抗器とみたとき，その抵抗の大きさは何Ωですか。

合成抵抗をRとすると，$\frac{1}{R}=\frac{1}{4}+\frac{1}{12}=\frac{1}{3}$，$R=3$

〔3 Ω〕

(5) **図3**で，電源の電圧は何Vですか。

3〔Ω〕×2〔A〕＝6〔V〕

〔6 V〕

解説 **1** (4) 各抵抗をR_1，R_2とすると，合成抵抗Rは$\frac{1}{R}=\frac{1}{R_1}+\frac{1}{R_2}$という式で表される。

45 電力って何？

本文 107 ページ

1 次の文中の〔　〕にあてはまる語句を書きましょう。

1秒間あたりに使われる電気エネルギーの大きさを〔 電力 〕という。単位は〔 W 〕と書いて，〔 ワット 〕と読む。電気器具の「100V-1200W」という表示は，電気器具に〔 100 〕Vの電圧をかけたとき，〔 1200 〕Wの電力を消費することを表している。

電力は次の式で求める。

電力〔W〕＝〔 電圧 〕〔V〕×〔 電流 〕〔A〕

2 右の図のような電気器具があります。次の問いに答えましょう。

A(電気ストーブ) 100V-300W　B(テレビ) 100V-85W　C(ドライヤー) 100V-1200W　D(電子レンジ) 100V-750W

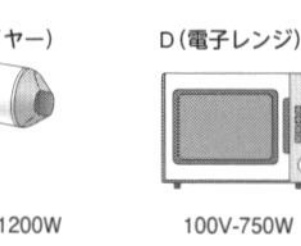

(1) 100 Vの電圧をかけたとき，電力を最も消費する器具はA～Dのどれですか。〔 C 〕

(2) Aの器具で，100 Vの電圧をかけたとき，器具には何Aの電流が流れますか。〔 3 A 〕

(3) ある電気器具に100 Vの電圧をかけたら，2 Aの電流が流れました。電力は何Wですか。〔 200 W 〕

解説 2 (2) Aは100 Vの電圧(でんあつ)をかけると300 Wの電力(でんりょく)を消費する。このとき電流は300〔W〕÷100〔V〕=3〔A〕

46 電気でお湯を沸かすことはできる？

本文 109 ページ

1 次の文中の〔　〕にあてはまる語句を書きましょう。

電熱線で発生する熱の量を〔 熱量 〕といい，単位は〔 J 〕と書いて，〔 ジュール 〕と読む。熱量は以下の式で表される。

熱量〔J〕＝〔 電力 〕〔W〕×〔 時間 〕〔s〕

電気器具が電流によって消費した電気エネルギーの量を〔 電力量 〕という。

2 電熱線a(3 Ω)を使って，右の図のような回路をつくり，6 Vの電圧を加えて電流を流しました。また同じ実験を，電熱線b(5 Ω)を使って行いました。次の問いに答えましょう。

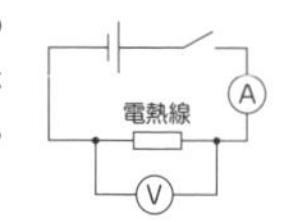

(1) 電熱線a(3 Ω)の電力は何Wですか。〔 12 W 〕

(2) 電熱線aが1分間に発生する熱量は何Jですか。〔 720 J 〕
12〔W〕×60〔s〕=720〔J〕

(3) 電熱線bを使うと，(2)と同じ熱量を発生させるのに何秒かかりますか。〔 100 秒 〕
(1)と同様に，bの電力は7.2W。
720〔J〕÷7.2〔W〕=100〔s〕

(4) 5分間電流を流したとき，発生する熱量が大きいのは電熱線a，bのどちらですか。〔 a 〕

解説 2 (1) 電熱線aに流れる電流は6〔V〕÷3〔Ω〕=2〔A〕。よって，電力は6〔V〕×2〔A〕=12〔W〕。

47 静電気はなぜ起こるの？

本文 113 ページ

1 (1)は〔　〕にあてはまる語句を書き，(2)は正しいものを○で囲みましょう。

(1) 2種類の物体をこすり合わせたときにできる電気を〔 静電気 〕という。こすり合わせた一方の物体は＋の電気を帯び，もう一方の物体は〔 － 〕の電気を帯びる。

(2) 同じ種類の電気が帯びたものどうしは〔 引き合う・(しりぞけ合う) 〕力がはたらき，ちがう種類の電気が帯びたものどうしは〔 (引き合う)・しりぞけ合う 〕力がはたらく。

2 右の図の物体A～Cを使って静電気の性質を調べるために，AとB，BとCをそれぞれ摩擦しました。その後，AとBを近づけると引き合い，AとCを近づけるとしりぞけ合いました。次の問いに答えましょう。

A 細かくさいたポリエチレンのひも　B ティッシュペーパー　C ポリ塩化ビニルの管

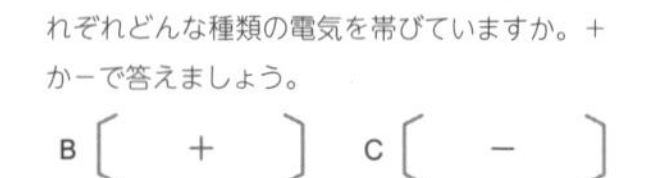

(1) Aと同じ種類の電気を帯びているのは，BとCのどちらですか。〔 C 〕

(2) Aが－の電気を帯びているとき，B，Cはそれぞれどんな種類の電気を帯びていますか。＋か－で答えましょう。
B〔 ＋ 〕　C〔 － 〕

(3) BとCを近づけるとどうなりますか。〔 引き合う。 〕

解説 2 AとBは引き合い，AとCはしりぞけ合う。
→AとCのみ同じ種類の電気を帯びている。

48 電流の正体は何？

本文 115 ページ

1 次の文中の〔　〕にあてはまる語句を書きましょう。

たまった電気が流れ出たり，気体中を電流が流れたりする現象を〔 放電 〕といい，圧力を低くした気体の中を電流が流れることを〔 真空放電 〕という。

電流の正体は，－の電気を帯びた小さな粒である〔 電子 〕の移動で，〔 － 〕極から〔 ＋ 〕極に向かう移動である。

2 次の図は，蛍光板入りの放電管に大きな電圧を加えたときに起こった放電のようすです。次の問いに答えましょう。

(1) 蛍光板の上に現れた光のすじのことを何といいますか。〔 電子線（陰極線） 〕

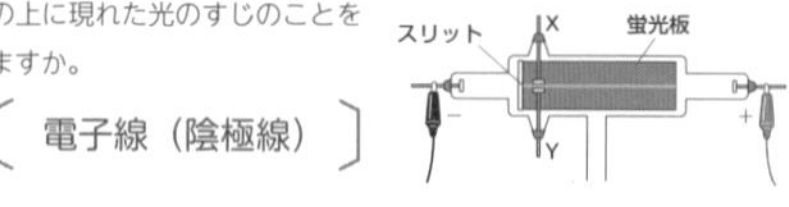

(2) 電極Xを＋極側，電極Yを－極側につなげて電圧を加えると，(1)のすじはどうなりますか。

ア 上に曲がる。　イ 下に曲がる。　ウ 2本に分かれる。

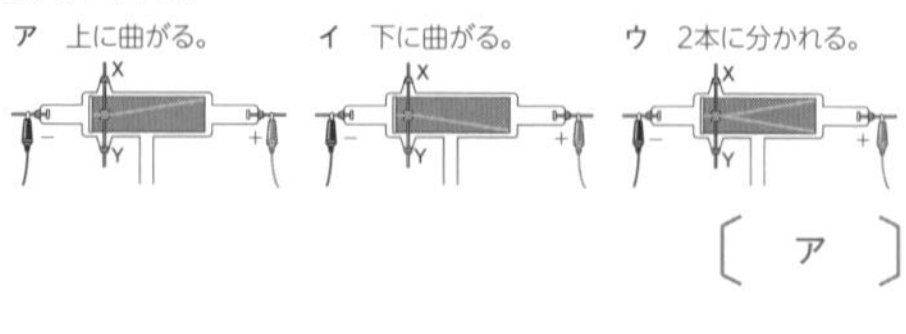

〔 ア 〕

解説 2 (2) 電子は－(マイナス)の電気を帯びているので，電極X(＋極側)に引き寄せられて上に曲がる。

49 放射線って何？

本文117ページ

1 次の文中の〔　〕にあてはまる語句を書きましょう。

放射線にはα線，β線，γ線，X線などの種類があり，物質を通り抜けることができる。放射線を出す物質を〔 放射性物質 〕といい，それらが放射線を出す能力のことを〔 放射能 〕という。

2 放射線について，次の問いに答えましょう。

(1) 次のうち，放射線について正しく述べているものをすべて選びましょう。

〔 イ，ウ 〕

ア 放射線はすべての物質を通り抜けることができる。
イ 放射線は，自然界に存在する。
ウ ウランは，放射線を出す物質の１つである。
エ 放射線をいくら受けても，人体には悪影響がない。
オ 医療現場で使われるX線撮影は，自然界に存在する放射線を利用している。

(2) 放射線の利用例には，①X線撮影，②農作物の品種改良，③医療器具の滅菌などがあります。これらは，放射線のどのような性質を利用していますか。次のア～ウからそれぞれ選びましょう。

ア 殺菌作用　イ 物質を通り抜ける性質　ウ 細胞を変化させる性質

①〔 イ 〕 ②〔 ウ 〕 ③〔 ア 〕

解説 2 放射線は通り抜けられる物質と通り抜けられない物質があり，X線撮影はその性質を利用している。

50 磁界へようこそ！

本文119ページ

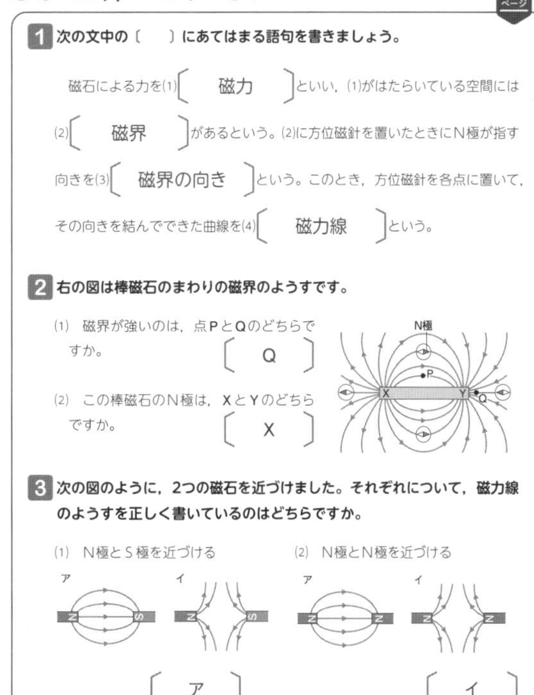

1 次の文中の〔　〕にあてはまる語句を書きましょう。

磁石による力を(1)〔 磁力 〕といい，(1)がはたらいている空間には(2)〔 磁界 〕があるという。(2)に方位磁針を置いたときにN極が指す向きを(3)〔 磁界の向き 〕という。このとき，方位磁針を各点に置いて，その向きを結んでできた曲線を(4)〔 磁力線 〕という。

2 右の図は棒磁石のまわりの磁界のようすです。

(1) 磁界が強いのは，点PとQのどちらですか。〔 Q 〕

(2) この棒磁石のN極は，XとYのどちらですか。〔 X 〕

3 次の図のように，2つの磁石を近づけました。それぞれについて，磁力線のようすを正しく書いているのはどちらですか。

(1) N極とS極を近づける　〔 ア 〕

(2) N極とN極を近づける　〔 イ 〕

解説 2 (1) 磁力線の間隔がせまいQの方が磁界が強い。
3 磁界の向きはN極からS極に向いている。

51 電気で磁石ができる！

本文121ページ

1 次の文中の〔　〕にあてはまる語句を書きましょう。

1本の導線に電流を流すと，導線のまわりに〔 同心円 〕状に磁界ができる。

コイルに電流を流すと，コイルの内側ではコイルの軸に〔 平行 〕な磁界ができる。

2 次の①～④について，それぞれの磁界の向きを，○の中に→を書いて表しましょう。

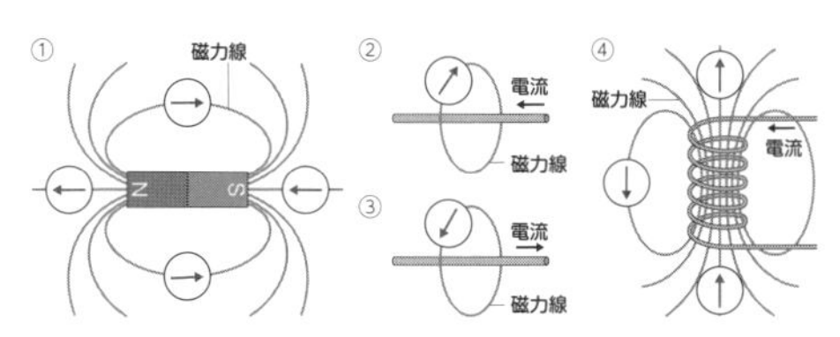

解説 2 ① 磁界の向きはN極からS極に向いている。
② ③ ④ 磁界の向きは右ねじや右手で確かめられる。

52 電流は磁界から力を受ける！

本文123ページ

1 次の文中の〔　〕にあてはまる語句を書きましょう。

電流が磁界から受ける力は，電流の向きと〔 磁界 〕の向きに対して〔 垂直 〕な向きにはたらく。電流の向きを変えると，電流が磁界から受ける力の向きは〔 逆 〕向きになる。

2 電流にはたらく力について，次の問いに答えましょう。

(1) 左下の図のように磁界の中の導線に電流を流したとき，導線は⇨の方向に動きました。次の①～③のとき，電流が磁界から受ける力の向きは，ア，イのどちらになりますか。

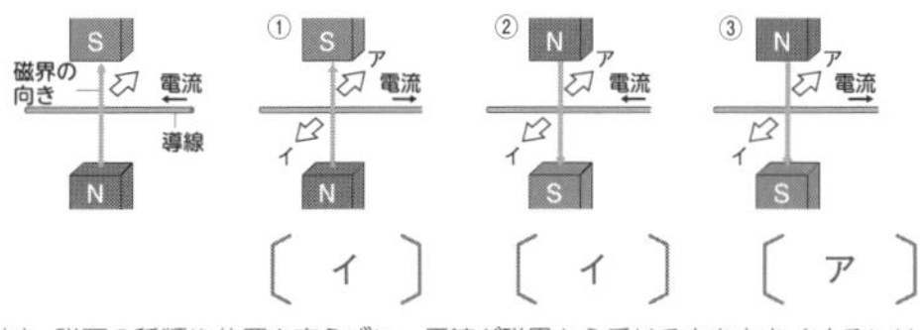

①〔 イ 〕 ②〔 イ 〕 ③〔 ア 〕

(2) 磁石の種類や位置を変えずに，電流が磁界から受ける力を大きくするには，どのようにすればよいですか。簡単に答えましょう。

〔 導線に流れる電流を大きくする。 〕

解説 2 電流や磁界の向きを変えると，電流が磁界から受ける力の向きも変わる。

53 電気をつくろう！

本文125ページ

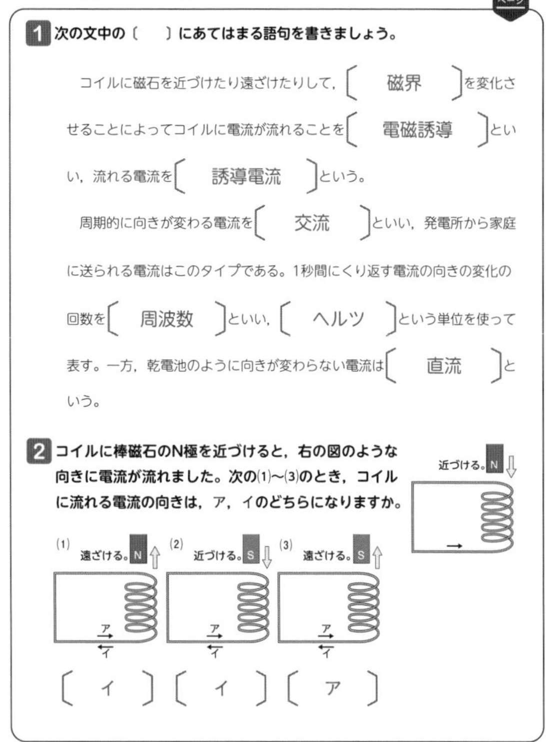

1 **次の文中の〔　〕にあてはまる語句を書きましょう。**

コイルに磁石を近づけたり遠ざけたりして，〔　磁界　〕を変化させることによってコイルに電流が流れることを〔　電磁誘導　〕といい，流れる電流を〔　誘導電流　〕という。

周期的に向きが変わる電流を〔　交流　〕といい，発電所から家庭に送られる電流はこのタイプである。1秒間にくり返す電流の向きの変化の回数を〔　周波数　〕といい，〔　ヘルツ　〕という単位を使って表す。一方，乾電池のように向きが変わらない電流は〔　直流　〕という。

2 **コイルに棒磁石のN極を近づけると，右の図のような向きに電流が流れました。次の(1)〜(3)のとき，コイルに流れる電流の向きは，ア，イのどちらになりますか。**

(1)〔　イ　〕　(2)〔　イ　〕　(3)〔　ア　〕

解説　**2** コイルに近づける磁石の極(磁界の向き)や磁石を動かす向きを変えると，誘導電流の向きも変わる。

復習テスト 1 (本文18～19ページ)

1 (1) ウ　(2) ア，ウ，オ，キ
(3) イ，カ　(4) イ

解説

(1) 二酸化炭素は酸素原子2個と炭素原子1個のモデルである。

(2) 化合物は2種類以上の元素でできている。

(3) 金属の単体は分子をつくらない。

(4) 原子は新しくできたりなくなったりしない。

2 (1) A：名称…二酸化炭素
化学式…CO_2
B：名称…窒素　化学式…N_2
C：名称…塩化ナトリウム
化学式…NaCl
D：名称…銀　化学式…Ag
(2) でき方…銀原子と酸素原子の数が2：1で結びついている物質。
名称…酸化銀

解説

(2) 酸化銀は分子をつくらない。

3 (1) 白くにごる。
(2) 赤色(桃色)になる。
(3) (濃い)赤色になる。
(4) $2NaHCO_3 \rightarrow Na_2CO_3 + CO_2 + H_2O$
(5) 分解（熱分解）

解説

(3) 加熱後の物質である炭酸ナトリウムは，水にとけて強いアルカリ性を示す。

4 (1) 電流を流れやすくするため。
(2) 陽極：操作…A　結果…D
陰極：操作…B　結果…C
(3) イ　(4) $2H_2O \rightarrow 2H_2 + O_2$

解説

(2) 陽極には酸素，陰極には水素が発生する。ものを燃やすはたらきがあるのが酸素，気体自身が燃えるのが水素である。

復習テスト 2 (本文30～31ページ)

1 (1) 鉄と硫黄が反応して熱が発生したから。
(2) 試験管A
(3) 試験管A…エ　試験管B…ア
(4) $Fe + S \rightarrow FeS$

解説

(1) 外から熱を加えなくても，反応によって発生する熱で，反応が続いていく。

(3) 試験管Aでは水素が発生する。試験管Bでは硫化水素という，においのある有毒な気体が発生する。

2 (1) アンモニア　(2) 下がる。
(3) 吸熱反応　(4) ア

解説

(4) イとウは，熱を発生してまわりの温度が上がる発熱反応である。

3 (1) CO_2　(2) 変わらなかった。
(3) 減少した(小さくなった)。
(4) 発生した二酸化炭素(気体)が容器の外に逃げたから。
(5) 質量保存の法則

解説

(1) →の左右の元素記号を比べて，種類と数を合わせる。塩化ナトリウム，水，二酸化炭素が発生する。

(3)，(4) ふたをゆるめることで，二酸化炭素（気体）が外に逃げ，質量が減少する。

4 (1) $2Cu + O_2 \rightarrow 2CuO$　(2) 0.25 g
(3) 5.0 g
(4) ① 7.5 g　② 銅が1.2 g余る。

解説

(2) 1.25〔g〕－1.0〔g〕＝0.25〔g〕

(3) (2)より，銅と酸素の割合は，1.0 g：0.25 g=4：1
銅4.0 gと結びつく酸素は1.0 gなので，酸化銅は4.0〔g〕＋1.0〔g〕＝5.0〔g〕

(4) 銅：酸素＝4：1より，酸素がすべて反応する。
酸素1.5 gと結びつく銅は1.5〔g〕×$\frac{4}{1}$=6.0〔g〕
よって，余る銅は7.2〔g〕－6.0〔g〕＝1.2〔g〕

復習テスト 3 (本文44〜45ページ)

1 (1) **細胞壁**

(2) B　(3) B，C

解説

(2) 酢酸オルセイン溶液で赤色に染まるのは核である。

(3) Aの葉緑体，Dの細胞壁，Eの大きな液胞は植物の細胞の特徴である。Bは核，Cは細胞膜。

2 (1) **葉緑体**

(2) 試薬…**ヨウ素液**　色…**青紫色**

(3) ①A　**変化がない。**　B　**白くにごる。**

②A　エ　B　ウ

解説

(3)①　石灰水は二酸化炭素に反応して白くにごる。Aは光合成によって中の二酸化炭素が使われたため，石灰水に反応しない。Bは呼吸のみを行っているので二酸化炭素が多く，石灰水に通すと白くにごる。

3 (1) B　イ　C　ア

(2) **出ていかない。**

(3) **蒸散**　(4) **47 cm³**

解説

(2) ワセリンとは軟こうのようにベタベタした油の一種である。ワセリンをぬると，気孔がふさがれて蒸散できなくなる。

(4) Bは葉の裏と茎から蒸散し，Dは茎だけから蒸散している。よってB−Dで葉の裏の蒸散量がわかる。49−2＝47〔cm^3〕 また，A−Cでも求められる。

4 (1) **道管**　(2) ウ

(3) ①　**師管**　②　イ

解説

(1) 色水で着色された部分は水が通る管なので道管。

(2) 葉脈が網の目状である植物は，維管束が輪のように並んでいる。さらに，道管（色水で着色されている部分）は内側にあるので，ウとわかる。

復習テスト 4 (本文66〜67ページ)

1 (1) **消化酵素**　(2) D　**胃**　G　**小腸**

(3) B，D，F，G　(4) ア　(5) **胃液**

(6) G　(7) デンプン…**ブドウ糖**，タンパク質…**アミノ酸**

解説

(3) 食べ物は口から入り，食道(B)→胃(D)→小腸(G)→大腸(F)と移動する。

(4) Aから出るのはだ液で，デンプンを消化して麦芽糖などに変化させる。

2 (1) **柔毛**　(2) ア，エ

(3) **肝臓**

解説

(2)，(3) ブドウ糖とアミノ酸は，Bの毛細血管に吸収され，やがて血液とともに肝臓に運ばれる。

3 (1) **動脈**　(2) ①　C　②　A

(3) エ　(4) **毛細血管**

解説

(2)①　小腸で養分を吸収した血液は，肝臓に送り出される。よって，Cの血管が最も多くの養分をふくんでおり，これを門脈という。

②　心臓から肺に送り出される血液は二酸化炭素を最も多くふくんでおり，これを肺動脈という。

4 (1) **肺胞**　(2) **酸素**

(3) **表面積が大きくなるから。**

解説

(3) 表面積が大きくなると，空気にふれる面積が大きくなるので，効率よく気体を交換できる。

5 (1) **腎臓**　(2) **尿素**

解説

(2) 体内に不要な物質であるアンモニアは，肝臓で尿素に変えられ，腎臓でこし出されて尿とともに排出される。

復習テスト 5 (本文80～81ページ)

1 (1) イ　(2) 16.5℃　(3) 北西
(4) 天気　くもり　天気記号　◎

解説
(3) 風向は風のふいてくる方向。
(4) 降水がなく，空全体に占める雲の割合が9～10のときの天気はくもり。

2 (1) 112.5Pa
(2) 2倍

解説
(1) 90〔kg〕＝900〔N〕

$$\frac{900\text{〔N〕}}{2\text{〔m〕}\times 4\text{〔m〕}}=112.5\text{〔Pa〕}$$

(2) 力の大きさが等しいとき，圧力は力のはたらく面積に反比例する。C面の面積はA面の$\frac{1}{2}$倍なので，圧力の大きさは2倍になる。

3 (1) B　(2) A
(3) A→B

解説
(2) 高気圧の中心では下降気流のため，雲ができにくく，晴れることが多い。
(3) 風は気圧の高い方から低い方へふく。

4 (1) 9.4 g
(2) 気温　10℃　名称　露点
(3) 41％

解説
(3) $\frac{9.4\text{〔g/m}^3\text{〕}}{23.1\text{〔g/m}^3\text{〕}}\times 100=40.6\cdots\rightarrow 41$〔％〕

5 (1) 白くくもった。
(2) (フラスコ内の空気の温度が露点まで下がり) 水蒸気が水滴に変わったから。
(3) エ　(4) A　(5) イ

解説
(2) 線香のけむりでくもったわけではない。
(3) フラスコ内の空気が抜かれると気圧が下がり，空気が膨張して温度が下がる。
(4) 露点に達して水滴ができているのはAである。
(5) 0℃以下で，水滴は氷の粒に変わる。

復習テスト 6 (本文90～91ページ)

1 (1) P　寒冷前線　Q　温暖前線
(2) X－Y　ウ　Z－W　イ　(3) P

解説
(2) 寒冷前線Pは寒気が暖気を押し上げる。温暖前線Qは暖気が寒気の上にはい上がる。
(3) 寒冷前線付近には積乱雲が，温暖前線付近には乱層雲が発達する。

2 (1) C→A→B　(2) ウ　(3) 偏西風

解説
(1) 低気圧や高気圧，前線は西から東へ移動する。
(2) 地点Sは，このあとすぐに寒冷前線が通過する。寒冷前線の付近では，上昇気流によって積乱雲が発達するため，雷や突風をともなった強い雨が短時間降る。
(3) 日本付近の上空をふく強い西風(偏西風)によって，低気圧や移動性高気圧が西から東へ運ばれていく。

3 (1) 冬　(2) 西高東低　(3) 北西
(4) 日本海側は雪になり，太平洋側は乾燥して晴れる。
(5) 梅雨前線　(6) イ

解説
(1)，(2) 西高東低の冬型の気圧配置。
(3) 北西のユーラシア大陸に発達したシベリア気団から風がふき出すので，風向は北西となる。
(5) つゆの時期の停滞前線は梅雨前線，夏の終わり(秋のはじめ)の停滞前線は秋雨前線。

4 (1) 台風　(2) イ
(3) ア，ウ，オ

解説
(2) 台風は低気圧が発達したものなので，低気圧の風のふき方と同じである。
(3) 台風は強い低気圧なので，台風が近づくと気圧が下がり，海面が上がって高潮が起こる。

復習テスト 7 (本文110～111ページ)

1

(1) 豆電球 ⊗　電池 ─┤├─
(2) 直列回路（ちょくれつかいろ）　(3) ア　(4) **明るくなる。**

解説

(4) 豆電球を1つにすると抵抗（ていこう）が小さくなり，電流が大きくなるので，豆電球は明るくなる。

2

(1) **200 mA**　(2) **100 Ω**　(3) **40 mA**
(4) **3.2 V**　(5) **0.128 W**　(6) イ

解説

(1) 4〔V〕÷20〔Ω〕=0.2〔A〕=200〔mA〕。
(2) 20〔Ω〕+80〔Ω〕=100〔Ω〕。
(3) 4〔V〕÷100〔Ω〕=0.04〔A〕=40〔mA〕。
(4) オームの法則より，80〔Ω〕×0.04〔A〕=3.2〔V〕。
(5) 3.2〔V〕×0.04〔A〕=0.128〔W〕。
(6) 20 Ωの電熱線にかかる電圧（でんあつ）は4〔V〕−3.2〔V〕=0.8〔V〕なので，消費する電力（でんりょく）は0.8〔V〕×0.04〔A〕=0.032〔W〕。よって**イ**が正しい。

3

(1) **並列回路**（へいれつかいろ）　(2) **12 V**
(3) **P　1 A　Q　3 A**　(4) **4 Ω**

解説

(2) 並列回路では各抵抗にかかる電圧は等しい。
(3) P点　12〔V〕÷12〔Ω〕=1〔A〕
Q点　6Ωの電熱線に流れる電流は，12〔V〕÷6〔Ω〕=2〔A〕　よって，1〔A〕+2〔A〕=3〔A〕。
(4) オームの法則より，12〔V〕÷3〔A〕=4〔Ω〕

4

(1) **B**　(2) **8.3 A**　(3) **500 W**

解説

(2) 830〔W〕÷100〔V〕=8.3〔A〕
(3) 100〔V〕×5〔A〕=500〔W〕

5

(1) **7.5 A**　(2) **45000 J**　(3) **2倍になる。**

解説

(1) 750〔W〕÷100〔V〕=7.5〔A〕
(2) 750〔W〕×60〔s〕=45000〔J〕
(3) 熱量（ねつりょう）=電力×時間より，熱量は時間に比例する。

復習テスト 8 (本文126～127ページ)

1

(1) **静電気**（せいでんき）　(2) ア　(3) イ　(4) **−**（マイナス）

解説

(3)，(4) ストローとティッシュペーパーをこすり合わせると，−の電気の粒（つぶ）が移動して，一方が−の電気，他方が+（プラス）の電気を帯びる。それぞれちがう電気を帯びているので，近づけると引き合う。

2

(1) **N極**　(2) **A　イ　B　ウ**
(3) **P　ア　Q　エ**
(4)〈例〉**電流を大きくする。**

解説

(2) A　下向きの電流に対して磁界（じかい）は右回りにできる。
B　上向きの電流に対して磁界は左回りにできる。
(3) コイルの左側がN極になる。
(4) コイルの巻数を多くする，コイルに鉄心を入れるなどの答えも正解。

3

(1) ア　(2) **Q**　(3) **P**
(4) **大きくなる。**　(5) ア

解説

(1) 磁界の向きはN極からS極に向かう向き。
(2) 磁界の向きを逆にすると，導線にはたらく力の向きも逆になる。
(3) 磁界の向きと電流の向きの両方を逆にすると，導線にはたらく力の向きは変わらない。
(4) 導線に流れる電流が大きいほど，電流が受ける力は大きくなる。

4

(1) **電磁誘導**（でんじゆうどう）　(2) **N極**　(3) イ
(4) **棒磁石を速く動かす。**
(5) イ　(6) ア，ウ

解説

(3) 近づける磁石の極を変えると，誘導電流の向きは逆になる。
(6) 交流（こうりゅう）は向きと大きさがたえず変化している電流である。一方，直流（ちょくりゅう）は向きと大きさが一定である。